权威·前沿·原创

皮书系列为

"十二五""十三五""十四五"时期国家重点出版物出版专项规划项目

GREEN BOOK

智 库 成 果 出 版 与 传 播 平 台

中国社会科学院创新工程学术出版资助项目
中国气象局气候变化专项项目

气候变化绿皮书
GREEN BOOK OF CLIMATE CHANGE

应对气候变化报告（2023）

ANNUAL REPORT ON ACTIONS TO ADDRESS CLIMATE CHANGE (2023)

积极稳妥推进碳达峰碳中和

Working Actively and Prudently toward Carbon Peaking and Carbon Neutrality

主　编／陈振林　王昌林
副主编／巢清尘　陈　迎　胡国权　庄贵阳

社会科学文献出版社
SOCIAL SCIENCES ACADEMIC PRESS (CHINA)

图书在版编目（CIP）数据

应对气候变化报告 . 2023：积极稳妥推进碳达峰碳
中和 / 陈振林，王昌林主编；巢清尘等副主编 . —北
京：社会科学文献出版社，2023. 11
（气候变化绿皮书）
ISBN 978-7-5228-2924-1

Ⅰ. ①应… Ⅱ. ①陈… ②王… ③巢… Ⅲ. ①气候变
化-研究报告-世界-2023 Ⅳ. ①P467

中国国家版本馆 CIP 数据核字（2023）第 232151 号

气候变化绿皮书
应对气候变化报告（2023）
——积极稳妥推进碳达峰碳中和

主　　编 / 陈振林　王昌林
副 主 编 / 巢清尘　陈　迎　胡国权　庄贵阳

出 版 人 / 冀祥德
组稿编辑 / 周　丽
责任编辑 / 张丽丽
文稿编辑 / 赵熹微
责任印制 / 王京美

出　　版 / 社会科学文献出版社 · 城市和绿色发展分社（010）59367143
　　　　　 地址：北京市北三环中路甲 29 号院华龙大厦　邮编：100029
　　　　　 网址：www. ssap. com. cn
发　　行 / 社会科学文献出版社（010）59367028
印　　装 / 天津千鹤文化传播有限公司

规　　格 / 开　本：787mm×1092mm　1/16
　　　　　 印　张：24.75　字　数：369 千字
版　　次 / 2023 年 11 月第 1 版　2023 年 11 月第 1 次印刷
书　　号 / ISBN 978-7-5228-2924-1
定　　价 / 158.00 元

读者服务电话：4008918866

本书由"中国社会科学院–中国气象局气候变化经济学模拟联合实验室"组织编写。

本书的编写和出版得到了中国气象局气候变化专项项目"气候变化经济学联合实验室建设"（绿皮书2023）、中国社会科学院生态文明研究所创新工程项目、中国社会科学院学科建设"登峰战略"气候变化经济学优势学科建设项目、中国社会科学院生态文明研究智库的资助。

感谢中国气象学会气候变化与低碳发展委员会的支持。

感谢科技部"第四次气候变化国家评估报告"项目、国家社会科学基金重大项目"中国2030年前碳排放达峰行动方案研究"（项目编号：21ZDA085）、中国社会科学院创新工程项目"碳达峰、碳中和目标背景下的绿色发展战略研究"项目（项目编号：2021STSB01）、中国社会科学院国情调研重大项目"典型地区实现碳达峰、碳中和目标的重点难点调研"（项目编号：GQZD2022004）、哈尔滨工业大学（深圳）委托项目"中国城市绿色低碳评价研究"项目的联合资助。

气候变化绿皮书编纂委员会

主要编撰者简介

陈振林　中国气象局党组书记、局长，理学博士。世界气象组织（WMO）执行理事会成员，世界气象组织中国常任代表，联合国政府间气候变化专门委员会（IPCC）中国代表。多次代表中国气象局参加世界气象组织、联合国政府间气候变化专门委员会、联合国国际减灾战略（ISDR）等国际组织的活动。长期参与国内气候变化工作组织协调，负责全国公共气象服务和气象防灾减灾体系建设，探索推进气象灾害影响预报和风险预警建设，推动建立常态化气象灾害防御部际联席会议制度。著有《城市气象灾害风险防控》等多部著作。

王昌林　中国社会科学院副院长、党组成员，第十四届全国政协委员，中国社会科学院大学博士生导师。1991 年研究生毕业后到国家发改委工作，曾任国家发改委产业经济研究所所长、国家发改委宏观经济研究院院长。主要从事宏观经济和产业经济研究，在《求是》《人民日报》《经济日报》《光明日报》等刊物发表文章 100 余篇，著有《新发展格局——国内大循环为主体 国内国际双循环相互促进》《我国重大技术发展战略与政策研究》等，曾多次获得国家发改委优秀成果奖励。

巢清尘　国家气候中心主任，二级研究员，理学博士。研究领域为气候系统分析及相互作用、气候风险评估、气候变化政策。现任中国气象学会气候变化与低碳经济委员会主任委员、中国气象学会气象经济委员会副主任委员、国家减灾委专家委员会委员、国家碳中和科技专家委员会委员等。第四次气候变化国家评估报告领衔作者。长期参加联合国气候变化框架公约（UNFCCC）和联合国政府间气候变化专门委员会（IPCC）谈判。主持国家和省部级、国际合作项目十余项，曾任国家重点研发计划首席科学家，发表论文、合著八十余篇（部）。入选国家生态环境保护专业技术领军人才、中国气象局气象领军人才。曾获中国科学院教育教学成果奖一等奖、全国优秀科普作品奖等，曾任中国气象局科技与气候变化司副司长、世界气象组织基础设施委员会成员、全球气候观测系统研究组联合主席、指导委员会委员。

　　陈　迎　中国社会科学院生态文明研究所二级研究员，博士生导师。研究领域为环境经济与可持续发展、国际气候治理、气候政策等。联合国政府间气候变化专门委员会（IPCC）第五次、第六次评估报告第三工作组主要作者。现任联合国教科文组织（UNESCO）世界科学知识与技术伦理委员会（COMEST）委员，"未来地球计划"中国委员会（CNC-FE）副主席，中国气象学会气候变化与低碳发展委员会副主任委员，中国环境学会环境经济分会副主任委员。主持和承担过国家级、省部级和国际合作的重要研究课题二十余项，发表专著、合著、论文、研究报告等各类研究成果约一百篇（部），曾获全国优秀科普作品奖（2022年），第二届浦山世界经济学优秀论文奖（2011年），第十四届孙冶方经济科学奖（2011年），中国社会科学院优秀科研成果奖和优秀对策信息奖等。2022年获得"中国生态文明奖先进个人"荣誉称号。

　　胡国权　国家气候中心研究员，理学博士。研究领域为气候变化数值模拟、气候变化应对战略。先后从事天气预报、能量与水分循环研究、气候系统模式研发和数值模拟，以及气候变化数值模拟和应对对策等工作。参加了第一、第二、第三次气候变化国家评估报告的编写工作。曾作为中国代表团成员参加《联合国气候变化框架公约》（UNFCCC）和联合国政府间气候变化专门委员会（IPCC）谈判。主持国家自然科学基金、国家科技部、中国气象局、国家发改委等资助项目十几项，参与编写专著十余部，发表论文三十余篇。

庄贵阳 经济学博士，现为中国社会科学院生态文明研究所副所长，二级研究员，博士生导师，享受国务院政府特殊津贴专家。长期从事气候变化经济学研究，在低碳经济与气候变化政策、生态文明建设理论与实践等方面开展大量前沿性研究工作，为国家和地方绿色低碳发展战略规划制定提供学术支撑。国家社会科学基金重大项目首席专家，主持完成多项国家级和中国社会科学院重大科研项目，发表专著（合著）十部，发表重要论文八十余篇，曾获中国社会科学院优秀科研成果奖和优秀对策信息奖。2019 年获得"中国生态文明奖先进个人"荣誉称号。

前　言

2023 年是全面贯彻落实党的二十大精神的开局之年。在习近平生态文明思想指导下，在新发展理念引领下，全面推动人与自然和谐共生的现代化建设，协同推进降碳、减污、扩绿、增长，加快发展方式绿色转型，建设美丽中国，凝聚了全社会的广泛共识。将应对气候变化纳入生态文明建设整体布局和经济社会发展全局、积极稳妥推进碳达峰碳中和、积极参与应对气候变化全球治理，是以习近平同志为核心的党中央深思熟虑作出的重大战略决策。实现碳达峰碳中和是一场广泛而深刻的经济社会系统性变革，是我国经济高质量发展和美丽中国建设的必由之路，是关乎中华民族永续发展的根本大计。

当前，气候变化形势严峻。2023 年，气候持续变暖与厄尔尼诺现象叠加引发全球性气候异常，世界多地发生极端天气气候事件，甚至创下新纪录。2023 年 7 月，全球单月平均气温相比工业革命前上升幅度首次破 1.5℃。几乎同期，南极海冰量创新低。2023 年夏天，京津冀地区遭遇持续热浪和140 年来最大暴雨侵袭，社会经济发展和人民生活受到严重影响。

2023 年，世界经济有所恢复，而国际秩序依然动荡不安，不确定性增强。世界百年未有之大变局加速演进，新一轮科技革命和产业变革深入发展，碳中和领域国际竞争日趋激烈。绿色低碳发展凝聚了全球最广泛共识，尽管国际竞争难以避免，应对气候变化的国际合作依然是未来大方向，"全球南方"在国际气候治理中将发挥越来越重要的作用。

中国作为发展中大国，一方面全面推进国内绿色发展，坚定落实碳达峰

碳中和目标；另一方面，加强国际合作，推进支持"一带一路"绿色发展行动，为全球可持续发展注入强劲动力。作出碳达峰碳中和重大宣示三年多来，我国建立了碳达峰碳中和"1+N"政策体系，绿色低碳发展迈上新台阶。据统计，2022年，我国单位国内生产总值二氧化碳排放量与2005年相比下降超过51%，非化石能源消费比重达到17.5%。截至2023年上半年，全国可再生能源装机达到13.22亿千瓦，历史性超过煤电，约占我国总装机的48.8%；全国碳市场碳排放配额（CEA）累计成交量2.38亿吨，累计成交金额109.12亿元。"言必行，行必果"，中国正以更加自信、自主的路径和方式、节奏和力度，积极稳妥地推进碳达峰碳中和，坚定不移地走适合中国国情的绿色低碳可持续发展道路。

2009年，"中国社会科学院—中国气象局气候变化经济学模拟联合实验室"开始组织编写气候变化绿皮书，至今已连续出版14部，受到了相关部门和学界同行的高度认可，社会公众反响积极。气候变化绿皮书作者多来自我国气候变化科研、业务、服务、决策以及参与国际谈判一线的专家。本书是第15部气候变化绿皮书，呈现了气候变化最新事实与科学评估结论，聚焦"双碳"目标与绿色发展，以第一视角分析了国际气候进程面临的新形势、新问题，全面展现了我国落实"双碳"目标的新努力、新进展。

希望广大读者一如既往地关注和支持气候变化绿皮书，也借此机会，向为绿皮书出版做出贡献的作者和出版社表示诚挚的感谢！

中国气象局局长　陈振林

中国社会科学院副院长　王昌林

2023年11月

摘　要

气候系统变暖的趋势仍在持续，并且呈现加速态势。2022~2023年，全球气候变化与年际波动叠加引发全球性气候异常，世界多地极端天气气候事件发生，并创下新纪录。绿色低碳转型已成为全球共识，俄乌冲突、科技创新、绿色"一带一路"建设等因素可能影响未来转型的步伐。在纷繁复杂的国际形势下，面对国内经济下行压力持续加大的挑战，中国在大力稳经济的同时，推动应对气候变化和落实"双碳"目标取得新进展。本书总报告对应对气候变化形势进行了分析与展望，分报告首先介绍了气候变化科学新认识，接着盘点了国际气候治理进程，然后展示了中国推进碳达峰碳中和的政策和行动，分享了行业和城市低碳发展进展等，附录依惯例收录了2022年全球、"一带一路"区域和中国气候灾害的相关统计数据，供读者参考。

报告认为，第一，全球变暖趋势持续，全球高温不断刷新纪录，温升首次单月破1.5℃，我国极端天气气候事件频发，多地遭遇创纪录的高温和暴雨。气候变化的影响广泛而深远，复合型气候风险加剧。第二，疫情后全球碳排放量快速反弹创新高，俄乌冲突对能源转型的影响长期化，国际经济技术竞争空前激烈，这些使得减排成效放缓，但是随着《联合国气候变化框架公约》和《巴黎协定》的深入推进，IPCC评估报告不断更新，绿色低碳发展成为国际共识。第三，全面均衡的全球盘点已开启，全球集体量化减排目标为全球气候行动提供保障，全球适应目标将推动国际社会对适应问题的关注，设立"公正转型路径工作方案"议题，关注弱势群体，促进社会整体转型。第四，面对纷繁复杂的国际形势，中国坚定不移地将碳达峰碳中和

纳入生态文明建设整体布局和经济社会发展全局,落实"双碳"目标取得新进展。"1+N"政策体系进一步完善,地方因地制宜实施"双碳"行动,积极稳妥推进能源转型,数字化与绿色化协同推进,气候适应型城市建设试点进一步深化。

展望未来,虽然各种发展挑战依然存在,但应对气候变化、实现低碳转型发展已经成为国际共识,更加积极的减排意愿在联合国框架下不断涌现,各国的气候行动也在政府和市场的双重推动下坚毅前行。国际社会将在减排目标方面不断取得进展;在适应方面,随着全球适应目标的提出和实施路径的逐渐明确,国际合作和各国的国内行动也将迈出更大步伐,推动建立更具韧性的气候适应系统;在转型发展方面,与碳中和目标实现相匹配的经济、社会发展政策措施体系的构建将成为国际趋势,新能源产业、数字产业以及环保节能产业等将成为转型发展新动能,并持续推动实现经济、社会、环境协同发展。

关键词: 全球变暖 碳达峰碳中和 绿色低碳发展转型 全球气候治理

目 录 ⤴

Ⅰ 总报告

Ⅱ 气候变化科学新认识

Ⅲ 国际气候治理进程

IV 国内政策和行动

V 行业和城市应对行动

┌─────────────────────┐
│ 皮书数据库阅读**使用指南** 👆│
└─────────────────────┘

总 报 告
General Report

G.1
应对气候变化形势分析与展望
（2022~2023）

陈 迎　巢清尘　胡国权　王 谋　张永香*

摘　要： 2022~2023 年，全球气候变化与年际波动叠加引发全球性气候异常，世界多地频发极端天气气候事件。2022 年底在埃及沙姆沙伊赫召开的《联合国气候变化框架公约》第 27 次缔约方会议（COP27），同意设立损失损害基金。受疫情后经济复苏的影响，全球碳排放快速反弹。绿色低碳转型已成为全球共识，科技创新、绿色"一带一路"建设等因素正在积极影响未来绿色低碳转型的步伐。在纷繁复杂的国际形势下，

* 陈迎，博士，中国社会科学院生态文明研究所研究员，博士生导师，研究领域为环境经济与可持续发展、国际气候治理和气候政策等；巢清尘，理学博士，国家气候中心主任，二级研究员，研究领域为气候系统分析及相互作用、气候风险评估、气候变化政策等；胡国权，理学博士，国家气候中心研究员，研究领域为气候变化数值模拟、气候变化应对战略；王谋，博士，中国社会科学院生态文明研究所研究员，中国社会科学院可持续发展研究中心秘书长，研究领域为全球气候治理、SDG 本地化及实施进展评估等；张永香，理学博士，国家气候中心研究员，研究领域为气候变化与气候治理。

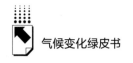

面对国内经济下行压力持续加大的挑战，中国在大力稳经济的同时，积极应对气候变化和推动落实"双碳"目标，并取得新进展。2023年底在阿联酋迪拜即将召开《联合国气候变化框架公约》第28次缔约方会议（COP28），全球盘点将成为本次会议各方的关注焦点。全球绿色低碳转型依然在压力和挑战中奋力前行。

关键词： 气候变化　碳达峰碳中和　全球气候治理　绿色低碳发展

引　言

气候变化日益成为全社会关注的重要话题。一方面，全球变暖与年际波动叠加导致气候系统极端性增强，夏季创纪录的高温越来越常见，干旱、暴雨、洪水、森林火灾接二连三；另一方面，"双碳"目标日益深入人心，绿色低碳转型已成为全球共识。气候变化不仅是国际气候谈判的议题，更与国家宏观政策、地方发展转型以及每个人的生活息息相关。对于全球应对气候变化的大形势和大趋势，我们需要从全球、国家、地方等多层面，以及科学观测、政治进程、政策实施等多维度进行观察和解读。

一　全球气候变化监测和综合评估

气候系统变暖的趋势仍在继续，并且呈现加速态势。2023年，影响了全球气候三年的拉尼娜事件结束，厄尔尼诺事件形成，这将进一步加剧今后数年的气候变化，也将会对全球和各国自然生态系统和社会经济系统带来更多的风险。

（一）全球变暖趋势仍在持续，气候风险加剧

1. 全球变暖趋势仍在持续

最新的气候监测数据表明[1][2]，全球气候系统的变暖趋势仍在持续。2013~2022 年，全球地表平均温度较工业化前水平高出 1.14℃。2015~2022 年是 1850 年有气象记录以来最暖的 8 年。2022 年的全球平均气温比 1850~1900 年的平均水平高 1.15℃。

1870~2022 年，全球平均海表温度表现为显著升高趋势。2022 年，全球平均海表温度较常年偏高 0.23℃，为 1870 年以来的第五高值。全球平均海平面呈持续上升趋势，1993~2022 年的海平面上升速率为 3.4mm/a。2022 年，全球平均海平面达到有卫星观测记录（1993 年）以来的最高位。

1960~2022 年，全球冰川整体处于消融退缩状态，2021 年 10 月至 2022 年 10 月，有长期观测数据的基准冰川的平均厚度变化超过-1.3 米，这一损失远大于 2010~2020 年的平均水平。1979~2022 年，北极海冰范围呈显著减小趋势，南极海冰范围无显著的线性变化趋势。

二氧化碳（CO_2）、甲烷（CH_4）和氧化亚氮（N_2O）等主要温室气体浓度在 2021 年创下观测史的最高纪录。实时数据显示，2022 年这 3 种温室气体的浓度仍在继续上升。

2. 全球高温不断刷新纪录

破纪录的热浪。2022 年夏季破纪录的热浪影响了欧洲，在一些地区，极端炎热的天气与异常干燥的条件同时出现。在西班牙、德国、英国、法国和葡萄牙，与欧洲高温有关的超额死亡人数共超过 1.5 万人。中国经历了全国有气象记录以来范围最广、持续时间最长的热浪，从 6 月中旬一直持续到 8 月底，平均气温上升超过 0.5℃。2022 年夏季是有气象记录以来最热的夏季，也是有气象记录以来第二干燥的夏季。

---

① WMO, State of the Global Climate 2022, WMO-No. 1316.

② Blunden J., T. Boyer, "State of the Climate in 2022", *Bull. Amer. Meteor. Soc.*, 104 (9), 2023.

2023 年 7 月 18 日，世界气象组织（WMO）发布两则有关高温热浪的简报，指出高温热浪正在同时袭击北半球大部分地区。8 月，美国国家航空航天局（NASA）发布消息指出 2023 年 7 月是自 1880 年该机构有气象记录以来最热的月份，比 1951 年至 1980 年的 7 月气温的平均值高出 2.1℉（1.18℃）。WMO 等机构也宣布，2023 年 7 月是有气象记录以来全球平均气温最高的一个月，甚至可能是 12 万年以来的最热月份。也有机构如欧盟哥白尼气候变化服务中心指出，2023 年 7 月全球平均气温相比工业革命前温升首次单月破 1.5℃。

3. 气候变化的影响广泛而深远

根据 WMO 的数据①，1970～2021 年，极端天气、气候和与水有关的事件造成了近 1.2 万起灾害 4.3 万亿美元的经济损失，死亡人数超过 200 万，其中 90% 发生在发展中国家。随着各国越来越多地受到不利灾害的影响，加强对此类灾害的抵御能力变得越来越重要。2022 年与洪水相关的经济损失超过了过去 20 年（2002～2021 年）的平均水平；与干旱相关的经济损失达 76 亿美元，比 2002～2021 年的平均水平高出近 200%。

热带气旋是造成人员死亡和经济损失的主要原因。1970～2021 年，有 2050 起由热带气旋引起的灾害，其中 38% 发生在亚洲，造成的死亡人数达 780210 人，并且带来了 1.6 万亿美元的经济损失。2022 年，大多数地区的热带气旋个数接近或低于常年平均水平。南印度洋的热带气旋比较活跃，其在 4 月造成了南非东部夸祖鲁—纳塔尔省的极端洪水，4 月 11 日至 12 日共 24 小时的降水量高达 311 毫米，造成 400 多人死亡，4 万人流离失所。

与洪水有关的灾害最为普遍。1970～2021 年，共发生 5312 起与洪水有关的灾害，占所有灾害数量的近 45%。其中，亚洲发生的与洪水有关的灾害最多，数量占全球与洪水有关的灾害数量的 31%，造成的死亡人数达

---

① WMO, Atlas of Mortality and Economic Losses from Weather, Climate and Water-related Hazards, https：//public. wmo. int/en/resources/atlas-of-mortality.

332748 人，同时，亚洲因洪水造成的经济损失也最多，达 1.3 万亿美元。2022 年巴基斯坦在季风季经历了严重的洪水，受灾面积达 75000 平方公里，约占巴基斯坦面积的 9%；有 1700 多人死亡，200 多万所住宅受损或被毁，3300 多万人受到不同程度的影响，经济损失约为 300 亿美元。

气候变化加剧了极端野火风险。更高的气温、多变的降水模式、干燥的空气、变化的风与闪电，均加剧了野火风险。2015 年，美国西部被烧毁的森林面积相比 1984 年增加了 1 倍。2022 年，法国西南部受到野火的严重影响，过火面积超过 6.2 万公顷；美国野火季节的总过火面积略高于常年平均水平，新墨西哥州发生了有记录以来最大的火灾。此外，极端野火排放的温室气体加剧了气候变化，进一步增加了野火事件的发生频率、规模与严重程度，在气候变化和极端野火之间形成了正反馈。

气候变化加剧了非洲之角的干旱严重程度。非洲之角遭遇了 40 年来最严重的干旱，索马里、埃塞俄比亚和肯尼亚受灾尤为严重。到 2022 年，上述国家已经连续五个降雨季节少雨，其农业和粮食安全受到严重影响。在索马里，干旱对牧业和农业造成了灾难性影响，进而导致了饥荒，近 120 万人成为境内流离失所者。在埃塞俄比亚，51.2 万人因干旱而在国内流离失所。

气候变化造成粮食不安全。截至 2021 年，全球有 23 亿人面临粮食不安全问题，其中 9.24 亿人面临严重的粮食不安全问题。据预测，2021 年有 7.679 亿人面临营养不良，占全球人口的 9.8%，其中有一半在亚洲，1/3 在非洲。2022 年，印度和巴基斯坦季风季前发生的热浪造成了农作物产量下降。再加上俄乌冲突后，印度禁止小麦出口和限制大米出口，威胁国际粮食市场供应链的稳定，给粮食短缺的国家带来了高风险。

气候变化深刻影响了生态系统和环境。例如，有研究重点评估了青藏高原周围独特的高海拔地区，这是北极和南极之外最大的冰雪储藏地，结果发现全球气候变暖正在导致温带地区面积扩大。气候变化也在影响自然界生态系统的物候变化，如树木开花或鸟类迁徙的时间等。

气候变化对人体健康带来不利影响。与气候有关的疾病对人的精神健康和福祉带来的威胁正在增加，大量研究表明，气候变化影响了病媒传播，还

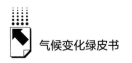

会显著增加气候敏感性疾病对健康的影响。例如，预测显示，在平均地表温度升高 2.8℃ 的情况下，到 2050 年，全球 50% 的人口将接触疟疾病媒。因此，构建综合的气候信息疾病监测和早期预警响应系统可以预测气候疾病风险，采取积极、及时和有效的适应措施可以减少甚至避免气候变化对人类健康和福祉所带来的风险。

4. 气候风险加剧

随着全球气候变暖的加速，气候风险正在增加，实施强有力的减缓和适应措施是帮助脆弱国家和社区应对气候变化影响的关键。非洲之角的多年干旱、南亚前所未有的洪水、北半球多个地区的酷暑和破纪录的干旱等都表明全球气候风险在不断增加。

预计到 21 世纪中期，气候系统的变暖趋势仍将持续。未来 20 年，全球温升将达到或超过 1.5℃。如果未来几十年，全球范围内能大幅减排二氧化碳和其他温室气体，温升将在 21 世纪内控制在 2℃ 之内。只有在采取强有力的减排措施并且 2050 年前后实现二氧化碳净零排放的情景下，温升才有可能低于 1.6℃，且在 21 世纪末降低到 1.5℃ 以下。过去和未来温室气体排放造成的气候系统变化，特别是海洋、冰盖和全球海平面的变化，在百年甚至千年内都是不可逆的。

即使在低排放情景下，全球在 21 世纪末也将面临严重的气候风险，极端气候事件并发的概率也将增加。高温热浪、干旱并发，以风暴潮、海洋巨浪和潮汐洪水为主要特征的极端海平面事件，叠加强降水造成的复合型洪涝事件将增多。到 2100 年，全球一半以上的沿海地区每年都将发生极端海平面事件，同时，叠加极端降水，洪水的发生也将更为频繁。全球有 33 亿~36 亿人生活在气候变化高脆弱环境中，未来多种气候变化风险将进一步增加，跨行业、跨区域的复合型气候变化风险将增多且更加难以管理。当前，除自然气候变化外，越来越多的损失与损害与人类活动排放引起的极端气候事件增多有关。

如果温室气体排放量没有迅速下降，特别是若温升超过 1.5℃，那么气候恢复力发展所受限制将会加大，若温升超过 2℃，有些地区的气候恢复力发展将不可能实现。因此，未来适应气候变化行动重点应包括以下方面。

第一，提高应急管理和减少灾害风险的能力。加快构建气候变化风险早期预警体系，开展气候变化综合影响评估，提升重点行业领域对极端事件的适应韧性，建立高温与人体健康预警平台，加大适应气候变化的科技资金支持力度，完善多部门、跨领域的适应气候变化合作机制，进而提升自然和社会系统适应气候变化的能力。同时，建立适应气候变化措施的实时效果监测评价体系。

第二，因地制宜制定面向长期发展目标的前瞻性适应规划，加强气候变化相关人才培养和关键问题科学研究。

第三，保护人民的健康与福祉。强化部门间的合作，将人民的健康和福祉作为气候变化、低碳转型等领域重要战略规划制定的考量因素。做好突发公共卫生事件的应急准备。

第四，推进适应和减缓的协同效应研究与实践。能源转型过程中需要开展适应和减缓协同效应研究与实践，从而实现经济、能源、环境、气候的可持续发展。

（二）我国极端天气气候事件频发

我国升温速率高于同期全球平均水平。2022 年，中国地表平均温度较常年值偏高 0.92℃，为 20 世纪以来的三个最暖年份之一；沿海海平面较 1993~2011 年平均值高 94 毫米，为 1980 年以来最高；青海湖水位达到 3196.57 米，已明显超过 20 世纪 60 年代初期的水位；青藏高原多年冻土区平均活动层厚度为 256 厘米，是有连续观测记录以来的最高值[①]。

1. 我国极端天气气候事件的总体特征

随着全球气候变暖加剧，我国极端天气发生次数增多，影响范围更广，强度极端性增大，屡创历史新高，无前兆突发性事件增多，对人民生活和社会经济发展都造成了极大影响。国家气候中心的研究表明，我国极端天气气

---

① 中国气象局气候变化中心编著《中国气候变化蓝皮书 2023》，科学出版社，2023。

候事件总体呈现以下特征，一是区域性极端强降水、大范围极端高温热浪、持续性极端骤旱、高影响极端寒潮等事件发生频率增大。1961 年以来，我国极端强降水事件平均每十年增多 8%，近 10 年（2013~2022 年）我国平均高温日数较常年（1991~2020 年）平均高温日数偏多 2.3 天。二是各种极端天气呈极端性强、破坏性强、反常性强的特点。如 2023 年 1 月下旬，强寒潮侵袭我国东北地区，黑龙江省漠河市阿木尔镇 1 月 22 日最低温度达 -53.0℃，刷新我国有气象记录以来历史最低气温。三是时空尺度上非典型的极端天气事件接连发生，气候变化改变了季风气候的规律。我国降雨带北移明显，2000 年以后降雨带表现出明显的北抬、北扩特征。其中，南支雨带从之前的华南地区北移到长江流域，移动 5~7 个纬度；北支雨带从黄淮地区北移到华北中部，移动 2~3 个纬度。西北太平洋和南海台风源地呈现向西偏移的趋势，台风源地更靠近我国。四是极端天气呈现快速转换趋势，旱涝急转、冷暖急转等异常现象频繁发生。2023 年 6 月 1 日至 7 月 28 日，华北大部降水减少二至五成，华北中南部和河北北部部分地区减少五至八成；同期，华北东部和南部多出现高温天气，加剧土壤失墒，河北北部、山西西部等地出现不同程度的气象干旱。而 7 月 29 日至 8 月 1 日，华北大部出现历史罕见强降水过程，最大累计降水量达 1003 毫米（河北邢台临城县）；100 毫米以上降水面积 17 万平方公里。强降水导致华北地区出现严重暴雨洪涝灾害，旱涝急转现象明显。五是复合型气象灾害接踵而来，局地性、突发性、灾难性事件趋多。2022 年夏秋两季，长江流域发生气象干旱与持续高温复合极端气候事件。2023 年 7 月 28 日，"杜苏芮"以强台风级别正面登陆福建晋江，先后影响东部 13 省（区、市），并引发强降水，造成东部地区严重灾害损失。同样，受台风"海葵"影响，9 月 7~8 日，我国广东省部分地区和香港地区遭遇特大暴雨，此次特大暴雨具有强度超强、持续时间超长、强降雨范围超大等特点。

气候的进一步变暖将加剧中国区域性气候风险。根据国家气候中心 2023 年 11 月的监测数据，一次中等强度的厄尔尼诺事件已经形成并将持续到 2024 年春季。厄尔尼诺事件叠加不同天气气候条件及各类极端事件将对我国风光发电、冬季电力需求、交通、人体健康及城市运行产生复杂的影响。在全球气候变暖背景下，受中等以上强度的厄尔尼诺事件影响，未来极端天气发生的频次可能更多、范围更广、强度更强。未来几十年，中国平均气温还会继续上升。总体来看，增幅从东南向西北逐渐变大，北方增温幅度大于南方，青藏高原、新疆北部及东北部分地区增温较为明显。极端强降水和重大干旱事件仍将呈增加态势。未来我国高温、干旱、暴雨洪涝、强台风等极端天气气候事件可能将频发，而且风险增加的地区基本位于我国东部人口稠密地区，社会暴露度高、脆弱性强，由此我国经济社会安全受极端天气气候事件影响将会加重，安全、绿色、智慧城市发展所需的气候服务保障能力也将面临新要求新机遇。

2.多地遭遇破纪录的高温和暴雨

2023年夏季（6~8月）我国气候特征总体表现为雨少温高，全国平均气温为1961年以来历史同期第二高，其中华北大部及甘肃大部、宁夏、新疆、内蒙古西部等地平均气温比正常值偏高1℃~2℃；共有352个国家气象站日最高气温达到极端事件监测标准，华北、华中、华南及新疆等地69个国家气象站日最高气温达到或突破历史极值。

但同期暴雨过程频繁，全国共发生17次暴雨过程，华北、东北等地强降水引发严重洪涝灾害，出现了明显"旱涝急转"现象。7月29日至8月1日，台风"杜苏芮"残余环流携丰沛水汽北上，受到华北北部"高压坝"拦截，加上太行山和燕山山脉地形抬升等的共同作用，京津冀地区出现了一轮历史罕见极端暴雨过程。与京津冀地区2012年和2016年的暴雨过程相比，此次暴雨过程累计降水量大、持续时间长、影响范围广（见图1）。从近几年全国不断发生的汛期"城市看海"事件看，极端降水带来的突发状况对我国北方城市的洪涝治理体系带来了新挑战。北方城市暴露度高、脆弱性强，是受极端降水事件影响的高风险区。相比我国南方城市，北方城市洪涝治理能力更弱，城市防洪排涝等基础条件较差；国土空间规划对暴雨洪涝灾害考虑不够，标准较低。另外，北方城市高强度开发在一定程度上破坏了城市应灾环境；气象预报预警与启动应急响应之间的衔接机制不够顺畅，应

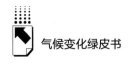

对处置经验不足；系统性应灾服务体系不健全，社会公众灾害风险意识较弱，救灾保障能力不足，保险机制缺失等。

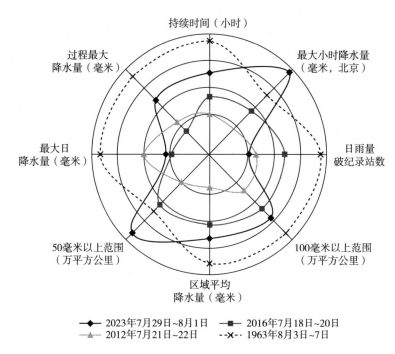

图 1 京津冀历史极端暴雨过程对比

注：主要基于国家气象站 20-20 时降水数据绘制，部分数据来自区域气象站资料或历史文献。

资料来源：国家气候中心。

二 全球绿色低碳转型的大趋势

随着《联合国气候变化框架公约》和《巴黎协定》的深入推进，IPCC评估报告不断更新，国际社会对气候变化问题的认知已经达到前所未有的高度。绿色低碳发展已经成为国际共识，虽然绿色低碳转型发展的道路并不平坦，困难和挑战仍然存在，但已然是大势所趋。

（一）全球碳排放快速反弹

2023年初，国际能源署发布了《2022年二氧化碳排放报告》（CO_2 Emissions in 2022）。该报告表明，2022年全球与能源有关的碳排放量增长了0.9%，即增长3.21亿吨，创下超368亿吨的新高；碳排放量的增长明显低于全球经济增长（3.2%）。值得注意的是，2021年的碳排放量快速反弹至2020年前的水平，但由于清洁能源的使用，2022年的碳排放量增长远低于2021年的异常增长（超过6%）。同时，该报告也指出尽管出现了干旱和热浪等极端天气气候事件，以及大量的核电站停运导致碳排放量上升，但清洁能源技术的应用，避免了5.5亿吨二氧化碳的排放。

从具体的排放源来看，全球能源危机刺激了亚洲从使用天然气转向使用煤炭，同时欧洲的煤炭使用量也出现小幅增长，因此，2022年煤炭的碳排放量增长了1.6%。虽然煤炭的碳排放量的增幅仅为2021年增幅的1/4左右，但仍远远高于过去10年的平均增幅。俄乌冲突后，天然气供应继续收紧，加上欧洲企业和民众减少使用天然气，天然气的碳排放量同比下降1.6%。石油的碳排放量增长甚至超过煤炭，同比增长2.5%，但仍低于2022年前的水平。航空业对新增碳排放量的"贡献"最大，石油新增的碳排放量约一半来自航空业。

从主要国家或国家集团的碳排放情况来看，由于可再生能源的部署和欧洲冬季早期偏暖，欧盟的碳排放量下降了2.5%，煤炭的使用量并不像前期预期的那么高。与此同时，由于应对极端温度建筑物能耗增加，美国的碳排放量增长了0.8%。但中国的碳排放量与上一年大致持平。由于经济和能源需求的快速增长，2022年亚洲新兴市场国家和发展中经济体的碳排放量增长了4.2%。近年来，随着气候变化加剧，推动能源转型和绿色低碳发展已成为世界各国的共识，国际社会将发展可再生能源作为推动能源转型和绿色低碳发展的主要途径和措施。全球可再生能源发电规模不断扩大，新增可再生能源发电装机容量在新增电力中的占比从2016年的60%（约163吉瓦）增长至2021年的80%以上（约306.3吉瓦）。

（二）影响转型步伐的关键因素

1.国际经济技术竞争空前激烈

气候变化问题牵动着世界经济和国际秩序。气候变化带来了前所未有的多重危机，气候治理正在与更广泛的经济、技术和国际规则深度融合。从国际层面看，当今世界百年未有之大变局加速演进，国际政治环境错综复杂，世界经济陷入低迷期，全球产业链供应链面临重塑。同时，新一轮科技革命和产业变革也在突飞猛进，学科交叉融合不断发展，科学研究范式发生深刻变革，科学技术和经济社会发展加速渗透融合，科技创新的广度、深度、速度、精度均显著提高，因此科技理应成为人类应对气候变化的有力抓手，然而气候变化议题却被当前国际政治环境所裹挟。

第一，美欧等国家和地区借由"保障国家安全"在国际层面构建"去风险化"的"绿色议程"①。从全球范围来看，中国的低碳产业较美欧发展速度快。以美国为例，为防止低碳产业重蹈其他制造业的覆辙，美国将这一领域作为"脱钩"和"去风险化"的重点，分别组建美欧、美印、美日、美韩、美日印澳战略清洁能源伙伴关系，启动绿色航运网络和清洁氢合作伙伴关系，并在美国本土及北美、韩国、东南亚等国家和地区倡导所谓的"在岸外包""近岸外包""友岸外包"。在具体产业上，美国提高关税壁垒，如美国把对中国新能源汽车和零部件征收的关税提高到27.5%。2022年，美国还通过了《通胀削减法案2022》，利用行政手段推动电动汽车、关键矿物、发电设施的本土化。

第二，在《联合国气候变化框架公约》外制造"小院高墙"。如通过G7成立的气候俱乐部等机制，将减少碳排放、环境保护等条款纳入贸易谈判进程，以市场准入等方式迫使新兴经济体设置更高的减排目标。设定行业减排目标，利用行业协会强推航海航空减排，同时推动国际减排框架覆盖领域从能源、钢铁等高碳领域向农业等更广泛领域拓展。

---

① Tang Wei, Wang Mengxue, "Casting Aside Separation", *China Daily Global*, July 27th, 2023.

第三，部分美国政客试图削弱或终止中国的发展中国家地位。2023年6月8日，美国参议院外交委员会一致表决通过了一项所谓"终止中国发展中国家地位法"，要求国务卿动用所有手段，把中国从发展中国家行列"排挤"出去，提升为"发达国家"。同时，美国等也在多个场合就此议题试探性发难。

第四，中国与美西方国家在绿色低碳领域的国际竞争仍将长期存在。2023年11月，中美两国发表《关于加强合作应对气候危机的阳光之乡声明》，中美元首在旧金山会晤，使得中美关系有回暖的迹象，但推进中美气候合作，关键要看落实。

2.绿色"一带一路"建设助力沿线国家绿色低碳转型

2023年10月17~18日，第三届"一带一路"国际合作高峰论坛在北京举行。2023年是中国"一带一路"倡议提出十周年。十年来，中国积极同沿线国家携手打造绿色"一带一路"，不断完善绿色顶层制度设计，拓展深化绿色务实合作，稳步推进绿色"一带一路"建设，助力沿线国家绿色低碳转型[1]。《上合组织成员国环保合作构想》和《上合组织绿色之带纲要》为中国与中亚国家乃至中东国家的绿色合作提供了政策指导。2016年，中国与东盟签订了《中国—东盟环境合作战略（2016-2020）》，进一步推进高层政策对话，共同分享生态环境保护与绿色发展的理念和实践。2018年，中国—中东欧国家环保合作部长级会议通过了《关于中国—中东欧国家环境保护合作的框架文件》，并启动了环境保护合作机制，为中国—中东欧国家生态环境保护合作提供广阔的平台。2019年，"一带一路"绿色发展国际联盟正式启动，目前已吸引来自43个国家的150余个中外合作伙伴。

随着绿色顶层制度设计不断完善、绿色务实合作持续拓展深化，绿色"一带一路"的理念更加深入人心，为推进沿线国家乃至全球环境治理与合作注入了新活力。根据《新时代的中国绿色发展》白皮书，中国目前已与31个国家共同发起"一带一路"绿色发展伙伴关系倡议，与32个国家共同

---

① 许勤华：《绿色"一带一路"硕果累累》，《光明日报》2023年9月8日。

建立"一带一路"能源合作伙伴关系。绿色"一带一路"的建设项目覆盖基础设施、能源和教育等多个重点领域，积极服务沿线国家的绿色发展事业。在绿色基础设施领域，中国投资了一大批绿色环保基础设施项目。蒙内铁路、雅万高铁和中老铁路等重大项目广泛融入了来自中国的绿色技术、绿色智慧和绿色理念。在绿色能源领域，从 2014 年至 2020 年，中国在"一带一路"建设项目中可再生能源投资占比提升了近 40%①，帮助沿线国家建设了一批清洁能源重点工程。2021 年 9 月 21 日，中国在第七十六届联合国大会一般性辩论上宣布，中国将大力支持发展中国家能源绿色低碳发展，不再新建境外煤电项目。截至 2023 年 2 月，中国已为 120 多个共建"一带一路"国家培训绿色人才约 3000 人次。

"一带一路"沿线国家当前面临的环境和气候挑战较多，对绿色金融的需求更为急迫。据非洲开发银行的估算，非洲电力部门若要实现 2025 年能源发展目标，年均投资缺口为 350 亿~500 亿美元。未来的绿色金融合作仍将是绿色"一带一路"发展的重要动力。在各国的努力和合作下，沿线国家的能源结构绿色化转型已取得重大进展，且转型趋势仍在加快。截至 2023 年 5 月，"一带一路"沿线国家的能源投资中，绿色能源投资已超过传统能源投资。尽管"一带一路"沿线国家的可再生能源潜力巨大，但是现阶段其对传统化石能源依赖仍比较严重，能源转型压力仍然较大；由于资金不足、装备制造技术薄弱、专业技术人才欠缺等，其总体发展仍有较大上升空间。未来"一带一路"沿线国家要实现绿色发展仍需深化绿色清洁能源合作，推动能源国际合作低碳转型。

3. 俄乌冲突对能源转型的影响长期化

已持续近两年的俄乌冲突仍没有停止的迹象，其对全球地缘政治和世界能源格局的影响是深远的。地缘政治的激烈冲突令全球的不安全感进一步加强。这场冲突使得地缘政治充斥在所有的全球性议题中，包容性的全球化遭

---

① 《关注 | 7 年来，中国在"一带一路"项目中可再生能源投资占比近 40%》，中国一带一路网，https://baijiahao.baidu.com/s? id = 1692848075075749051&wfr = spider&for = pc。

遇冲击。俄乌冲突导致的经济损失同样惨重，新兴市场国家和发展中国家首当其冲，世界多个经济体的通胀率和企业申请破产数量创下新高。欧洲经济也遭受了重创。但与此同时，俄乌冲突也改变了欧洲能源结构并加速了欧洲的绿色发展。在短期的能源需求得到满足后，欧盟开始大幅推进对清洁能源、清洁交通、核电和生物燃料电力领域的去碳化投资。2023 年 9 月 12 日，欧洲议会正式通过决议，将 2030 年欧盟各国的可再生能源消费占能源消费总量的目标从 32%（2018 年 12 月生效的目标）提升为 42.5%。能源智库 Ember 的一项调研显示，2022 年风能和太阳能发电量占欧盟电力消费的 22%，创历史新高，并首次超过天然气发电量的占比（20%）。而煤炭发电量则占到了 16%。除了审批通过最新的可再生能源使用目标，欧洲议会此次通过的法案还提出要加快风电、光伏发电等可再生能源发电项目的审批流程。在交通运输领域，法案要求使用更多的先进生物燃料以及对氢等非生物来源的可再生燃料进行更严格的配额，到 2030 年，可再生能源燃料的使用使温室气体排放量减少 14.5%。

三 我国落实"双碳"目标的新进展

党的二十大报告提出，推动绿色发展，促进人与自然和谐共生，强调降碳、减污、扩绿、增长协同推进，要求积极稳妥推进碳达峰碳中和，为"双碳"工作指明了方向。应对气候变化，落实"双碳"目标，不是别人要我们做，而是我们自己必须做，是中国推动自身高质量发展和可持续发展的内在要求。面对纷繁复杂的国际形势，在当前的背景下，中国坚定不移地将碳达峰碳中和纳入生态文明建设整体布局和经济社会发展全局，落实"双碳"目标在良好开局的基础上又取得新的进展。

（一）"1+N"政策体系进一步完善

2022 年 11 月，中国向《联合国气候变化框架公约》秘书处提交了《中国落实国家自主贡献目标进展报告（2022）》，宣布我国坚持全国统

筹、节约优先、双轮驱动、内外畅通、防范风险的原则，加强碳达峰碳中和顶层设计和战略布局，加强统筹协调，已经建立起碳达峰碳中和"1+N"政策体系。此后，我国又陆续出台了一系列相关政策，包括重点部门碳达峰实施方案——《建材行业碳达峰实施方案》《有色金属行业碳达峰实施方案》，以及服务"双碳"工作的保障方案——《建立健全碳达峰碳中和的标准计量体系实施方案》《碳达峰碳中和标准体系建设指南》《最高人民法院关于完整准确全面贯彻新发展理念 为积极稳妥推进碳达峰碳中和提供司法服务的意见》等。根据"零碳录"数据库统计①，2022年国家层面出台政策共93项，2023年（截至2023年9月10日），国家层面出台政策27项，主要集中在能源、电力、工业等领域，多渠道重点支持可再生能源的开发和利用，如《关于支持光伏发电产业发展规范用地管理有关工作的通知》《关于印发开展分布式光伏接入电网承载力及提升措施评估试点工作的通知》《关于促进退役风电、光伏设备循环利用的指导意见》《关于做好可再生能源绿色电力证书全覆盖工作 促进可再生能源电力消费的通知》等。2023年7月11日，中央全面深化改革委员会第二次会议审议通过了《关于推动能耗双控逐步转向碳排放双控的意见》，"1+N"政策体系再添重要新成员。推动能耗双控逐步转向碳排放双控是继2022年底明确新增可再生能源和原料用能不纳入能源消费总量控制之后的又一新举措。随着非化石能源在能源结构中的占比不断上升，能耗双控逐步转向碳排放双控是必然趋势，更符合节能降碳增效的政策导向，能够避免政策之间的冲突。2023年10月20日，国家发改委印发《国家碳达峰试点建设方案》，计划在全国范围内选择100个具有典型代表性的城市和园区开展碳达峰试点建设。首批参与试点的包括张家口市等25个城市和长治高新技术产业开发区等10个园区。2023年11月7日，生态环境部等11部门印发《甲烷排放控制行动方案》，制定"十四五"和"十五五"期间控制甲烷排放的目标和举措。

---

① 零碳录网站，https：//ccnt.igdp.cn。

2023 年习近平总书记在全国多地考察和主持座谈，高度关注光伏产业以及光伏等清洁能源的发展。如 6 月在内蒙古中环产业园考察时指出，推动传统能源产业转型升级，大力发展绿色能源，做大做强国家重要能源基地，是内蒙古发展的重中之重①。8 月 26 日在新疆考察时谈到，加强水利设施建设和水资源优化配置，积极发展现代农业和光伏产业等园区，根据资源禀赋，培育发展新增长极②。9 月 7 日在哈尔滨主持召开新时代推动东北全面振兴座谈会时谈到，要加快发展风电、光电、核电等清洁能源，建设风光火核储一体化能源基地③。

2023 年 7 月 17~18 日，习近平总书记在全国生态保护大会上讲话指出，我国经济社会发展已进入加快绿色化、低碳化的高质量发展阶段，生态文明建设仍处于压力叠加、负重前行的关键期。要处理好高质量发展和高水平保护等五个方面的关系，积极稳妥推进碳达峰碳中和，构建清洁低碳安全高效的能源体系，加快构建新型电力系统，提升国家油气安全保障能力。把应对气候变化作为国家基础研究和科技创新重点领域之一，推进绿色低碳科技自立自强④。

（二）地方因地制宜实施"双碳"行动

截至 2023 年 10 月 1 日，我国 31 个省（区、市）均制定了碳达峰碳中和的顶层设计，"零碳录"年度报告⑤共收集了 534 项省级政府出台的"双碳"相关政策，其中，2022 年共 398 项，2023 年共 136 项。绝大多数省（区、市）碳排放强度持续下降；经济增长对碳排放的依赖程度降低，大约

---

① 《习近平在内蒙古考察时强调 把握战略定位坚持绿色发展 奋力书写中国式现代化内蒙古新篇章》，http：//mw.nmg.gov.cn/xw/tpxw_ 12160/202306/t20230609_ 2329567.html。
② 《习近平在听取新疆维吾尔自治区党委和政府、新疆生产建设兵团工作汇报时强调：牢牢把握新疆在国家全局中的战略定位 在中国式现代化进程中更好建设美丽新疆》，https：//www.gov.cn/yaowen/liebiao/202308/content_ 6900328.htm？device＝app。
③ 《习近平主持召开新时代推动东北全面振兴座谈会强调：牢牢把握东北的重要使命?? 奋力谱写东北全面振兴新篇章》，https：//www.gov.cn/yaowen/liebiao/202309/content_ 6903072.htm？jump＝true。
④ 《习近平在全国生态环境保护大会上强调：全面推进美丽中国建设 加快推进人与自然和谐共生的现代化》，https：//www.gov.cn/yaowen/liebiao/202307/content_ 6892793.htm？type＝6。
⑤ 绿色创新发展中心（IGDP）：《我国省级气候行动进程与展望》，零碳录年度报告，2023。

1/3 的省（区、市）在经济总量增长的同时保持碳排放总量平稳或稳中有降，即实现 GDP 增长与碳排放脱钩。

在国家"双碳"政策引导下，城市"双碳"行动取得积极进展。中国社会科学院生态文明研究所对 189 个城市开展的绿色低碳发展评价结果显示，189 个城市的绿色低碳发展综合指数平均分上升，低分段城市减少，低碳试点城市继续保持优势，"碳达峰引领型"城市①表现最优。中国环境科学研究院与公众环境研究中心（IPE）开发的中国城市"双碳"指数（CCNI），从气候雄心、低碳状态、排放趋势三个维度对全国 110 个城市进行评价，110 个城市中有 68 个城市的评价综合得分上升②。

各地因地制宜，努力打造实施"双碳"政策的亮点。例如江苏省常州市推进"新能源之都"建设，动力电池产销量占江苏省的 1/2，占全国总产销量的约 1/5，居全国首位，吸引了全球动力电池装机量排名前十的四家龙头企业入驻，形成了发电、储能、输送和应用的完整产业链。又如内蒙古包头市提出打造"世界绿色硅都"。包头市多晶硅、单晶硅产能占全国总产能的约 40%，为了促进晶硅产品低碳化、绿色化，包头市大力开发风光资源，加快建设绿电输送通道，到 2025 年光伏产业使用"绿电"比例将达到 40%，2030 年提高到 50%。再如，河北省的唐山市曾是著名的"钢铁之城"，钢铁产量一度占河北省总产量的一半左右、占全国的 1/7、占世界的 5% 以上。在"双碳"目标引领下，河北省唐山市积极探索培育"海上风电+氢储能"一体化应用新模式，紧密依托自身原有产业优势，找准新能源赛道和城市原有基础的契合点，以绿电和绿氢为抓手，大力推进发展绿色钢铁和绿色交通，打造绿色新工业体系，促进"钢铁之城"实现绿色低碳的华丽转身。

（三）积极稳妥推进能源转型

落实"双碳"目标，能源转型是重中之重。风电、太阳能发电等各类新

---

① "碳达峰引领型"城市即人均 GDP 高于全国平均水平，经济发展水平较高，碳排放强度低于全国平均水平，有能力提前达峰的城市。
② 城市双碳指数研究课题组：《中国城市双碳指数 2021-2022》，2023 年 7 月。

能源项目建设正加速推进，发展势头强劲，但诸多新要素的加入，也使电力系统的复杂性成倍增长，电力系统的安全稳定运行面临一些新挑战。电力行业阶段性呈现出可再生能源迅猛发展与燃煤电厂投资复苏并行的发展格局。

可再生能源迅猛发展。根据国家能源局统计数据①，2023年上半年，全国可再生能源新增装机1.09万千瓦，同比增长98.3%，占新增装机的77%。其中，风电新增并网2299万千瓦，光伏发电新增并网7842万千瓦，抽水蓄能330万千瓦。截至2023年6月底，全国可再生能源装机达到13.22亿千瓦，历史性超过煤电，约占我国能源总装机的48.8%。从发电量看，2023年上半年全国可再生能源发电量达1.34万亿千瓦时，其中，风电光伏发电量达7291亿千瓦时，同比增长23.5%，"绿电"比重继续提高。再融资松绑、地方政府和电池技术加速迭代是光伏产能跃进的三大推手②。从制造端看，2023年上半年，多晶硅、硅片、电池片、组件的产量同比增长均超过60%，产能出现过剩导致光伏价格历经两年多持续涨价后大幅下跌③。

与此同时，煤炭产量和新投资煤电产量也在增加。根据绿色和平的分析报告，2022年中国新增核准煤电项目82个，总核准装机容量达9071.6万千瓦，是2021年获批总量的近5倍④。国家统计局数据显示，2023年上半年，原煤生产量稳定增长，达23.0亿吨，同比增长4.4%；进口煤炭2.2亿吨，同比增长93.0%。2023年6月，单月生产原煤3.9亿吨，同比增长2.5%⑤。

可再生能源迅猛发展与燃煤电厂投资复苏，在某种程度上是现阶段能源转型过程中的无奈选择。一方面，二者并行凸显转型不易，稳经济、抗风险、

① 国家能源局：《上半年全国可再生能源新增装机1.09万千瓦，同比增长98.3%》，新浪财经，https://finance.sina.com.cn/jjxw/2023-07-31/doc-imzepzhu2299336.shtml，2023年7月31日。

② 《光伏产能跃进的三大推手》，财经十一人，https://www.163.com/dy/article/IBL7I27G0552NZ1I.html，2023年8月8日。

③ 《中国光伏年中总结：技术路线之争不会停歇，产能更足价格更卑微》，华夏能源网，https://mp.weixin.qq.com/s/IJ35Ygq-OFKE6Ze4EGuYUA，2023年7月22日。

④ 绿色和平：《中国电力部门低碳转型2022年进展分析》，https://www.greenpeace.org.cn/2023/04/24/2022-2023q1coalbriefing/，2023年4月24日。

⑤ 国家统计局：《上半年全国规模以上原煤产量23.0亿吨同比增长4.4%》，https://mp.weixin.qq.com/s/1BiwqKgNojkChE7GJdP5Vg，2023年7月17日。

保安全，必须先立后破，转型不可能一蹴而就；另一方面，二者相互配合下的角色转变，正是转型的内涵和成果。随着可再生能源的快速发展，煤电在电力系统中的地位和作用正逐步发生变化，由"主角"向"配角"转变，由电量型电源向容量型电源转变，改建扩建煤电厂，更多是为了配合可再生能源的发展。对煤电进行深度灵活性改造，促使煤电向支撑性和调节性电源转变。

值得注意的是，一些传统上可再生能源资源丰富的地区，因近年来的极端高温干旱，对电力不足产生恐惧和担忧，加之高耗能产业向这些地区集聚改变了区域电力供需格局，继续大量投资煤电也是不可取的。"双碳"目标下，煤电投资复苏只是阶段性的，不可能长久，如果"一哄而上"，未来也会面临资产"搁浅"的风险。

（四）数字化与绿色化协同推进

随着新一轮科技革命和产业变革蓬勃发展，物联网、大数据、云计算、人工智能、5G等新型数字技术和智能化技术创新加速，数字技术和人工智能与"双碳"目标的协同发展成为社会普遍关注的问题[1]。专家普遍认为，数字化与绿色化必须协同发展，表现为数字化赋能绿色化，绿色化牵引数字化，二者相辅相成。

数字化赋能绿色化，不仅在生产中有很多应用场景，在生活中也发挥着巨大作用。生产端的应用场景[2]，如高比例可再生能源新型电力系统，终端用能节能降碳，资源回收循环利用，能耗和碳排放管理等，都必须利用数字和智能化技术才能实现。能源、工业、建筑、交通运输、农业等行业，通过对生产和运维等环节的技术设备和管理系统进行数字化的升级改造，提高生产效率，实现高质量发展。

在生活端，数字化技术可以促进公众绿色出行、绿色消费、绿色办公和

---

[1]　中国信通院：《数字化与绿色化协同发展白皮书（2022）》，2023，https：//mp. weixin. qq. com/s/7pPXjamjYqZimmLQhDAsig。

[2]　具体案例参见中国信通院、工业互联网产业联盟发布的《数字技术赋能碳中和案例汇编（2022 年）》，2023，https：//mp. weixin. qq. com/s/DgTEgVFs_ I7I8sEWcHL0uw。

绿色服务。2023 年 6 月 5 日生态环境部发布《公民生态环境行为规范十条》[①]，2023 年 8 月 15 日迎来第一个全国生态日，绿色低碳理念日益深入人心，其与数字化技术相结合可以促使公众生态环境意识转变为具体行动。近年来，碳普惠作为促进公众低碳行动的重要工具展现出巨大潜力[②]。通俗来讲，衣食住行用，每个人的行为背后都有碳足迹，个人绿色低碳行为对于全社会落实"双碳"目标发挥着重要作用。碳普惠的目标就是为每个人建立碳账户，鼓励和促进个人行为向绿色低碳方向转变。平台的数字化技术为辨识个人绿色低碳场景和记录这些行为提供了可能，大数据、区块链、云计算等数字化手段可如实记录和核算个人碳排放量，这使得个人碳账户的碳减排数据具有实时性、可追溯性和不可篡改性，也可确保减排数据的透明性和公正性。全国多个城市尝试实施碳普惠，并加快碳市场和碳普惠体系之间的互通，未来可以通过自愿碳市场的交易机制为个人绿色低碳行为提供经济激励。如上海市生态环境局制定了《上海市碳排放管理办法（草案）》，并公开征求意见[③]。

反之，绿色化牵引数字化，绿色发展也对数字技术的采集、传输、应用等各环节提出新要求，促进数字化技术不断升级。同时，人工智能（AI）、大数据的应用也对数据中心的算力提出了更高要求。无论是大量基础设施建设还是数据中心的运营，数字产业本身，也消耗大量能源，必须绿色化低碳化才能可持续发展，才能更好服务社会，发挥数字化赋能绿色发展的作用。我国在芯片领域打破西方国家封锁，提振国人信心，未来数字化绿色化协同发展助力实现碳中和目标的前景将更加广阔。

（五）深化气候适应型城市建设试点

2013 年我国首次发布《国家适应气候变化战略》，2022 年 6 月我国又

---

① 生态环境部：《公民生态环境行为规范十条》，https：//www. mee. gov. cn/home/ztbd/2020/gmst/wenjian/202306/t20230615_ 1033831. shtml，2023 年 6 月 15 日。

② 碳普惠官网，https：//www. tanph. cn/。

③ 《关于〈上海市碳排放管理办法（草案）〉征询公众意见的公告》，https：//sthj. sh. gov. cn/hbzhywpt5081/hbzhywpt5104/20230818/b4c5da00a23045a5b4a17c00ac527ca9. html，2023 年 8 月 18 日。

发布了《国家适应气候变化战略 2035》，分别提出 2025 年、2030 年和 2035 年的阶段性目标，从长远的角度部署适应气候变化工作。2022 年 9 月，生态环境部印发了《省级适应气候变化行动方案编制指南》，提出尽快启动省级适应气候变化行动方案编制工作。2023 年 4 月，《四川省适应气候变化行动方案》发布，是全国首个省级适应气候变化行动方案。

我国正处于工业化和城镇化快速发展的历史阶段，以防范气候风险为目标建设气候适应型城市，可以最大限度地降低气候变化带来的不利影响和风险，提高城市适应气候变化的能力，对保障城市安全运行、提高城市竞争力和可持续发展潜力具有重要意义。2017 年，我国在全国范围内遴选了 28 个城市，开展气候适应型城市建设试点。2023 年 9 月，生态环境部等 8 部门联合印发《关于深化气候适应型城市建设试点的通知》（以下简称《通知》），鼓励 2017 年公布的 28 个气候适应型城市建设试点继续申报深化试点，同时也进一步明确试点申报城市一般应为地级及以上城市，鼓励国家级新区申报。深化气候适应型城市建设试点，成为落实《国家适应气候变化战略 2035》的着力点，其目标在于统筹考虑气候风险类型、自然地理特征、城市功能与规模等因素，积极探索和总结气候适应型城市建设路径和模式，提高城市适应气候变化水平。

深化气候适应型城市建设试点应遵循的 4 大工作原则包括：坚持风险导向，因地制宜；坚持统筹协调，重点突出；坚持分类指导，探索创新；坚持广泛参与，全民共建。要求 2025 年、2030 年、2035 年分 3 个阶段实施：到 2025 年，遴选试点城市先行先试；到 2030 年，将试点城市扩展到 100 个左右；到 2035 年，气候适应型城市建设试点经验全面推广，地级及以上城市全面开展气候适应型城市建设。《通知》提出深化试点要聚焦的 10 大重点任务，为试点城市指明方向，包括完善城市适应气候变化治理体系，强化城市气候变化影响和风险评估，加强城市适应气候变化能力建设，加强极端天气气候事件风险监测预警和应急管理，优化城市适应气候变化空间布局，提升城市基础设施气候韧性，提升城市水安全保障水平，保障城市交通安全运行，提升城市生态系统服务功能，推进城市气候变化健康适应行动。

适应气候变化是减少气候风险的重要措施，当前的适应措施多为小尺度、碎片化、增量型，有些措施主要针对近期的气候变化风险，很难应对长期风险，未来需要在适应规划制定和实施中采用最佳做法来提高措施的有效性。未来气候变化适应措施需要涉及陆地、海洋和生态系统转型，城市、乡村和基础设施转型，能源系统转型等，还要警惕一些容易产生负向作用的措施。适应措施的实施还应与减缓措施相结合，从规划、融资和实施的一开始就考虑适应和减缓行动的相互联系，这样可以增强协同效益，通过推动气候恢复力发展来实现可持续发展目标。

四 全球气候治理的进展与展望

尽管面临俄乌冲突等全球性挑战，国际气候治理进程仍在按照《联合国气候变化框架公约》和《巴黎协定》的授权有序推进。2021年基本完成《巴黎协定》实施细则谈判达成"格拉斯哥协议"，2022年开启气候行动全球盘点，2023年全面推进和开展对重点谈判议程的盘点工作，总结经验，识别不足。可以预见，在气候行动全球盘点之后，全球气候治理进程在减排目标、适应、资金、能力建设等方面将得到更加均衡、高效的推进，这将进一步推动《巴黎协定》目标的实现，保障气候安全和人类社会的可持续发展。

（一）国际气候谈判形势

1. COP27取得新进展，各国加紧落实承诺目标

COP27于2022年12月在埃及沙姆沙伊赫举行，该大会是《巴黎协定》实施细则谈判完成后的第一届缔约方大会，也是新冠肺炎疫情平息，国际交流、全球经济走向复苏期间召开的谈判会议，同时还是在俄乌冲突发生后欧洲能源供给和能源价格产生大幅波动的背景下召开的一届缔约方大会。可以说大会承载了国际社会对恢复全球合作、积极开展全球气候治理行动的期待。大会主席国埃及也将本届大会界定为重在"实施"的缔约方大会，不仅是对上年谈判达成的《巴黎协定》实施细则的全面"实施"，而且也体现

了在发展中国家举行缔约方大会，主席国希望推动缔约方开展务实行动而不是空谈的积极意愿。会议在减缓、适应、资金机制等方面都取得了积极进展，授权建立了损失损害资金基金、"公正转型路径工作方案"等新的工作机制和议程，动员并正式启动了全球盘点，推动《联合国气候变化框架公约》和《巴黎协定》实施取得积极进展。

2. 对《联合国气候变化框架公约》和《巴黎协定》实施全面均衡的全球盘点进程已开启

2015 年，《巴黎协定》的达成标志着全球气候治理进入了"自主决定贡献+全球盘点"的新阶段。各缔约方基于公平、共同但有区别的责任和各自能力原则自主提出气候行动目标，全球盘点定期盘点全球集体气候行动进展并为各缔约方更新国家自主贡献力度提供信息，不断激励各缔约方提高自主贡献力度，保障《联合国气候变化框架公约》及《巴黎协定》确立的全球气候治理目标的实现。全球盘点工作在《联合国气候变化框架公约》第 26 届缔约方大会（COP26）上已经正式启动，并将于 2023 年的第 28 届缔约方大会上完成。气候变化是当今世界面临的最重要的全球性挑战之一，在此背景下，全面、平衡、积极的全球盘点成果有助于全球保持积极应对气候变化危机的势头，建立合理公平、合作共赢的气候治理体系。中国在全球盘点进程中扮演积极的建设性角色，一方面维护中国积极应对气候变化的负责任大国形象，为我国稳步实现"双碳"目标创造良好外部环境；另一方面向全球释放维护多边主义、强化国际合作的积极信号，与各方共同维护《联合国气候变化框架公约》及《巴黎协定》在全球气候治理中的主渠道地位。根据各方达成的共识，全球盘点不仅要对各方减排承诺实现进展进行盘点，也要对支持发展中国家实现国际资助贡献目标的资金、技术、能力建设等方面的国际合作进展进行盘点。全球盘点的成果可能激励各方提出更具雄心的自主贡献目标，也可能激励各方开展更加积极的国际气候合作行动。

3. 全球集体量化减排目标为全球气候行动提供保障

COP26 决议提出，将按照 COP21 决议第 53 段和 COP24 专项决议要求，启动 2025 年后新集体量化目标（NCQG）的谈判，于 2024 年底完成磋商；

成立由发达国家和发展中国家作为联合主席的专家对话组，于 2022 年至 2024 年每年召开 4 次对话会（共计 12 次），并分别于 2022 年和 2024 年底召开两次高级别部长级会议审议对话会成果。议程主要涵盖发展中国家资金需求、撬动私营资金参与、提高气候资金可及性等。发展中国家普遍表示，新目标出资金额应达万亿美元规模，并应以《巴黎协定》第 2 条、第 9 条中发达国家出资、发展中国家自愿出资为原则。多个发展中国家均已提交具体立场提案。南非、印度、阿根廷更是提出了万亿美元以上的资金需求，赠款资金应以 1000 亿美元为基准。发达国家则刻意剥离《联合国气候变化框架公约》及《巴黎协定》对其提出的要求，模糊《联合国气候变化框架公约》附件一国家和《巴黎协定》第 9 条发达国家公共资金出资义务，并反复强调撬动私营资金参与和多方参与出资的重要性，并企图改变发达国家为单一出资主体的现状，谋求将发展中大国作为 NCQG 共同出资方。在出资总量上，对 2025 年新集体量化目标的具体出资额避而不谈，并弱化统一的气候资金定义的重要性。新集体量化目标资金是 2025 年以后《联合国气候变化框架公约》和《巴黎协定》持续、高效实施的基本保障，也是部分发展中国家实现其国家自主贡献目标的前提条件，缔约方在新集体量化目标资金来源、资金总量等问题上的明显分歧，可能会影响部分国家尤其是发展中国家参与全球气候治理的信心，以及其进一步提升减排努力的信心。

4. 全球适应目标将提升国际社会对适应问题的关注度

2015 年达成的《巴黎协定》第 7.1 条明确提出，"缔约方确立全球适应目标，即增强适应能力、增强恢复力并减少对气候变化的脆弱性，以期促进可持续发展，并确保在第 2 条提及的温度目标范围内做出适当的适应反应"。这一条款为促进适应发展提出了全球层面的长期愿景，为《巴黎协定》取得政治成功奠定了基础。2021 年 11 月召开 COP26，经过多轮磋商，缔约方决定设立并启动为期两年的"格拉斯哥—沙姆沙伊赫全球适应目标工作计划"，2022 年 6 月召开了《联合国气候变化框架公约》第 56 次附属机构会议（SB56），将全球适应目标（GGA）工作计划列入正式议程并举行密集磋商，对全球适应目标概念、支持与行动、监测与评估相关的方法和指

标，以及信息报告与沟通等 8 个主题进行讨论。COP27 对 GGA 进行了更为实质性的讨论，包括建立"全球适应目标框架"（GGA 框架）；发展过程可考虑相关要素，包括适应迭代过程、关键领域和交叉事项等；邀请 IPCC 考虑更新 1994 年发布的关于气候变化影响分析的技术指南，供 GGA 框架参考，并在第二次全球盘点前审查该框架。虽然 COP27 关于 GGA 的谈判进展为减少适应进展评估技术阻碍首次提出了框架性方案，但如何形成可被各国接受的、更细化的方案，仍存在许多技术难点，需要深入探讨，也需要多领域、多行业、多层级的实践经验提供可靠数据和工具，并为科学评估提供依据。GGA 作为适应问题下的重点谈判议题，吸引了国际社会和缔约方对适应问题的关注，积极推进适应相关问题的研究和国际合作行动的开展。各方对适应问题的关注也在一定程度上推动了《联合国气候变化框架公约》和《巴黎协定》的谈判取得更加均衡的进展。

5. 建立"公正转型路径工作方案议题"，关注弱势群体，促进社会整体转型

2022 年，COP27 1 号决定第 50~53 段授权设立"公正转型路径工作方案"议题，开启了"公正转型"在《联合国气候变化框架公约》下的正式谈判进程。"公正转型"并不是全球气候治理进程中最受关注的议题，但与碳中和等愿景目标相比，其直击经济社会转型发展的痛点，关注全球和各国应对气候变化进程中面临的挑战、矛盾和困境，对于减排政策的平稳实施和推动经济社会转型发展具有重要影响。"公正转型"自在 2010 年的《联合国气候变化框架公约》缔约方大会决定上出现以来，基本是在"应对措施"议题下开展讨论，主要内容是关注气候政策可能对部分行业就业产生的影响，以及如何避免负面影响，提供高质量的就业机会。在 2022 年沙姆沙伊赫大会决定设立独立的"公正转型路径工作方案"议题之前，国际社会对"公正转型"问题的关注度并不高，《联合国气候变化框架公约》下开展的相关活动也以知识分享为主，仅停留在研讨的层面，一些国家的实践也主要集中在就业方面。碳中和目标提出后，国际社会更加清晰地认识到积极的气候目标可能与经济社会的发展节奏不同步，需要经济社会系统加快转型以适应和保障气候目标的实现。"公正转型"几乎成为所有开展积极减排行动国家所面临的共同挑战，

而且被视为 21 世纪中叶实现碳中和目标的急迫需求。"公正转型"工作具有重要性和长期性，需要在《联合国气候变化框架公约》下建立一个独立的工作组，强化现有公约下的合作机制，推进公正转型在全球范围的实施。在 COP27 上，各方就"公正转型路径工作方案"达成的共识，可以视为"公正转型"在《联合国气候变化框架公约》下的"2.0 版本"，在新议题设立、工作覆盖领域、工作的机制性安排等方面都有了新的拓展，体现了缔约方对"公正转型"的关注上升到一个新的高度。实现气候治理目标需要实施积极、有雄心的气候政策，但这些积极的减排政策，也可能对经济社会的发展构成冲击。这些冲击有可能是正面的，实现了气候治理与经济社会发展的协同；也可能在一定时间内产生负面的冲击，表现为局部地区、产业和人群遭受福利损失，从而导致部分群体对积极减排政策的抵触，使政策的有效实施面临挑战。"公正转型"是连接积极的气候政策与经济社会发展的纽带，"公正转型"包括建立多方参与和对话机制、完善社会保护政策等，能有效平衡气候政策与经济社会发展不协调的问题，从而降低气候政策对经济社会发展的冲击和影响，减少政策实施可能面临的挑战，辅助气候政策的高效实施。

（二）《联合国气候变化框架公约》谈判之外值得关注的新动向

1. 欧美联手推动碳关税机制建设

尽管全球气候治理的主渠道——《联合国气候变化框架公约》和《巴黎协定》的谈判在蹒跚前行，但是谈判场外的各类机制构建活动也在紧锣密鼓地开展。首个单边碳税机制——欧盟碳边境调节机制（CBAM）正式启动。2023 年 5 月 16 日，欧盟碳边境调节机制法规的最终案文被正式发布在《欧盟官方公报》上[①]，这意味着 CBAM 正式走完所有立法程序，成为欧盟法律。按照最终方案的时间表，欧盟在 2023 年 10 月 1 日开启 CBAM 的过渡期，并将在 2026 年 1 月 1 日正式开征"碳关税"。当前全球气候治理的大背

① Regulation（EU）2023/956 of the European Parliament and of the Council of 10 May 2023 Establishing a Carbon Border Adjustment Mechanism（Text with EEA relevance），PE/7/2023/REV/1，https：//eur-lex. europa. eu/eli/reg/2023/956/oj.

景已经发生了颠覆性的改变。与传统工业时代的高排放高耗能的发展方式不同，绿色可持续的发展方式将成为未来全球经济增长的主要方式。尽管目前欧盟的CBAM仍面临诸多争议并为多数国家所反对，但不可否认，欧盟在不断推进的过程中，CBAM的设计和实施已经考虑了与WTO规则的一致性、贸易伙伴的接受程度、公平性、技术可行性和管理成本等因素，CBAM对各国产业的影响也将日益凸显。

与CBAM相呼应的是七国集团宣布成立"气候俱乐部"，联手构建发达国家的"碳关税同盟"。2022年12月12日，七国集团（G7）发布"气候俱乐部"的目标及职权文件[1]。气候俱乐部向所有《巴黎协定》签署国开放，重点关注工业领域，致力于消除各国法规之间的分歧以及贸易冲突的风险，同时向其他非成员国施加压力。气候俱乐部的三大支柱：一是推进雄心勃勃和透明的气候行动，加强对碳排放的测量和报告，并在国际层面上解决碳泄漏问题，从而降低参与经济体的碳排放密度；二是改造产业，推进去碳化，包括制定G7国家工业去碳化议程和绿氢行动公约，以及扩大绿色工业产品的市场等；三是加强伙伴关系及国际合作，推动气候行动的实施，实现气候合作的社会经济效益，促进公正的能源转型。但从底层逻辑来看，G7成立的气候俱乐部本质在于扩大其低碳优势，抢占全球绿色产业链重要地位，通过国际气候规则的制定来收割"低碳红利"。

2.全球"南方国家"崛起对全球政治格局的影响

（1）金砖国家扩容。在全球治理体系失衡与失效的背景下，金砖国家实现了历史性的扩员[2]。新加入的国家包括沙特阿拉伯、埃及、阿联酋、阿根廷、伊朗、埃塞俄比亚。这6国涵盖了发展中国家所在的亚非拉三大地

---

[1] G7 Statement on Climate Club, Elmau, 28 June 2022, https：//www. g7germany. de/resource/blob/974430/2057926/2a7cd9f10213a481924492942dd660a1/2022 - 06 - 28 - g7 - climate - club - data. pdf? download = 1#：~：text = G7% 20Statement% 20on% 20Climate% 20Club% 20Elmau% 2C% 2028% 20June，the% 20Paris% 20Agreement% 20by% 20reducing% 20greenhouse% 20gas% 20emissions.

[2] 金砖扩员：《新起点新活力》，新华网，http：//www. news. cn/world/2023-08/24/c_ 1129821646. htm，2023年8月24日。

区，充分彰显了金砖机制定位为全球"南方国家"的基本属性。同时这 6 国的 GDP、人均 GDP、经济增速均具备新兴市场国家的基本属性。扩容后的金砖国家将成为改变国际格局的重要力量。金砖国家尚未扩容前，5 国的经济总量已占世界的 1/4，按购买力平价计算，占全球经济比重更是达到 31.5%，超过美国主导的七国集团的 30.7%。金砖国家扩容后，11 国的经济总量更是可观，金砖国家对全球经济增长贡献的首要位置将进一步得到夯实。扩容后的金砖国家还有望进一步塑造全球治理新范式，实现全球治理架构再平衡。金砖国家主张，应以发展为主题，优先应对诸如气候变化、粮食安全、流行性疾病等人类社会共同面临的挑战。金砖国家的全球治理观超越了霸权治理和强权治理的老套路、老思维，创立了平等治理、共商治理、共享治理的新范式。未来，金砖国家有望在践行真正的多边主义、推动国际关系民主化、全球治理体系合理化上发挥积极作用。

（2）非洲因素备受关注。作为全球经济增长最快的区域之一，非洲目前碳排放整体偏低，但未来想要满足基本生活需求，碳排放量也将大幅提升。可再生能源的开发利用成为区域关注的焦点。2023 年 9 月 6 日在肯尼亚首都内罗毕召开的非洲峰会通过了《内罗毕宣言》①。该宣言呼吁征收新的全球碳税，为气候变化行动提供资金。到 2030 年，国际社会将协助非洲把可再生能源发电能力提升至 300 吉瓦以上。埃塞俄比亚、纳米比亚、卢旺达、塞拉利昂、津巴布韦和肯尼亚等国与非洲建立了可再生能源伙伴关系，分享专业知识、经验，释放各国巨大的可再生能源潜力，共同助力非洲的能源转型。

3. 适应行动受到国际社会的高度关注

随着全球气候变暖的加速，气候风险正在增加，强有力的减缓和适应措施都是应对气候变化的关键。《巴黎协定》确立了提高适应能力、增强韧性、降低脆弱性的全球适应目标，主动适应气候变化、不断提高气候风险防

---

① 《首届非洲气候峰会通过〈内罗毕宣言〉》，新华网，http：//www.news.cn/2023-09/06/c_1129849243.htm，2023 年 9 月 6 日。

范和抵御能力已经成为全球共识和必然选择。为了促进适应行动，联合国等国际组织发布了多个报告评估适应行动进展。

2022年底联合国环境规划署发布了《2022年适应差距报告》①，该报告特别强调目前行动的急迫性，指出行动太少，进展太慢——如果气候适应失败，世界将会面临风险。该报告同样指出，第一，绝对不能因为大规模、非气候和复合的因素而把适应措施搁置一边。俄乌冲突和全球供应链短缺等导致了一场不断演变的能源和粮食安全危机，全球许多国家的生活成本飙升。为了避免适应差距扩大，国际气候界应在"格拉斯哥协议"的基础上提高在净零排放、适应、气候融资以及损失和损害方面的集体承诺。第二，至少84%的《联合国气候变化框架公约》缔约方已经制定了适应规划、战略、法律和政策，并且其中约一半的缔约方有两项或两项以上的规划方案。超过1/3的缔约方纳入了量化和有时限的目标，这些目标正日益成为国家适应规划的组成部分。此外，近90%的适应规划体现了对性别和弱势群体的考虑。第三，发展中国家的适应资金缺口可能是目前国际适应资金的5~10倍，并仍在扩大。适应措施正在增加，但没有跟上气候变化的步伐。

2023年2月，联合国发布的《仙台减灾风险框架（2015—2030）》中期审查结果显示②，在促进制定国家和地方减少灾害风险战略方面，制定国家减少灾害风险战略的国家数量从2015年的55个增加到2021年的125个；共有99个国家的地方政府根据国家战略制定了地方减少灾害风险战略；制定国家减少灾害风险战略的国家中，加入可持续发展目标和《巴黎协定》的国家数量2015年只有44个，2021年已达到118个。在加强减少灾害风险的国际合作方面，2012~2022年，共有42个发展中国家报告称接受了官方发展援助，26个发达国家报告称提供了官方发展援助。2010~2019年与减

---

① UNEP, Adaptation Gap Report 2022, https：//www. unep. org/resources/adaptation-gap-report-2022.

② UN, Main Findings and Recommendations of the Midterm Review of the Implementation of the Sendai Framework for Disaster Risk Reduction 2015-2030, https：//documents-dds-ny. un. org/doc/UNDOC/GEN/N22/764/26/PDF/N2276426. pdf? OpenElement.

少灾害风险有关的官方发展援助中，4.1%用于防灾和备灾。2005~2020年，有1113个技术转让实例和2203个能力发展实例。在增强早期预警系统和风险信息的可用性和可获得性方面，在《仙台减灾风险框架（2015—2030）》监测报告的120个国家中，有95个国家存在多种灾害早期预警系统。在国际社会的共同努力下，《仙台减灾风险框架（2015—2030）》目标的落实工作取得了长足进展，但不同国家由于地域规模和收入水平不同而进展不同。随着人口持续增长，气候变化的后果将逐步体现在社会生态和技术系统中，社会将面临越来越多的挑战。水、土壤和能源等自然资源正变得越来越稀缺，土地和海洋生态系统正在迅速退化，生物多样性正在减少，收入和性别不平等正在加剧，在世界上最脆弱的国家和地区，尤其如此。在《仙台减灾风险框架（2015—2030）》通过八年后，一些目标仍未达到。2023年是一个关键的拐点，是国家和非国家利益相关者纠正方向、实现《仙台减灾风险框架（2015—2030）》预期结果和目标的独特机会。

2023年，世界气象大会批准世界气象组织《2024—2027年战略计划》[①]，为气候、社会和技术快速变革的时代确定了新的战略重点。三项首要任务：加强防范，减少极端水文气象造成的生命、关键基础设施与生计损失；支持气候智能型决策，以建立或增强对气候风险的适应能力或韧性；提高天气、气候、水文与相关环境服务的社会经济价值。长期目标：更好地满足社会需求；加强地球系统观测和预测；推进有针对性的研究；缩小天气、气候、水文与相关环境服务方面日益扩大的能力差距等。

这些报告都反映了国际社会针对适应行动所做出的努力，全球大部分国家制定了适应规划、战略、法律和政策，但仍没有跟上气候变化的步伐，发展中国家的适应资金缺口仍在扩大。

除国际组织外，包括中国在内的世界各国也在不断发布有关气候变化适应的战略和计划。2022年底，加拿大发布了首个国家气候适应战略，在降

---

① WMO, World Meteorological Congress Sets New Strategic Priorities for An Era of Rapid Climate, Societal and Technological Change, https：//public. wmo. int/en/media/press - release/world - meteorological-congress-sets-new-strategic-priorities-era-of-rapid-climate.

低气候相关灾害的影响、改善健康和福祉、保护和恢复自然与生物多样性、建设并维护具有承受力的公共基础设施、支持加拿大的经济和工作人士5个关键领域提出了总体目标与具体目标，旨在为应对气候变化危机与未来预期挑战开辟一条可持续的道路。2023年6月，美国各地最高气温打破历史纪录，美国政府宣布将采取行动保护社区免受极端高温的影响，其中包括投资500多亿美元用于帮助各州提高对热浪等气候影响的适应能力。2023年英国发布了《第三次国家适应计划和第四次气候适应战略报告》，该报告制定了英国政府2023~2028年将采取的调整基础设施、保护自然环境、保护公众健康和社区以及建筑环境、支持工商业适应气候变化、提升英国的国际影响力5个领域的关键行动，以推动英国适应气候变化的影响。

4. 地球工程的讨论日趋活跃

地球工程，又称气候工程或气候干预，即通过人为工程技术有计划、大规模改变气候系统以应对气候变化。根据不同作用机理，地球工程包括碳移除（CDR）和人工干预太阳辐射（SRM）两大类。CDR是通过生物、物理或化学的方法移除或转化大气中的CO_2来实现负排放，如造林和森林生态系统恢复、生物能源碳捕集与封存（BECCS）、直接空气捕获和封存（DACCS）、通过生物炭提高土壤碳含量、增强岩石风化、海洋施肥等。碳捕集、利用与封存（CCS/CCUS）由于是实施BECCS和DACCS的基础，也常被纳入讨论。SRM通过减少到达地面的太阳辐射来缓解地球升温，如平流层气溶胶注入（SAI）、增加云层反照率、增加地表反照率等，其中SAI技术最具代表性。如果大规模实施SRM给地球降温，可能会对地球气候和生态系统带来负面影响和意外效应，还可能引发区域影响不均衡、"道德风险"等问题。SRM的高风险和高不确定性在国际上引起很大的争议[①]。

地球工程并非新概念。随着全球温升日益逼近1.5℃，国际社会对地球工程的关注和争论日趋活跃。2023年9月，由"巴黎和平论坛"发起，多

---

① 陈迎、沈维萍：《地球工程的全球治理：理论、框架与中国应对》，《中国人口·资源与环境》2020年第8期，第1~12页。

国政要参与的"气候过冲委员会"（Climate Overshoot Commission）发布了一份研究报告《减少气候过冲风险》，将 SRM 作为未来应对气候风险的重要技术选项①。2022 年，根据国会的要求，美国联邦政府协调启动为期 5 年的 SRM 研究计划。2023 年 6 月美国白宫科学和技术办公室（OSTP）牵头组织各相关部门发布一份报告，评估对 SRM 认识的薄弱领域和需要加强研究的主要方向②。美国国防部下属的美国国防高级研究计划局（DARPA）和美国外交学会也发布报告，明确高度关注地球工程与国家安全问题。

与此同时，一些国际组织也在呼吁重视地球工程的国际治理问题。如 2016 年以来，联合国原负责气候变化事务的助理秘书长亚诺斯—帕兹托（Janos Pasztor）一直积极奔走，呼吁各国重视并参与地球工程的国际治理。2023 年 6 月，联合国人权理事会下的咨询委员会提交了一份报告③，多角度分析了地球工程对环境人权的可能影响。早在 2021 年 10 月 8 日，联合国人权理事会就以 161 票赞成 8 票弃权通过了一项关于环境健康的历史性决议，宣布享有清洁、健康和可持续的环境是一项普遍人权。联合国教科文组织世界科学知识与技术伦理委员会也将地球工程作为 2022~2023 年工作重点④，编写了一份《气候工程的伦理问题》报告，从伦理视角分析以地球工程应对气候风险面临的两难困境及国际治理问题。可以预见，随着气候行动全球盘点的全面启动，面对减排行动与《巴黎协定》目标之间的巨大差距，面对一剂有副作用的"猛药"，人类将进行深刻反思，地球工程也必将成为全球气候治理中一个新兴且充满争议的话题。

---

① Climate Overshoot Commission, Reducing the Risks of Climate Overshoot, September 2023, https：//www.overshootcommission.org/_files/ugd/0c3b70_bab3b3c1cd394745b387a594c9a68e2b.pdf.

② OSTP, *Congressionally Mandated Research Plan and an Initial Research Governance Framework Related to Solar Radiation Modification*, Washington, DC, USA, 2023.

③ Human Rights Council, Impact of New Technologies Intended for Climate Protection on the Enjoyment of Human Rights, A/HRC/54/47, July 12, 2023.

④ https：//www.unesco.org/en/ethics-science-technology/comest.

五 结语

2015 年《联合国气候变化框架公约》缔约方大会达成了《巴黎协定》，但这并不能立即阻止全球气候变暖的步伐。2015~2022 年是自 1850 年有气象记录以来最暖的 8 年，2023 年全球气温很可能超过 2016 年创历史新高。如何高效推进《巴黎协定》实施，遏制全球气候变暖是人类社会面临的重大挑战。在各方的共同努力下，全球气候治理进程不断取得新的进展，迄今为止已有 150 多个国家提出了碳中和目标①，《联合国气候变化框架公约》缔约方第 26 次会议通过了《格拉斯哥协议》，标志着《巴黎协定》实施细则谈判基本结束，进入整体实施阶段。2022 年底"全球盘点"工作正式启动，2023 年各个议题全面推进。我国在全球气候治理进程中主动担当并做出积极贡献，推动构建"1+N"政策体系，为落实碳达峰碳中和目标提供有力保障。在国际合作方面，中国通过积极开展应对气候变化南南合作，帮助其他发展中国家实现国家自主贡献目标，推动《巴黎协定》全球目标的实现。

取得这些进展来之不易，国际社会在面临气候与环境挑战的同时，也面临地缘政治风险、疾病以及由此带来的经济社会发展等领域的诸多挑战，这也让气候治理进程充满了不确定性。展望未来，虽然各种挑战依然存在，但是应对气候变化、实现低碳转型发展已经成为国际共识，更加积极的减排意愿在联合国框架下不断涌现，各国的气候行动也在政府和市场的双重推动下坚毅前行。国际社会将在落实减排目标方面不断取得进展；而且在适应方面，随着全球适应目标的提出和目标落实路径逐渐明确，国际合作和各国的国内行动也将迈出更大步伐，推动建立更具韧性的气候适应系统；在转型发展方面，与碳中和目标实现相匹配的经济、社会发展政策措施体系的构建将成为国际趋势，新能源产业、数字产业以及环保节能产业等将成为转型发展的新动能，并持续推动实现经济、社会、环境协同发展。

---

① Net Zero Tracker, https://zerotracker.net/.

气候变化科学新认识
New Scientific Understanding of Climate Change

G.2
气候变化威胁人类安全与健康

王元丰*

摘　要： 工业革命以来人类过度的资源与能源消耗导致日益严峻的气候危机，威胁人类的生存和发展，对全球安全构成重大挑战。气候变化对水资源和卫生设施可能产生严重危害，威胁人类能源安全和粮食供应稳定等。气候变化危及人类生命安全，并引发人们的心理健康问题。此外，气候变化将给全球地缘政治格局带来更大变数，未来将更深层次威胁全球安全。当前情况下，人类必须改变对自然的态度和价值观，走可持续发展的道路。

关键词： 气候变化　资源安全　人类健康　地缘政治格局

　　工业革命以来，人类生产和生活过程中排放的温室气体，导致当前气候

---

* 王元丰，中国发展战略学研究会副理事长，北京交通大学碳中和科技与战略研究中心主任，研究领域为碳中和。

变化到了非常危险的程度，已经威胁到人类自身的安全与健康，威胁到人类的生存和发展。联合国秘书长安东尼奥·古特雷斯（António Guterres）在很多场合提出警告——人类对自然的掠夺已经使我们居住的星球支离破碎，气候变化已经过了红色预警点。这一警告是有科学依据的，2021年2月联合国环境规划署（United Nations Environment Programme，UNEP）发布的《与自然和谐相处》报告非常明确地指出当前地球面临着三大严重危机，即气候变化、环境污染以及生物多样性破坏①。这三大危机如果不能全面得到应对，那么，人类的安全和健康将面临严峻挑战！

一　气候变化威胁人类经济社会系统安全

气候变化对人类文明和经济体系所带来的挑战日趋严峻。随着全球气温的升高，极端天气气候事件的频发，人类经济社会系统的脆弱性日益显著。气候变化所带来的挑战超越了单一国家的范畴，触及了全球化时代的核心问题。在经济增长与可持续发展之间，人类正面临着前所未有的抉择。最为关键的是，气候变化对水资源、粮食和能源的影响，直接关系到人类的基本生存。水和粮食安全问题可能引发社会不稳定，能源危机则可能导致全球经济系统的失序。

（一）气候变化威胁水资源安全

水是人类生命的源泉，是万物生长的根基。然而，气候变化对水安全的影响很大，无论是从供应的质量上看还是从数量上看，数十亿人赖以生存的水和卫生设施正在受到威胁。水循环的改变还将对能源生产、粮食安全、人类健康、经济发展和减贫构成威胁，从而严重危及可持续发展目标（Sustainable Development Goals，SDGs）的实现。

---

① UNEP，Making Peace with Nature，2021，https：//www.unep.org/zh-hans/resources/making-peace-nature.

气候变化会影响降水的时间、地点和数量，改变水循环。随着时间的推移，气候变化还会导致更严重的气候事件。全球气温上升导致大量水分蒸发，未来几年内可能会出现更频繁、更强的降雨，进而影响人类正常的生活与生产用水。

联合国《2020 全球水资源发展报告：水与气候变化》报告指出，在过去 100 年中，全球用水量增长了 6 倍，并且受人口增加、经济发展和消费方式转变等因素影响，全球用水量仍在以每年约 1% 的速度稳定增长[①]。气候变化将导致当前缺水地区供水不稳定和不确定因素增加，同时也对当前水资源充足的地区带来更大的"水压力"。3 月 22 日是世界水日，联合国秘书长安东尼奥·古特雷斯在 2021 年世界水日的致辞中指出，世界水资源正面临前所未有的威胁，世界人口中有 22 亿人安全饮用水不足，42 亿人卫生设施欠缺，我们必须采取紧急行动。2023 年 3 月 22 日联合国教科文组织等发布了《2023 联合国世界水发展报告》[②]，指出全世界有 20 亿~30 亿人身处缺水困境，如果不进一步开展相关的国际合作，在未来几十年内缺水问题将愈演愈烈，特别是城市地区。该报告也指出，随着人口的增长，在社会经济的发展和消费模式改变的驱动下，预计到 2050 年，全球用水量将以之前的速度不断增加。用水量增长主要集中在中低收入国家，尤其是新兴经济体。随着气候变暖的加剧，水危机将逐渐成为一场全球性危机。

（二）气候变化威胁粮食安全

粮食是确保人类社会生存和国家安全的物质基石。然而，气候变化正对人类粮食安全带来重大挑战，甚至可能导致粮食危机。全球温度上升以及降雨分布变化已对陆地生态系统以及农田和农作物产量造成影响。联合国粮食

---

① UNESCO, UN World Water Development Report 2020-Water and Climate Change, Mar. 22, 2020, https：//unesdoc. unesco. org/ark：/48223/pf0000372985＿ eng.

② UN Water and UNESCO, The United Nations World Water Development Report 2023, Apr. 10, 2023，http：//www. lmcwater. org. cn/authoritative＿ opinion/study/202304/t20230410＿ 36242. html.

及农业组织（Food and Agriculture Organization of the United Nations，FAO）定期发布的《灾害和危机对农业和粮食安全的影响》报告分析了全球农业部门因灾害所遭受的农业生产损失的变化趋势①。2021年版的该报告显示，2006~2016年发展中国家的农业（农作物、牲畜、林业、渔业和水产业）部门因灾害所遭受的损失及损害约占全球气候相关灾害所造成的损失及损害的26%。该报告还显示，当前每年的灾害发生频率是20世纪七八十年代的三倍多，干旱是造成农业减产的最主要的因素，其次是洪水、风暴、病虫害和火灾。

全球粮食危机在2014年以后日益加剧，除了冲突、局势不稳定以及经济放缓或衰退，气候变化和极端天气气候事件也成为近期全球饥饿人口数量上升的关键驱动因素。气候变化对全球粮食产量有正面和负面两类影响，但以负面影响为主。联合国粮食及农业组织（FAO）、国际农业发展基金（International Fund for Agricultural Development，IFAD）、联合国儿童基金会（United Nations International Children's Emergency Fund，UNICEF）、联合国世界粮食计划署（World Food Programme，WFP）和世界卫生组织（World Health Organization，WHO）发布的《世界粮食安全和营养状况2022》报告显示，2021年全球受饥饿影响的人数已达8.28亿，较2020年增加约4600万。该报告提出的最新证据表明，全世界正在进一步偏离目标，无法保证到2030年消除饥饿、粮食危机和一切形式的营养不良②。

2019年联合国政府间气候变化专门委员会（Intergovernmental Panel on Climate Change，IPCC）发布的《气候变化与土地：IPCC关于气候变化、荒漠化、土地退化、可持续土地管理、粮食安全和陆地生态系统温室气体通量的特别报告》认为，出现粮食问题的相当部分原因是极端天气气候事件的

---

① FAO, The Impact of Disasters and Crises on Agriculture and Food Security: 2021, 2021, https://www.fao.org/policy-support/tools-and-publications/resources-details/en/c/1382649/.

② FAO, IFAD, UNICEF, WFP and WHO, The State of Food Security and Nutrition in the World 2022, Jul. 6, 2022, https://www.who.int/publications/m/item/the-state-of-food-security-and-nutrition-in-the-world-2022.

频繁出现，环境条件的改变，虫害和疾病的蔓延①。随着全球气候变暖和病
虫害、疾病发病率增加，预计气候变化对粮食安全的影响将日益严重。
IPCC 发布的第六次评估报告（AR6）第二工作组报告《气候变化 2022：影
响、适应和脆弱性》指出，极端天气气候事件的频发导致了一连串棘手的
问题，尤其在非洲、亚洲、中美洲和南美洲、小岛屿以及北极地区，数百万
人陷入了粮食危机②。气候变化引发的极端天气气候事件已经严重影响了全
球的粮食安全，因此未来国际社会采取积极的减排和适应措施，是保障粮食
安全和维护社会稳定的关键。

（三）气候变化威胁能源安全

气候变化会对全球能源安全产生直接或间接的影响。随着气候变化加
剧，自然灾害频发，能源生产和分配将受到影响。洪水、飓风、台风等极端
天气气候事件造成的停电、设备损坏和生产中断会影响国际能源供应链的稳
定性。此外，气候变化还会导致能源需求的增长：在高温和极端天气条件下
使用空调、供暖等设备，从而增加了能源需求。2022 年，高温干旱席卷北
半球，给这些地区的能源供应和能源运输带来了严峻挑战，也敲响了能源安
全的警钟。同年夏季，法国水力发电量减少了 60%，意大利和西班牙水力
发电量骤减 40% 左右。极端高温也影响部分核电站的生产运行，由于冷却
核反应堆附近河流水位下降且水温升高，法国的 15 个核电站中有 11 个面临
冷却困难，不得不减少发电量。2022 年夏季，由于极端高温的持续，高温
灾害与旱灾并行，中国四川省水力发电工程可用总蓄水量仅 12 亿立方米，
比往年少了近 40 亿立方米。这使得拥有 3962 座水电站的中国水电第一大省
四川省当时的电力供需矛盾极为突出，被迫启动了突发事件能源供应保障一

---

① IPCC, Climate Change and Land：An IPCC Special Report on Climate Change, Desertification,
Land Degradation, Sustainable Land Management, Food Security, and Greenhouse Gas Fluxes in
Terrestrial Ecosystems, 2019, https：//www.ipcc.ch/srccl/.
② IPCC, Climate Change 2022：Impacts, Adaptation and Vulnerability, 2022, https：//www.
ipcc.ch/report/ar6/wg2/.

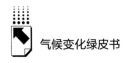

级应急响应①。

值得注意的是，人们普遍认为解决气候变化所带来的能源安全问题需要依靠能源转型，大力发展可再生能源；但是，气候变化对风力、光伏发电也会产生影响，不同国家的科学家正在量化不同气候变化情境下，风力、光伏发电的不确定性。有研究表明，未来气候变化条件下，光伏发电潜力总体下降 0.01% ~ 2.71%，而风力发电增加 0.6% ~ 2.3%②。对极端天气可能导致的可再生能源安全供给及使用问题需要予以特别关注。

2022 年 11 月，国际能源署（International Energy Agency，IEA）发布的报告《气候适应能力促进能源安全》全面分析了不同气候变化情景对能源供给和需求的影响，结果表明日益加剧的气候变化使全球能源安全面临风险③。气候变化不仅直接影响能源系统的各个方面，包括燃料和矿物的开采、加工和运输，发电的潜力、效率和可靠性，能源基础设施的物理弹性，还影响能源需求模式。未来几十年气候变化对能源系统的破坏程度可能会增加。IEA 执行主任法提赫·比罗尔（Fatih Birol）提出：如果我们要维护能源安全，同时加速向净零排放过渡，我们就迫切需要应对气候变化对能源系统日益增长的影响。这需要通过长期规划和大胆的政策行动来刺激投资，而投资又需要以全面可靠的天气和气候数据为支撑。

二 气候变化威胁人类的身心健康

自然界不仅为人类提供人们赖以生存和健康发展的资源，同时也是我们精神及心理健康的依托。联合国环境规划署（UNEP）执行主任英格·安德

① 李永华：《全球高温"烤"问能源投资》，经济网，http://www. ceweekly. cn/2022/0831/394803. shtml，2022 年 8 月 31 日。

② Yang Y. , Javanroodi K. , Nik V. M. , "Climate Change and Renewable Energy Generation in Europe—long-term Impact Assessment on Solar and Wind Energy Using High-resolution Future Climate Data and Considering Climate Uncertainties", *Energies*, 15 (1), 2022, 302.

③ IEA, Climate Resilience for Energy Security, 2021, https://read. oecd-ilibrary. org/energy/climate-resilience-for-energy-security_ 2a931f53-en#page1.

森（Inger Andersen）指出，自然界对人类健康具有全面益处，大自然是"终极的医疗保健系统"。气候变化不但会对人类的身体健康产生严重影响，而且会给人类的精神和心理带来负面的影响。

（一）气候变化威胁人类的身体健康

气候变化会对自然环境和生态系统及其与人类的相互作用产生影响，造成自然灾害、卫生条件恶化和部分传染病的加剧扩散，被视为21世纪最大的全球健康挑战。2023年5月，在世界气象大会上，世界气象组织发布报告称，1970~2021年，与极端天气、气候和水相关的事件造成了11778起已报告的灾害，死亡人数超过200万，经济损失达4.3万亿美元[①]。

高温和热浪是气候变化带来的显著问题之一。高温天气与心血管疾病、呼吸系统疾病和肾脏疾病等疾病关系密切。老人、儿童、孕妇、户外工作者、基础疾病患者等人群是受影响最大的群体。长时间的高温暴露可导致中暑、热衰竭和热带疾病等。2000~2019年，平均每年不适宜的室外气温导致超过500万人死亡，占全球总死亡人数的9.43%[②]。除此之外，到21世纪中叶，与气温相关的超额死亡率预计将进一步增加[③]。

气候变化大大增加了极端天气气候事件发生的频率和强度，如洪涝、干旱、火灾、台风等。洪涝导致的水位上升造成了大量溺水事故和人员伤亡，破坏了卫生设施和饮用水供应系统，也造成了污水和废水泛滥。在全球范围内，与洪水有关的灾害最为普遍，1970~2021年，全球报告了5312起与洪水有关的灾害，占全球报告的所有灾害的45%，造成332748人死亡，经济

---

① WMO, WMO Atlas of Mortality and Economic Losses from Weather, Climate, and Water Extremes (1970-2021) (Geneva: E-Library, 2022), https://public.wmo.int/en/resources/atlas-of-mortality.

② Zhao Q., Guo Y. M., Ye T. T., et al., "Global, Regional, and National Burden of Mortality Associated with Non-optimal Ambient Temperatures from 2000 to 2019: A Three-stage Modelling Study", *The Lancet Planetary Health*, 5 (7), 2021, e415-e425.

③ Sun Z. Y., Wang Q., Chen C., et al., "Projection of Temperature-related Excess Mortality by Integrating Population Adaptability under Changing Climate—China, 2050s and 2080s", *China CDC Weekly*, 3 (33), 2021, 697.

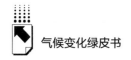

损失达1.3万亿美元①。高温、干旱和低降水也会增加山火风险，延长一些地区的火灾季节和燃烧时间，同时气候变化也会阻碍污染物的稀释，进一步加重人类健康负担。世界著名医学杂志《柳叶刀》的相关研究显示，在全球范围内，每年有0.62%的全因死亡、0.55%的心血管死亡和0.64%的呼吸系统死亡可归因于野火产生的$PM_{2.5}$②。全球气候变暖还会使植物花粉季节延长，提高空气中的花粉浓度，增强花粉的致敏性，进而加重过敏性疾病，对花粉过敏人群的健康带来复杂的风险。

（二）气候变化威胁人类的精神和心理健康

气候变化对人类的心理健康也有重要影响。科学家关怀联盟（Union of Concerned Scientists）关于极端天气对心理影响的研究结果显示，在遭受极端天气灾害的人群中，有25%～50%的人可能会产生心理疾病。美国麻省理工学院媒体实验室（MIT Media Lab）的一项研究结果显示，在研究时段内，美国最严重的飓风卡特里娜使民众的心理健康问题增加了4%。20%～30%的经历过飓风的人在事件发生后的前几个月内会出现抑郁症或创伤后应激障碍③。容易患上心理疾病的高危人群包括儿童、老年人、慢性病患者（包括患有精神疾病和行动障碍的人）以及妇女，特别是孕妇和产后妇女，气候变化更容易影响她们的心理健康。极端天气气候事件后，儿童和青少年特别容易产生创伤后应激障碍，心理健康问题易感性的增加可能会持续到成年④。

---

① WMO, WMO Atlas of Mortality and Economic Losses from Weather, Climate, and Water Extremes (1970-2021)（Geneva：E-Library, 2022），https：//public. wmo. int/en/resources/atlas-of-mortality.

② Chen G. B., Guo Y. M., Yue X., et al., "Mortality Risk Attributable to Wildfire-related PM2·5 Pollution：A Global Time Series Study in 749 Locations", *The Lancet Planetary Health*, 5（9），2021, e579-e587.

③ Nick Obradovich, Robyn Migliorini, Martin P. Paulus, et al., "Empirical Evidence of Mental Health Risks Posed by Climate Change", *Proceedings of the National Academy of Sciences*, 115（43），2018, 10953-10958.

④ Daniel Helldén, Camilla Andersson, Maria Nilsson, et al., "Climate Change and Child Health：A Scoping Review and an Expanded Conceptual Framework", *Lancet Planet Health*, 5（3），2021, e164-175.

气温升高也会对人的心理健康产生显著影响。一项对近 200 万美国居民进行的调查结果显示，即使气温稍有上升，人类患心理健康疾病的可能也会增加。气温每升高 1℃，心理健康出现问题的人数会大约增加 2%。MIT Media Lab 的一项研究结果显示，美国心理健康疾病的患病率增加与更高的气温、更频繁的飓风以及增加的降水有关。2018 年发表在《自然·气候变化》杂志上的一项研究发现，气温每上升 1℃，美国的自杀率就会上升 0.68%[①]。

三　气候变化威胁全球地缘政治安全

气候安全作为一种新的非传统安全，既会对本国的经济、生态、资源和能源等安全要素产生重大影响，又关系到全球军事、政治、外交等诸多传统领域的安全。

（一）气候变化威胁全球安全

气候变化对全球安全构成日益严重的威胁。2020 年 2 月，国际气候与安全军事委员会（International Military Council on Climate and Security，IMCCS）专家组在慕尼黑安全会议（Munich Security Conference，MSC）上发布了《2020 年世界气候与安全报告》，对气候变化引发的重大自然灾害、人口大规模流离失所等导致的政局动荡、国家内部冲突，气候变化对地缘政治的影响，以及气候变化对军事和国防的影响等安全问题进行了评估[②]。该报告指出气候变化使全球所有地区都面临着重大的安全风险。86%的受访专家认为，气候变化会对未来 20 年的全球安全构成重大风险。

《美国国家科学院院刊》刊登的文章《气候相关的灾害会提高多种族国

---

① Marshall Burke, Felipe González, Patrick Baylis, et al., "Higher Temperatures Increase Suicide Rates in the United States and Mexico", *Nature Climate Change*, 8 (5), 2018, 723–729.

② IMCCS, The World Climate and Security Report 2020, Feb. 13, 2020, https://imccs.org/report2020/.

家武装冲突的风险》，对 1980 年到 2010 年世界不同地区武装冲突和气候相
关的自然灾害的数据进行分析，研究结果支持《2020 年世界气候与安全报
告》的结论①。该研究表明，在种族高度分化的国家，约 23%的冲突爆发与
热浪或干旱等气候灾害密切相关；在种族隔离的国家，发生与气候有关的灾
害会增加武装冲突爆发的风险。在此之前，一项对 60 个冲突数据集中开展
定量分析的研究也同样发现，气候事件与世界主要地区的一系列时空尺度上
的人类冲突有着强有力的因果关系。

美国无党派智库气候与安全中心（Center for Climate and Security）发布
的题为《全球气候变化的安全威胁评估：气候变暖如何预示灾难性的全球
安全》的报告，分别评估了未来气候变暖的两种情景下（较工业化以前升
温 1℃~2℃和 2℃~4℃）气候变化对美国 6 个地理区域安全的影响，认为未
来气候变化可能会对美国国家安全和全球安全构成"灾难性"的威胁，已
成为全球安全迫在眉睫的挑战②。

鉴于气候灾害及其引发的地区冲突可能会给人类社会带来灾难，对国际
和平与安全构成严重威胁，2007 年以来，联合国安理会就气候安全问题举行
了四次辩论，推动形成国际共识，对气候变化等非传统安全问题增强全球治
理。2019 年 1 月 25 日，联合国安理会举行了第四次公开辩论，重点讨论了气
候安全问题。在会议上，多数发达国家表示支持将气候安全问题纳入联合国
安理会工作计划，并将其列为联合国气候峰会的关键议题。这一提议也得到
了许多小岛国家、中美洲、加勒比地区和非洲国家的支持。同年 11 月，欧洲
议会投票宣布进入"气候紧急状态"。2021 年 2 月，英国担任联合国安理会轮
值主席期间，建议安理会将气候变化列为全球和平与安全的"最严重威胁"。

---

① Schleussner C. F., Donges J. F., Donner R. V., et al., "Armed-conflict Risks Enhanced by
Climate-related Disasters in Ethnically Fractionalized Countries", *Proceedings of the National
Academy of Sciences*, 113 (33), 2016, 9216.

② The National Security, Military and Intelligence Panel on Climate Change, A Security Threat
Assessment of Global Climate Change: How Likely Warming Scenarios Indicate a Catastrophic
Security Future, 2020, https://climateandsecurity.org/a-security-threat-assessment-of-global-
climate-change/.

2023 年 6 月，联合国安理会举行第 9345 次会议，再次就"气候变化、和平与安全"议题进行辩论，发言者强烈敦促各国采取果断行动，以应对气候冲击给脆弱地区带来的日益增加的安全风险。联合国负责和平行动的副秘书长让-皮埃尔·拉克鲁瓦（Jean-Pierre Lacroix）称，全球估计有 35 亿人生活在"气候热点"地区，相关的和平与安全风险会加剧。

（二）气候变化可能带来地缘政治格局改变威胁全球安全

气候变化将给全球地缘政治格局带来更大变数，未来将更深层次威胁全球安全，这其中很大的威胁就是全球气候变暖将带来北极冰盖融化。由于北极特殊的区位以及海拔高度，北冰洋冰冻圈中的大多数地区具有极为重要的军事安全价值。尤其是北极地区，它扼守着欧洲、北美洲和亚洲之间的连接要道，是这三个洲之间的关键战略纽带。北极是北半球各大国之间航空航天器最短路径的必经之地，是全球安全竞争的制高点。

气候变化导致北极气温升高、冰冻圈融化，北极的气候剧变将有可能在全球范围内对地缘政治格局产生重大影响。北极地区是温室气体和大气污染物质的重要汇聚区，其对全球气候和环境变化的感知极为敏感，北极地区的气温上升幅度是全球均值的 4 倍[①]。在北极一些区域，温度比预期的平均温度甚至高出 20℃。美国国家海洋和大气管理局（National Oceanic and Atmospheric Administration，NOAA）发布的《2022 年北极地区情况报告》显示，21 世纪，北极地区将经历前所未有的变化，其中包括海上浮冰的减少和海水温度的下降速度，这些现象在过去 1500 年中都是独一无二的[②]。总之，气候变化对北极地区的影响可能超出了人们的预期范围，而且变化速度迅猛。

气温不断升高导致北极的冰雪持续融化，经北冰洋连接大西洋和太平洋

---

① Paul Voosen, The Arctic is Warming Four Times Faster than the Rest of the World, Dec. 14, 2021, https：//www. science. org/content/article/arctic-warming-four-times-faster-rest-world.

② NOAA, The 2022 Arctic Report Card, Dec. 13, 2022, https：//arctic. noaa. gov/Report-Card/Report-Card-2022.

的航道"西北通道",以及从北大西洋经过俄罗斯西伯利亚进入太平洋的航道"东北通道"全面开通。2008年夏季,首次出现了"西北通道"和"东北通道"同时开放的场景,这标志着未来的"大西洋—太平洋轴心航线"将成为连接北美、北欧和东北亚国家的最近"冰上丝绸之路",将缩短亚洲、欧洲和美洲之间的航线距离,减少6000~8000公里的路程。随着北冰洋航道的开通,原有的全球贸易格局将被颠覆。在这种情况下,北冰洋的战略价值将进一步凸显。在新航路开通的情况下,北极的军事价值将再度提升,北极各国会强化其在北冰洋和北极的军事部署,并采取更加灵活的军事行动。

早在2008年,欧盟委员会与欧盟共同外交与安全政策高级代表就发布了《气候变化与国际安全》报告,明确提出北极地区出现了因气候变化导致的自然资源和北冰洋航线冲突[1]。该报告认为,气候变化可能引发各国对北极能源与领土的争夺,对国际稳定和欧洲安全带来潜在影响。该报告还称北极地区的气候变化具有成为"威胁倍增器"的潜力。美国拜登政府在2022年10月发布的《国家安全战略》报告中首度将"维护北极和平"列为重点关注的七大战略方向之一[2]。这些态势无不反映全球气候变暖带来的北极冰盖融化,将给地缘政治格局带来巨大变数,进而对全球安全产生更深层次的影响。

四 结语

18世纪以来人类的历次工业革命,使人与自然的和谐关系逐步破裂。人类试图征服自然的欲望逐渐变得强烈,并开始凭借自身的喜好和需求来使

---

① The High Representative and the European Commission to the European Council, Climate Change and International Security, Mar. 14, 2008, https：//www. consilium. europa. eu/uedocs/cms＿data/docs/pressdata/en/reports/99387. pdf.

② The White House, National Security Strategy, 2022, https：//www. whitehouse. gov/ wp-content/uploads/2022/10/Biden-Harris-Administrations-National-Security-Strategy-10. 2022. pdf.

用自然资源，但这却使人类安全与健康遭受严重损失，对人类社会的可持续发展造成了极大威胁。

人类所拥有的强大能力，对地球上的生态系统产生了重大影响，人类的行为已经成为影响地球面貌的重要力量。因此，有学者提出，我们所处的这个时代是人类世（Anthropocene），即人类活动已经成为影响地球系统最重要的力量。达沃斯世界经济论坛创始人克劳斯·施瓦布（Klaus Schwab）说："我们必须记住我们现在所生活的时代——这个'人类世'或者'人类时代'，这也是有史以来人类活动第一次成为塑造地球上所有生命维持系统的主要力量。"

但是，正如恩格斯所说："我们不要过分陶醉于我们人类对自然的胜利。对于每一次这样的胜利，自然界都会对我们进行报复。"人类的行为在对自然系统造成重大伤害的同时，也会对人类自身安全与健康产生重大影响。人类要想获得安全与健康必须重塑自身与自然的关系，在应对气候变化方面加快步伐，在减缓与适应行动上更有力度。自20世纪70年代以来，人类看到了自身行为对地球系统造成的严重影响以及给自身生存和发展带来的挑战，并开展了一系列改善人与自然关系的行动。

不过遗憾的是，气候变化方面的公约、协定以及议程，并没有实质性地改变人与自然关系紧张的状况。未来需要更好地修正人类中心主义，构建人与自然的和谐关系。2022年7月28日，联合国大会通过一项关于环境健康的历史性决议，宣布享有清洁、健康和可持续的环境是一项普遍人权①。气候变化等已使人类获得安全与健康环境的普遍权利出现问题。就像联合国秘书长安东尼奥·古特雷斯所说："通过承认自然是一个不可或缺的盟友，我们可以发挥人类的聪明才智，为可持续性服务，并确保我们自己的健康和福祉与地球的健康和福祉。"

---

① United Nations, UN General Assembly Declares Access to Clean and Healthy Environment a Universal Human Right, Jul. 28, 2022, https://news. un. org/en/story/2022/07/1123482 #:~: text = 28% 20July% 202022% 20Climate% 20and% 20Environment% 20With% 20161, healthy%20and%20sustainable%20environment%2C%20a%20universal%20human%20right.

人类追求碳中和与可持续发展的行动是自救之举，是人类对工业革命导致的高度紧张的人与自然关系的"祛魅"（Disenchantment），是人类超越"工业文明"向更高级的"生态文明"的跃迁。希望通过这样的行动，人类能够重新与自然和谐相处，从根本上更好确保人类的安全与健康。

（北京交通大学碳中和科技与战略研究中心范磊博士，北京交通大学博士研究生郭晓辉、薛邵琴及硕士研究生常鑫磊、倪宇波参与了本文资料搜集和撰写）

G.3
全球气候变化科学评估进展

黄磊 杨啸 王朋岭*

摘 要： 2021~2023 年联合国政府间气候变化专门委员会（IPCC）先后
发布了第六次评估报告（AR6）的三份工作组报告和综合报告，
对全球气候治理进程产生了重要影响。世界气象组织（WMO）
也每年发布年度全球气候状况报告和区域气候状况报告，为国际
社会提供气候系统变化的权威科学信息。未来地球计划（FE）
组建了地球委员会（The Earth Commission），对地球生命支持系
统（如水资源、陆地、海洋、生物多样性等）开展评估，以确
保地球系统处于稳定并具有恢复力的安全状态。本文综述了
IPCC、WMO 和 FE 对当前全球气候变化科学评估的进展，总结
了当前全球气候变化形势、趋势与应对路径，并对气候变化科学
评估进行了回顾与展望。

关键词： 气候变化 地球系统 IPCC

一 IPCC 气候变化科学评估进展

联合国政府间气候变化专门委员会（IPCC）是由世界气象组织
（WMO）和联合国环境规划署（UNEP）于 1988 年联合建立的政府间组织，

---

* 黄磊，博士，国家气候中心气候变化战略研究室主任，研究领域为气候变化与应对政策；杨
啸，博士，国家气候中心工程师，研究领域为气候变化政策；王朋岭，博士，国家气候中心
气候变化监测预估室副主任，研究领域为气候变化与环境演变。

下设气候变化自然科学基础、影响和适应、减缓三个工作组。截至目前IPCC已完成了六次气候变化科学评估报告的编写，评估结论已成为国际社会认识气候变化问题、推进气候变化治理制度建设的科学基础。2023年3月20日，IPCC正式发布了AR6综合报告（SYR）《气候变化2023》。该报告是IPCC第六次评估周期的最后一份评估产品，原计划于2022年9月发布，但受综合报告技术支持小组人员变动等多种因素影响，推迟半年到2023年3月发布。AR6综合报告在IPCC的AR6三个工作组报告和三份特别报告的基础上编写而成，总结了关于气候变化的事实、影响与风险以及减缓和适应气候变化的主要评估结论。

（一）当前的状态和趋势

毋庸置疑，人类活动引起了大气、海洋和陆地变暖。2011~2020年全球地表平均温度比1850~1900年平均值升高了1.09℃。2023年9月，世界气象组织（WMO）宣布2023年的6月、7月和8月分别是有气象记录以来全球最热的三个月份；2023年8月全球平均海表面温度（SST）为20.98℃，也创下有气象观测记录以来最高纪录。未来全球温室气体排放量将继续增加，持续的温室气体排放将导致全球温升进一步增加，全球温升将会在近期（2021~2040年）达到1.5℃。全球气候变暖对整个气候系统的影响是过去几个世纪甚至几千年前所未有的。不可持续的能源使用，土地利用和土地利用变化，生活方式以及跨区域、国家之间及国家内部、个人之间的消费和生产模式造成了不平等的气候变化历史和未来贡献。

大气、海洋、冰冻圈和生物圈已经发生广泛和快速的变化，人为的气候变化已经影响了全球每个地区，极端天气和气候事件对自然和人类带来了广泛的不利影响以及相关的损失与损害。高温热浪、干旱并发，以风暴潮、海洋巨浪和潮汐洪水为主要特征的极端海平面事件，叠加强降水造成的复合型洪涝事件逐渐增多。历史上对气候变化贡献最小的脆弱群体正受到不成比例的影响。

根据2021年10月前宣布的国家自主贡献（NDCs）推算的2030年全球

温室气体排放量可能使 21 世纪全球温升超过 1.5℃，并且很难将温升控制在 2℃ 以内。已经实施的气候政策的预计温室气体排放量与 NDCs 的预计温室气体排放量之间仍存在差距，资金流也没有达到所有部门和地区实现气候目标所需的水平。

（二）未来气候变化、风险和长期应对政策

全球有 33 亿~36 亿人生活在气候变化高脆弱环境中。除了自然气候变化，越来越多的损失和损害与人类活动排放的温室气体引起的极端天气气候事件增多相关。气候风险的等级取决于温升水平、社会经济发展水平和适应措施。AR6 评估结果显示，任一未来全球温升水平所带来的气候相关风险都比 AR5 的评估结果要高，所预估的长期影响也比当前所观测到的高很多倍。未来多种气候变化风险将进一步加剧，跨行业、跨区域的复合型气候变化风险将增大且更加难以管理。

适应气候变化是减少气候风险和脆弱性的重要措施，但随着全球气候变暖的加快，当前可行、有效的适应措施将会受到限制，效果也会降低。如果温室气体排放量没有迅速下降，特别是若温升超过 1.5℃，那么气候恢复力发展所受限制将会加大；若温升超过 2℃，有些地区将不可能实现气候恢复力发展。采取灵活、多部门、包容和长期的适应规划和行动，除了可以避免不良适应，还能在许多部门和系统产生协同效益。

未来温升由历史累积的温室气体排放量和未来的温室气体排放量共同决定，要将人为引起的全球气候变暖限制在特定水平，需要限制累积二氧化碳排放量，或至少达到二氧化碳的净零排放。在低排放情景下，实现温升限制在 2℃ 的目标需在 2070 年前后实现净零排放；实现温升限制在 1.5℃ 的目标需要在 21 世纪 50 年代初期实现净零排放，并在之后采取负排放（如二氧化碳移除）措施。

（三）近期响应措施

气候变化对人类和地球构成威胁，为保证人类有宜居环境和可持续发展

的未来，要加强气候恢复力发展。气候恢复力发展将减缓和适应结合起来，通过加强国际合作推进所有人的可持续发展，包括增加获得充足资金资源的机会，特别是对脆弱地区、部门和群体，以及包容性治理和实施协调政策。

加速实施减缓和适应行动将能够减少气候变化对人类和生态系统造成的损失与损害，并在空气质量和健康等多方面带来协同效益。而延迟实施减缓和适应行动将带来高排放基础设施锁定效应，增加资产闲置和成本上升的风险。一些措施可以减少排放密集型消费，同时也会给社会福祉带来协同效益，其中包括改变行为和生活方式等。

减缓和适应行动与全球可持续发展目标（SDGs）之间的协同效益多于权衡取舍，协同效益和权衡取舍取决于减缓和适应行动实施的背景和规模。资金、技术和国际合作是加速气候行动的关键推动因素。优先考虑公平、气候公正、社会公正、包容和公正转型进程，可以实现适应、减缓行动和气候恢复力发展。明确的目标、跨领域的政策协调以及包容性治理过程有助于促成有效的气候行动。

二　WMO气候变化科学评估进展

（一）WMO全球气候状况报告

世界气象组织（WMO）的前身是成立于1873年的国际气象组织（IMO），其旨在促进跨国界天气信息的交换。WMO于1950年成立，作为联合国的专门机构，是联合国系统中发布有关地球大气圈的状态和变化规律、陆地—海洋—大气交互作用、天气和气候及水资源分布等方面信息的权威机构，其致力于通过国际合作提供专业知识，支持各国气象和水文部门提供和使用高质量、权威的天气、气候、水文和相关环境服务，并履行在减少灾害风险、减缓和适应气候变化以及可持续发展领域做出的国际承诺。

1993年6月WMO执行理事会第45届会议决定努力提升其提供气候系统变化权威科学信息的职能，并做出自1994年起发布年度全球气候状况报告的具体安排。WMO首份气候状况报告《1993年全球气候状况声明》① 于1994年应运而生，该报告基于WMO各成员和地区气象水文机构收集、共享的基础观测数据和监测信息，记录了1993年全球温度、大气成分、云量、积雪、海冰等气候要素状况和区域性的洪涝、干旱、寒潮等极端天气和气候异常事件。WMO全球气候状况报告编制和气候系统监测活动由世界气候数据与监测计划（World Climate Data and Monitoring Programme，WCDMP）负责组织协调，应用经批准的科学方法和工具来分析全球气候状况和极端事件，通常于每年3月发布上一年度的全球气候概况，至今已连续发布近30期全球气候状况年度报告。

WMO于2023年4月发布了《2022年全球气候状况》②，该报告概括了2022年全球关键气候指标的监测信息：全球地表平均温度、主要温室气体浓度、海洋热含量、海平面、海洋酸度、两极海冰范围、格陵兰冰盖和山地冰川物质平衡量、全球陆地降水等核心气候变量；分析了年内厄尔尼诺—南方涛动（ENSO）、印度洋偶极子（IOD）等年际气候变率的主要驱动因子；记录了高温、干旱、野火、低温寒潮、暴雨洪涝、热带气旋等极端事件。同时，WMO还与联合国粮食及农业组织（FAO）、国际移民组织（IOM）、联合国减少灾害风险办公室（UNDRR）和世界粮食计划署（WFP）等机构联合，总结了2022年度气候相关影响和风险的评估信息，包括气候对粮食安全和人口流离失所以及对物候、高寒生境等生态系统和环境的影响。

《2022年全球气候状况》显示，2022年全球气候变暖趋势仍在持续，2013~2022年全球地表平均温度较工业化前水平（1850~1900年平均值）高出1.14℃，2015~2022年是自1850年有完整观测气象记录以来最暖的8个年份；全球大气主要温室气体浓度、海洋热含量和海平面等气候变化核心指标均创造了新纪录；南极海冰范围和欧洲阿尔卑斯山冰川物质平衡量达到

---

① WMO, WMO Statement on the Status of the Global Climate in 1993, 1994, WMO-No. 809.
② WMO, State of the Global Climate 2022, 2023, WMO-No. 1316.

有观测记录以来新低；东非持续干旱、巴基斯坦夏季破纪录降雨、欧洲高温热浪等高影响极端天气气候事件严重威胁社会经济和自然生态环境，危及人类福祉和地球健康。

（二）WMO 区域气候状况报告

鉴于全球气候系统的复杂性和区域气候背景状况、变化趋势及其驱动因素的差异性，WMO 于 2015 年组织发布了《2013 年非洲气候》特别报告，并于 2019 年起先后发布非洲、亚洲、拉丁美洲和加勒比地区、西南太平洋和欧洲区域气候状况年度报告，以满足区域和国家尺度实施减缓与适应气候变化行动、可持续发展目标对区域气候与气候变化监测评估信息的需求。

亚洲区域跨寒、温、热三带，气候类型复杂多样，洪水、干旱、极端温度和热带气旋等气象灾害频发[①]，气候风险尤为突出。2021 年 10 月 26 日，WMO 联合亚洲及太平洋经济社会委员会（ESCAP）、联合国防灾减灾署（UNDRR）等机构发布首份亚洲区域气候评估报告《2020 年亚洲气候状况》[②]，提供了亚洲区域温度、降水、海平面、冰冻圈等关键气候指标的监测信息，评估了 2020 年内的高温热浪、洪水、风暴等极端天气气候事件及其带来的影响和风险，并建议加强区域气候观测和早期预警系统建设，以提升自然和社会经济系统的气候恢复力水平。

《2022 年亚洲气候状况》[③] 报告于 2023 年 7 月 27 日发布。该报告的结论显示，亚洲气候变化影响正在加剧。2022 年，亚洲区域平均温度异常偏高，且 1991~2022 年亚洲升温速率接近 1961~1990 年的两倍。过去 40 年，亚洲高山区冰川呈加速消融趋势；2022 年，受气温偏高、降水偏少气候异常影响，阿尔泰山、天山和兴都库什山冰川处于高物质亏损状态，其中作为全球参照冰川之一的天山乌鲁木齐河源 1 号冰川的物质平衡量达到 1959

---

① 中国气象局：《全球天气气候与服务》，气象出版社，2023，第 55~58 页。

② WMO，State of the Climate in Asia 2020, 2021, WMO-No. 1273.

③ WMO，State of the Climate in Asia 2022, 2023, WMO-No. 1321.

年有连续观测记录以来的第二低值。2022 年，亚洲高温干旱、洪水和风暴等极端事件频发，共发生 81 起与天气、气候和水相关的灾害，造成 5000 多人死亡、5000 多万人直接受灾，经济损失超过 360 亿美元。中国中东部地区夏季出现大范围持续性高温热浪，361 个气象站点日最高气温突破历史极值；长江中下游及川渝等地遭遇严重夏秋连旱。5~9 月，印度、巴基斯坦强降雨引发洪水和山体滑坡，造成重大人员伤亡和经济损失。该报告再次呼吁，强化气候监测和多时间尺度预测信息服务，开展基于气候变化影响的预报和全民早期预警，增强亚洲区域水资源、能源、农业和粮食系统的韧性。

近年来，WMO 系列区域气候状况年度报告在高级别、重大区域活动中相继发布，提供权威的气候科学信息、评估年度极端天气气候事件及其影响，为相关部门制定区域气候政策和重大决策提供了至关重要的信息支撑，同时 WMO 也大力呼吁实施应对气候变化行动。2023 年 6 月 19 日，WMO 和欧盟哥白尼气候变化服务中心在第六次欧洲气候变化适应大会上联合发布《2022 年欧洲气候状况》。该报告显示：20 世纪 80 年代以来，欧洲的变暖速度是同期全球平均水平的两倍，气候变化正在对欧洲的社会经济结构和生态系统产生深远影响；2022 年欧洲可再生能源的发电量首次超过化石燃料发电量，风能和太阳能发电量占欧盟电力的 22.3%，超过化石燃料发电量占比（20%）。报告同时强调，高温、强降水和干旱等极端天气将对欧洲能源系统的供需和基础设施产生越来越大的影响，能源气候服务将在支持全球能源转型实现净零排放方面发挥关键作用。

2023 年 9 月 4 日，首届非洲气候峰会在肯尼亚首都内罗毕召开，WMO 于会议开幕日发布《2022 年非洲气候状况》，该报告指出，近几十年来非洲大陆平均气温的上升速度加快，2022 年非洲大陆超过 1.1 亿人口直接受到天气、气候和与水有关的灾害的影响，造成的经济损失超过 85 亿美元。报告强调，高温热浪、暴雨洪水、热带气旋和长期干旱正在对非洲社会和经济造成破坏性影响，对于风险高、脆弱性突出且适应能力较弱的地区而言，气

候变化的影响预计将更加严重。WMO 呼吁加强早预警早行动保障非洲农业和粮食安全,推动重点领域适应气候变化。

三　未来地球计划(FE)评估进展

20 世纪 70 年代以来国际科学界先后组织建立了世界气候研究计划(WCRP)、国际地圈—生物圈计划(IGBP)、国际全球环境变化人文因素计划(IHDP)和国际生物多样性计划(DIVERSITAS)四大全球环境变化研究计划,围绕地球各圈层环境变化问题以及人类与这些变化间的相互作用等开展了大量研究,建立了跨学科、跨区域、跨机构的全球性合作研究网络,大大增进了国际社会对全球变化以及气候变化问题的科学认识。但是,随着人类对全球变化问题复杂性认识的不断深入,原有研究计划逐步显现出研究对象片面化、研究方法单一化、研究成果内部化等不足,难以对作为复杂巨系统的地球系统开展更为系统、全面和深入的观测与研究,制约了全球变化研究的深入推进和持续发展。在这四大研究计划的基础上,2001 年地球系统科学联盟(ESSP)建立,旨在更好地推动全球变化的集成交叉研究,从地球系统科学的角度实现对全球变化问题认识的突破。2008 年国际科学理事会(ICSU)对 ESSP 及其各计划组织了一次全面评估,系统梳理了它们存在的问题,推动了对全球变化研究组织的改组。2012 年 6 月在"里约+20"峰会上"未来地球计划"(Future Earth,FE)正式成立。未来地球计划将全面应用自然和社会科学、工程学和人文科学等不同学科观点和研究方法,加强来自不同地域的科学家、管理者、资助者、企业、社团和媒体等利益相关方的联合攻关和协同创新,以催生深入认识行星地球动态的科学突破以及针对重大环境与发展问题的解决方案。2019 年 1 月,在瑞士达沃斯举行的世界经济论坛上,未来地球计划宣布将组建地球委员会(The Earth Commission),召集全世界顶尖的科学家开展对地球系统的评估,为地球生命支持系统(如水资源、陆地、海洋、生物多样性等)设定类似于《巴黎协定》规定的"为全球温升不超过工业化前 2℃并为不超过 1.5℃而努力"的科学目标，以确保地球系统处于稳定并具有恢复力的安全状态。经过不懈努力，地球委员会于 2023 年 5 月底发布了旗舰评估报告《安全、公正的地球系统边界》①。

《安全、公正的地球系统边界》认为，人类现在需要考虑破坏地球家园稳定的真正风险，即生存风险，因为人类需要一个能够为所有人的福祉提供基础保障的地球。地球生命支持系统存在一定的边界，守住这些边界不逾矩，人类才有可能安全地存在和发展。但是，全球尺度上的安全并不等于每个人都安全。随着人类对环境公平与正义的关注度不断提高，国际科学界越来越意识到，每个人（尤其是脆弱群体）都有权利享受相应的资源与环境。因此，地球委员会在评估报告中定义了 8 个地球系统边界：气候变化、自然生态系统面积、生态系统功能完整性、地表水、地下水、氮、磷和气溶胶。选择这些地球系统边界是因为它们涵盖了地球系统的主要组成部分（大气圈、水圈、岩石圈、生物圈和冰冻圈）以及各主要组成部分之间相互关联的过程（碳循环、水循环和营养物质循环），它们是支撑地球生命支持系统的"全球公域"，会对地球上的人类福祉产生影响；它们也会在政策相关的时间尺度上产生影响，受到人类活动的威胁，并可能会对地球系统稳定性和未来发展产生影响。评估结果还显示，对于安全、公正的 8 个地球系统边界而言，目前人类已经越过 7 个，并且至少有两个已经在全球超过一半的陆地面积上被越过。这一评估为现在和未来人类保护全球公域提供了量化的基础。

四　回顾与展望

目前 IPCC 已开启第七次评估周期，第七次气候变化科学评估周期预计将于 2030 年前结束。IPCC 第六次评估报告发布以来，全球气候变暖的趋势

---

① Rockström J., Gupta J., Qin, D. et al., "Safe and Just Earth System Boundaries", *Nature*, 619, 2013, 102–111.

仍在持续，全球人为温室气体排放量也从 2010~2019 年的年均 530 亿吨二氧化碳当量上升到 2012~2021 年的年均 540 亿吨二氧化碳当量，全球大气二氧化碳平均浓度从 2019 年的 410ppm 上升到 2022 年的 418ppm，与工业化前水平相比，全球地表平均温度的升高幅度从 2011~2020 年的 1.09℃ 上升到 2013~2022 年的 1.14℃。回顾过去，地球气候环境于 11700 年前进入全新世以来，大部分时间内全球地表平均温度相比工业化前平均水平都不高于 1℃，正是在这一气候环境下人类文明开始诞生、发展并逐渐繁荣。全新世以来人类也开始通过农业革命等人类活动逐渐改变了地表形态、影响了地表反照率，人类活动逐渐成为地球气候系统变化不可忽视的驱动力。特别是自工业革命以来，人类活动对地球环境的影响逐渐超过了自然因素的作用，地球环境的演变进入了新的历史阶段。

还需要看到的是，过去和未来的人为温室气体排放造成的气候系统变化，特别是海洋、冰盖和全球海平面的变化，在世纪到千年尺度上都是不可逆的，气候变化及极端天气气候事件对自然和人类系统影响的广度和深度在不断扩大，长期、持续的气候风险越来越显著，并以风险级联的方式由自然向人类经济社会系统不断渗透蔓延，对全球可持续发展和气候安全带来重大挑战。2022 年底《联合国气候变化框架公约》第 27 次缔约方大会发布了《全民早期预警行动计划》，设立了灾害风险知识和管理、观测和预报、预警发布与传播、备灾与应对"四大支柱"，未来我国应面向"双碳"目标下的经济社会转型过程中的区域、行业的差异化需求，发展集气候风险识别、评估、预警、应对于一体的气候安全早期预警平台和业务，提升气候安全早期预警与应对能力，有针对性地提高公众防灾减灾意识，降低气候变化对全社会带来的影响与风险。

G.4
气候临界点与未来风险应对

王长科 黄磊 周兵*

摘 要： 气候临界点具有不可逆性和难以预测性，气候临界点之间存在着多米诺骨牌效应。研究发现，当前已有5个气候临界点处于危险区间，已经被突破或者很快就会被突破。这5个危险的气候临界点是格陵兰冰盖崩塌、南极西部冰盖崩塌、北极多年冻土突然解冻、低纬度珊瑚礁消亡、拉布拉多海—副极地对流系统崩溃。另有11个临界点属于有可能被激活的临界点。最新的研究结果表明，青藏高原可能是一个全新的临界要素，并且已经处于被激活状态。为了扭转气候临界点被激活的不利局面，促进全球气候科学治理，需要全社会快速绿色低碳转型以避免全球气候危机；加大气候变化减缓行动力度，避免温室气体排放反弹；实施转型适应措施，降低气候临界点风险；评估适应政策取得的进展，适时调整适应行动。

关键词： 气候临界点 气候风险 气候变化 减缓 适应

引 言

联合国政府间气候变化专门委员会（IPCC）对于气候临界点（Climate

---

* 王长科，博士，国家气候中心研究员，研究领域为湿地温室气体排放；黄磊，博士，国家气候中心气候变化战略研究室主任、研究员，研究领域为气候变化应对政策；周兵，博士，国家气候中心研究员，中国气象局气候服务首席专家，研究领域为气象服务与季风降水。

Tipping Points）的定义是"就气候系统而言，临界点是指全球气候或区域气候从一种稳定状态转变到另一种稳定状态的临界阈值"。转变后的稳定状态可能不太适合维持人类生活和自然系统，或者可能导致非线性变化，且变化速度快于气候强迫的预期。

气候临界点问题最早是在 20 年前由 IPCC 提出的，当时预计"如果温室气体浓度继续增加，未来几个世纪可能会出现气候临界点"[①]。自 IPCC 2001 年发布第三次评估报告以来，许多影响地球系统平衡的气候临界点陆续被科学家识别出来。2008 年，莱顿研究组发表学术论文"Tipping Elements in the Earth's Climate System"，第一次提出了气候系统的 9 个临界点[②]。2022 年，《科学》杂志发布了一项关于气候临界点的研究成果，表明地球的许多系统已经受到气温上升的压力，全球升温超过 1.5℃可能触发多个气候临界点。

随着全球气候变暖的加剧，气候系统中的一个或几个临界因素超过关键阈值的风险越来越大，这将对全球气候、生态系统和人类社会造成严重后果[③]。《联合国气候变化框架公约》第 27 次缔约方大会指出，有必要了解临界点对冰冻圈的影响。但人们在气候临界点方面还存在一些认识误区和知识空白，有必要对有关气候临界点的文献和研究进展进行系统的梳理。本文旨在概述气候临界点被突破的潜在影响和风险，并从减缓与适应两个维度讨论应对气候临界点风险的措施。

一　气候临界点的类型和特性

（一）气候临界点的类型

McKay 等人最新的科学研究成果发现，气候临界点共有 16 个，其中 9 个

---

① IPCC, *Climate Change 2001: Synthesis Report*, Cambridge University Press, 2001.

② Lenton et al., "Tipping Elements in the Earth's Climate System", *Proceedings of the National Academy of Sciences*, 105, 2008, 1786-1793.

③ Wunderling et al., "Interacting Tipping Elements Increase Risk of Climate Domino Effects under Global Warming", *Earth System Dynamics*, 12, 2021, 601-619.

为全球性气候临界点，7 个为区域性气候临界点（见表 1）。全球性气候临界点可能会导致全球性连锁影响，并伴随额外的碳排放和更高的海平面上升。区域性气候临界点可能产生严重的区域性或地方性影响，如极端温度、更频繁的干旱、森林火灾和前所未有的天气等。

McKay 等人逐个计算了各气候临界点被触发所需要的温升条件，发现有 5 个气候临界点已处于危险区间，已经被突破或者很快就会被突破。这 5 个危险的气候临界点分别是：格陵兰冰盖崩塌、南极西部冰盖崩塌、北极多年冻土突然解冻、低纬度珊瑚礁消亡、拉布拉多海—副极地对流系统崩溃，其中格陵兰冰盖崩塌和南极西部冰盖崩塌两个气候临界点已经被突破。触发格陵兰岛冰盖全面消亡的临界点是升温 0.8℃，而触发南极西部冰盖全面消亡的临界点是升温 1℃。除了这 5 个气候临界点，其余 11 个气候临界点被归于有可能被激活的气候临界点。

表 1　气候临界点的阈值及其对全球和区域的影响

等级	气候临界点	类别	阈值(℃)	最大影响(℃)	
			估算值(范围)	全球	区域
全球性	格陵兰冰盖崩塌	冰冻圈	1.5(0.8~3.0)	0.13	0.5~3.0
	南极西部冰盖崩塌	冰冻圈	1.5(1.0~3.0)	0.05	1.0
	拉布拉多海—副极地对流系统崩溃	大气与海洋圈	1.8(1.1~3.8)	-0.5	-3.0
	南极东部冰下盆地崩塌	冰冻圈	3.0(2.0~6.0)	0.05	?
	亚马孙雨林顶枯	生物圈	3.5(2.0~6.0)	0.1~0.2	0.4~2
	北极多年冻土崩塌	冰冻圈	4.0(3.0~6.0)	0.2~0.4	~
	大西洋经向翻转环流系统崩溃	大气与海洋圈	4.0(1.4~8.0)	-0.5	-4~-10
	北极冬季海冰崩塌	冰冻圈	6.3(4.5~8.7)	0.60	0.6~1.2
	南极东部冰盖崩塌	冰冻圈	7.5(5.0~10.0)	0.60	2.0
区域性	低纬度珊瑚礁消亡	生物圈	1.5(1.0~2.0)	~	~
	北极多年冻土突然解冻	冰冻圈	1.5(1.0~2.3)	0.04	~

续表

等级	气候临界点	类别	阈值(℃)	最大影响(℃)	
			估算值(范围)	全球	区域
区域性	巴伦支海冰突然损失	冰冻圈	1.6(1.5~1.7)	~	+
	山地冰川丧失	冰冻圈	2.0(1.5~3.0)	0.08	+
	萨赫勒地区变绿	生物圈	2.8(2.0~3.5)	~	+
	北方森林南缘顶枯	生物圈	4.0(1.4~5.0)	−0.18	−0.5~−2
	北方森林向北扩张	生物圈	4.0(1.5~7.2)	+0.14	0.5~1

资料来源：McKay et al.，"Exceeding 1.5°C Global Warming Could Trigger Multiple Climate Tipping Points"，*Science*，377，2022.

（二）气候临界点的特性

气候临界点有三大特性。第一个特性是不可逆性。全球气候变暖导致气候临界点被突破，会进一步引发多米诺骨牌式的反馈效应，可能将全球森林、海洋、冰盖等系统推向不可逆转的死亡深渊。且跃过气候临界点后，气候变化可能会转为更加陡峭的非线性指数级数变化。到达气候临界点的累积时间可能很长，在此期间，避免触发气候临界点的努力是有意义的，而一旦触发气候临界点，系统便可能会很快地进入较不利的新平衡态。

第二个特点是后果难以预测。尽管人们知道危险即将来临，但人们却无法准确预见气候临界点何时到来。当我们意识到气候临界点来临时，气候临界点实际上已经被触发。无人知晓突破气候临界点之后的世界将会变成什么样。

第三个特点是气候临界点之间存在连锁反应。气候临界点之间存在连锁反应，一个被激活，其他的也会被接二连三地激活[1]。针对南极西部冰盖、格陵兰冰盖、大西洋经向翻转环流、厄尔尼诺和南方涛动、亚马孙热带雨林的研究发现，由于冰盖的临界阈值较低，连锁反应可能会从冰盖融化开始。随着格陵兰冰盖向北大西洋释放淡水，大西洋经向翻转环流可能会放缓，这

---

[1] Lenton et al.，"Climate Tipping Points：Too Risky to Bet Against"，*Nature*，575（7784），2019，592–595.

将导致向北输送的热量减少。随着北方变冷，它可能有助于稳定格陵兰冰盖。然而，这也会导致南大洋的海水变暖，进而可能导致亚马孙部分地区更加干旱，而其他地区则会出现更多降雨①。

二 气候临界点被突破的潜在影响和风险

（一）冰冻圈临界点被突破的影响和风险

1. 极地冰盖崩塌

在我们目前所处的时代，地球上仅存在格陵兰冰盖和南极冰盖。南极冰盖又分为南极西部冰盖、南极东部冰盖和南极半岛冰盖。极地冰盖崩塌包括格陵兰冰盖崩塌和南极西部冰盖崩塌。

格陵兰冰盖面积约 170 万平方千米，平均厚度为 1.5 千米。格陵兰冰盖若全部融化成水并进入海洋，将使全球海平面平均升高 7.4 米。格陵兰冰盖几百年来的消减保持着平衡，但从 20 世纪 90 年代开始，格陵兰冰盖以越来越快的速度融化。1992~2020 年，格陵兰冰盖损失了约 4.9 万亿吨冰，已经导致全球海平面平均上升了 13.5 毫米。与 1997~2006 年相比，2007~2016 年格陵兰冰盖的质量损失翻了一番②。几乎可以肯定，在所有排放情景下，格陵兰冰盖在 21 世纪会继续损失冰。格陵兰冰盖崩塌的升温范围是 0.8℃ ~ 3.0℃。2019 年 IPCC 发布的《海洋与冰冻圈特别报告》③ 认为，当夏季升温在 2℃时，格陵兰冰盖可能会出现大规模消融。格陵兰冰盖崩塌还会触发大西洋经向翻转环流系统崩溃。

南极冰盖面积超过 1400 万平方千米，平均厚度为 2 千米。如果完全融化

---

① Wunderling et al. , " Interacting Tipping Elements Increase Risk of Climate Domino Effects Under Global Warming", *Earth System Dynamics*, 12, 2021, 601-619.

② IPCC, *Climate Change 2021: The Physical Science Basis*, Cambridge University Press, 2021.

③ IPCC. *IPCC Special Report on the Ocean and Cryosphere in a Changing Climate*, Cambridge University Press, 2019.

进入海洋，南极冰盖拥有的水量将使全球平均海平面上升58米。1992~2020年，南极冰盖损失了约2.7万亿吨冰，已经导致全球平均海平面上升了7.4毫米。2007~2016年南极冰盖的质量损失比1997~2006年增加了两倍。南极西部冰盖崩塌的升温范围为1℃~3℃。如果将升温幅度限制在2℃以下，南极西部冰盖只会部分消失，全球平均海平面上升高度在1.2米以下。

在3℃~5℃的升温水平下，几乎可以肯定格陵兰冰盖和南极西部冰盖会完全消失。这也意味着，即使完全停止排放温室气体，全球海平面仍将持续上升。如果南极西部冰盖和格陵兰冰盖崩塌的临界点被触发，最终将导致全球海平面额外上升10米，数千年之后，我们的子孙后代将不得不面对海平面升高10米的危险情境。在海平面升高10米的世界里，洛杉矶、圣彼得堡、新奥尔良、上海、爱丁堡等城市，或许已经被海水淹没而不复存在。

2. 北极多年冻土崩塌

北极多年冻土分布在北极寒冷的高纬度和高海拔地区，约占全球多年冻土面积的一半。北极多年冻层中冻结了1.7万亿吨碳，大约是目前大气中碳含量的两倍[1]。北极气候变暖速度最快，是地球其他地方的两倍，永冻层解冻融化，向大气中释放出二氧化碳和甲烷，进而加剧气候变暖和冰川融化。人为造成的气候变暖已经导致多年冻土中冻结的一部分碳被释放到大气中，使北极多年冻土成为地球上唯一的最大气候敏感碳库。美国国家海洋大气局发现，北极永冻层融化每年可能向大气中释放3亿~6亿吨碳[2]。

热浪、野火烧毁表层土壤、热岩溶以及湖泊扩张和排水等都可能造成北极多年冻土的突然融化。富含碳的多年冻土的突然干燥和内部持续发热，可能会同步引起大规模多年冻土坍塌。据估计，北极多年冻土突然解冻的温度阈值在1℃~2.3℃，而北极多年冻土崩塌可能发生在3℃~6℃的更高升温水平下。

北极多年冻土融化后造成的碳损失在百年时间尺度上是不可逆的。北极多年冻土假若21世纪崩塌将释放高达8880亿吨的二氧化碳和53亿吨的甲

① Miner et al., "Permafrost Carbon Emissions in a Changing Arctic", *Nature Reviews - Earth & Environment*, 2022, 55-67.
② Richter-Menge J., et al., Eds., 2019: Arctic Report Card, 2019.

烷。相比之下，保持温升低于 1.5℃ 或 2℃ 的剩余碳预算分别只有 0.4 万亿和 1.15 万亿吨二氧化碳[1]。

北极多年冻土融化将导致生长在多年冻土上的北极森林生态系统和苔原生态系统发生明显的变化。预计苔原将整体绿化，北极森林将区域性变褐色，重要生态物种的分布范围和丰度也将发生相应的变化。这将对当地社会的生计和文化认同产生负面影响。多年冻土融化还可能会通过释放先前锁定的传染病和汞等污染物对人类健康构成威胁。从长远来看，将全球气候变暖的温升控制在 2℃ 以下的减缓措施将大大减轻多年冻土融化对基础设施的影响。

（二）大气与海洋圈临界点被突破的影响和风险

1. 大西洋经向翻转环流系统崩溃

大西洋经向翻转环流（AMOC）是全球主要洋流之一，在调节气候方面有重要意义。大西洋经向翻转环流将热带大西洋以及南半球的热量向北输送到北大西洋北部及北欧海域，与欧洲相对温和的温度联系密切。

2021 年的一项研究指出，大西洋的这一主要洋流可能在 20 世纪已失去稳定性，目前处于 1000 多年来的最弱状态[2]。大西洋经向翻转环流动力稳定性的减弱意味着它已经接近临界阈值。超过这个临界阈值大西洋经向翻转环流可能会发生实质性的不可逆转的向弱模态的转变。大西洋经向翻转环流系统崩溃的阈值是升温 1.4℃~8℃。到 2100 年，全球气候持续变暖可能会使大西洋经向翻转环流减弱 34%~45%。

大西洋经向翻转环流系统的突然崩溃将导致区域天气模式和水循环发生深刻而突然的变化：热带雨带南移，非洲和亚洲季风减弱，南半球季风增强。如果大西洋经向翻转环流完全停止，将导致美国东海岸和西欧沿岸地区出现大幅降温，海平面上升，以及更多的干旱，并使英国的农业减产，还可

---

① IPCC, *Climate Change 2021: The Physical Science Basis*, Cambridge University Press, 2021.

② Caesar et al., "Current Atlantic Meridional Overturning Circulation Weakest in Last Millennium", *Nature Geoscience*, 2021, 118-120.

能会影响其他临界点，特别是会影响亚马孙雨林、北极森林以及全球季风系统的稳定性[①]。

2. 拉布拉多海—副极地对流系统崩溃

拉布拉多海位于大西洋西北部。拉布拉多海区域存在深层对流运动，可向大气释放热量，使这一区域保持一定温度。但在全球气候不断变暖的影响下，这种释放热量的对流有减弱甚至完全停止的可能性和风险，从而导致这一区域变冷。这种异常的寒冷现象将产生大范围影响，例如，使西欧地区持续凉爽，使非洲萨赫勒地区持续干燥。拉布拉多海对流的扰动将导致更极端的寒冬，甚至可能引发类似于14世纪至19世纪小冰期的灾难[②]。

（三）生物圈临界点被突破的影响和风险

1. 低纬度珊瑚礁消亡

低纬度暖水珊瑚是热带和亚热带海域的浅水生物，其最适海水温度范围为18℃~29℃。海水温度如果较长时间超过18℃~29℃这个范围，将导致低纬度暖水珊瑚的虫黄藻等共生体逸出和珊瑚共生体系的崩溃，从而引起低纬度暖水珊瑚白化甚至死亡。

20世纪80年代以来，全球海洋热浪频频发生，导致低纬度暖水珊瑚频繁白化，增加了受损珊瑚恢复的难度。1997年以来，强厄尔尼诺事件和海水温度异常升高事件导致大规模珊瑚白化事件的频繁发生。其中，1998年和2007年海水温度的异常升高更是引发了澳大利亚大堡礁和中国南海珊瑚大规模白化和死亡。

珊瑚礁特别容易受到气候变化的影响，预计在升温1.5℃的情况下，珊瑚礁覆盖率将下降到原来的10%~30%；而在升温2℃的情况下，将下降至不到原来的1%。按我国近海升温的速率估算，到21世纪中叶，我国南海升温很可能远超过2℃。南海暖水珊瑚礁生态系统的气候临界点很可能会被率

---

① OECD, *Climate Tipping Points: Insights for Effective Policy Action*, OECD Publishing, Paris, 2022.

② McKay et al., "Exceeding 1.5°C Global Warming Could Trigger Multiple Climate Tipping Points", *Science*, 377, 2022.

先触发[①]。

2. 亚马孙雨林顶枯

被称为"地球之肺"的亚马孙雨林是全球最大的热带雨林，其面积占世界现存雨林面积的一半。亚马孙雨林是全球 1/10 的已知物种的栖息地，也是世界最大的储碳、固碳森林。亚马孙雨林长期储存的碳量（2000 亿吨碳）大概相当于全人类十年的排放总量。一旦这么多的碳被释放到大气中，全球二氧化碳浓度将激增。

在气候变化和森林砍伐的双重作用下，1970 年以来亚马孙雨林已有大约 17% 被毁。在过去 20 年里，亚马孙地区一直在变干燥，旱季一直在延长。旱季变长的原因是气候变化改变了亚马孙地区的气温和降水模式，而这也导致亚马孙盆地的气温上升了 1℃ ~ 1.5℃。

如果不考虑森林砍伐，亚马孙雨林顶枯发生的温度阈值估计值为 3.5℃（2℃ ~ 6℃）。但如果考虑森林砍伐，这一阈值会低很多。据预测，受气候变化、森林砍伐和退化以及森林火灾的综合影响，在升温 2.5℃ 的情况下，亚马孙森林覆盖率将下降 60%[②]。目前的推测是，在亚马孙雨林的毁林率为 20% ~ 40% 时，亚马孙雨林顶枯的临界点将会到来，亚马孙雨林将可能失去固碳的能力。如果目前亚马孙地区的干旱趋势持续下去，雨林可能会达到无法正常运转的程度，这将导致许多树木和物种灭绝。

三 应对气候临界点风险的举措

（一）减缓措施

1. 全社会快速绿色低碳转型以避免全球气候危机

应对气候危机需要国际社会广泛大规模地进行快速系统的绿色低碳转

---

① 蔡榕硕、王慧、郑惠泽等：《气候临界点及应对——碳中和》，《中国人口·资源与环境》2021 年第 9 期。

② IPCC, *Climate Change 2022: Impacts, Adaptation, and Vulnerability*, Cambridge University Press, 2022.

型。只有快速系统紧急的绿色低碳转型才能避免正在加速的全球气候危机。在工业、交通、建筑和电力供应方面推进绿色低碳转型的关键行动包括避免锁定新的化石燃料密集型基础设施，进一步推进采用零碳技术和公正转型的规划，应用零排放技术和改变行为，以维持减排进而达到零碳排放。粮食系统的重点行动包括改变需求方的饮食，解决食物浪费问题，保护自然生态系统，改善农场层面的食品生产以及实现食品供应链的去碳化。政府可以通过改革补贴和税收计划促进绿色低碳转型。私营部门可以减少食物损失和浪费，使用可再生能源，开发新型食品，减少碳排放①。

2. 加大气候变化减缓行动力度，避免温室气体排放反弹

为了避免温室气体排放的反弹，电力部门需要进一步刺激可再生能源的使用，同时尽快避免使用化石燃料，加快提高能源利用效率，推进电网数字化和节能。交通部门需要引入将燃料转换为零碳燃料、促进大规模电气化的政策与措施，尽早在全球范围内禁止销售内燃机汽车。工业部门需要提高能源利用效率，能源使用转向可再生能源、绿氢等零碳能源，并提高材料的回收利用率。建筑部门需要注重对现有建筑物的改造和电气化，以减少能源需求，使所有新建建筑达到高能效标准，并配备零排放的供暖和制冷技术。农业部门需要提高生产力，保护生物多样性，推动高肉类饮食转向植物性饮食，并通过减少粮食损失和浪费来减缓农业需求②。

（二）适应措施

即使全球温升水平控制在1.5℃以内，一些气候临界点也可能会被突破，并带来不可避免的影响。因此，采取严厉的减缓措施来降低气候风险，仍然需要适应措施。降低气候风险可从三个方面着手，包括管理人群脆弱性、暴露度，以及直接管理自然灾害风险。适应措施在这三个方面都发挥着

---

① UNEP, Emissions Gap Report 2022: The Closing Window — Climate Crisis Calls for Rapid Transformation of Societies, https://www.unep.org/emissions-gap-report-2022.

② 联合国环境规划署：《2022年排放差距报告：正在关闭的窗口期——气候危机急需社会快速转型——执行摘要》。

至关重要的作用。

1. 实施转型适应措施，降低气候临界点风险

转型适应（Transformational adaptation）是指使得人类系统和自然系统的基本特征发生变化，从而提高这些系统应对潜在危险的能力[1]。

针对气候临界点的威胁，可能需要采取严厉的转型适应措施来减轻影响和避免损失。许多与转型适应相一致的应对措施都是技术性的，例如，在有干旱化风险的地区采取集水和储水措施。转型适应措施，包括有管理或战略性地使社区和住区撤离风险区、对资产和基础设施进行搬迁、制定长期空间规划以及实现城市和农业分区。其他措施包括政府之间移民管理的国际合作，基于自然的解决方案以及土地系统中的生计转型。

冰盖崩塌将导致海平面大幅度上升，对低洼的沿海地区人们的生存构成威胁，因此，这些低洼的沿海地区必须采取严格的适应措施。对于对不确定性容忍度较低而关键经济部门面临风险的地区，可靠的适应措施需要考虑具有一定合理性的海平面上升的影响情景，并采取严厉措施，比如设立禁建区域和有计划地从暴露地区撤退[2]。

亚马孙地区目前严重依赖大型水电，该地区的能源规划和分区需要考虑干旱状态下亚马孙雨林对该地区水文循环的潜在影响，并计划好分散能源生产，实现以小型水电和太阳能为重点的能源多样化[3]。在亚马孙地区采取转型适应措施也意味着鼓励农民转向生产适应干旱条件的作物品种和牲畜，通过生计转型保护农业部门。

2. 评估适应政策取得的进展，适时调整适应行动

由于包括气候系统临界点被突破在内的未来气候变化的影响很难预测，

---

[1] IPCC, *Climate Change 2022: Impacts, Adaptation, and Vulnerability*, Cambridge University Press, 2022.

[2] Haasnoot et al., "Generic Adaptation Pathways for Coastal Archetypes under Uncertain Sea-level Rise", *Environmental Research Communications*, 1 (7), 2019, 71006.

[3] Lapola et al., "Limiting the High Impacts of Amazon Forest Dieback with No-regrets Science and Policy Action", *Proceedings of the National Academy of Sciences*, 115 (46), 2018, 11671-11679.

定期评估适应政策在减少气候风险方面是否足够和有效，对于减轻损失和损害至关重要。因此，越来越多的国家将适应评估作为国家适应战略和计划的一部分。

进行适应评估需要设定一些与适应政策效果相关的目标。这些目标可以从人力、财力和技术资源等的投入和政策行动产出的角度进行设定。更先进的适应评估工作试图评估适应行动是否有效地降低了气候风险。为了充分应对气候临界点的风险，监测和评估系统需要最大限度地获得现有的气候临界点方面的科学信息，包括突破气候临界点的潜在危害等信息，尤其是气候临界点的早期检测信息和触发气候临界点的阈值①。

随着时间的推移，迭代的适应评估过程，可以为决策提供信息。适应评估作为一种适应性管理方法，在适应行动不足时，可以发出警报，使得社会和经济免受潜在的气候风险的影响，包括任何意想不到的连锁影响，以及与某些气候临界点有关的影响。

四　总结和展望

气候临界点具有不可逆性和难以预测性，必须同时采取减缓和适应措施来延迟和防止气候临界点的触发。在适应方面，未来我国南海暖水珊瑚礁生态系统可能由于较高的海洋升温速率，而面临更频繁、更严重的海洋热浪所带来的影响，并率先触发气候临界点。因此，我国亟须加强南海海域建设，特别是南海受损珊瑚礁生态系统气候恢复力的建设，提高其适应气候变化的能力，延迟触发气候临界点。在减缓方面，甲烷在大气中只存留12年，而二氧化碳却可以在大气中滞留数百年之久。在20年时间尺度内，甲烷升温潜能值是二氧化碳的80倍以上。这意味着相较二氧化碳减排，减少甲烷排放在限制全球升温方面有立竿见影的效果。现有的免费或低成本的技术措施

---

① Bloemen et al. , " Lessons Learned from Applying Adaptation Pathways in Flood Risk Management and Challenges for the Further Development of this Approach", *Mitigation and Adaptation Strategies for Global Change*, 23 (7), 2017, 1083-1108.

可以将每年的人为甲烷排放量减少 20% 左右；如果采取所有可用的措施，有可能将人为甲烷排放量减少约 45%。加大甲烷减排力度有助于在短期内减缓全球气候变暖。

气候临界点之间的多米诺骨牌效应可能会导致全球性灾难，各个气候临界点之间的相互作用及动态联动机制有待深入研究。例如，用更复杂的模型研究亚马孙地区从雨林向稀树大草原转变的风险。在大西洋经向翻转环流系统崩溃临界点处于被触发状态时，亚马孙地区降水模式如何变化？降雨是增加还是减少？这是否足以在亚马孙雨林引发临界级联反应？这些研究将进一步阐明大西洋经向翻转环流系统与亚马孙雨林的相互作用。另外值得特别指出的是，最新的研究发现亚马孙雨林地区与青藏高原呈现显著的负遥相关关系，亚马孙雨林地区和青藏高原极端气候事件的高度同步性证实了这种遥相关关系的存在。研究还揭示出青藏高原的气候临界点的早期预警信号——积雪自 2008 年以来在逐渐失去稳定性并接近临界点[1]。青藏高原作为临界要素中的一员，发挥着极其重要的作用，但这一重要作用以前曾被忽视，有待进一步深入研究。建议建立青藏高原气候变化综合立体观测体系，建立青藏高原应对气候变化大数据分析服务平台，提高青藏高原气候变化风险早期预警能力。

由于现有的自然科学模型与经济模型很难联系起来，大多数现有的关于达到气候临界点的成本估计事实上都比较保守。同时，现有的评估忽略了气候临界点的一些影响以及可能存在的相互作用，成本估计过于乐观，因此需要在该领域继续进行研究，以改进气候临界点的代表性并将其纳入经济分析中。

---

[1] Liu et al. , "Teleconnections Among Tipping Elements in the Earth System", *Nature Climate Change*, 13, 2023, 67-74.

G.5
中国农业气候资源变化分析

廖要明　陆　波*

摘　要： 农业气候资源在一定程度上决定了一个地区的农业生产潜力，分析中国农业气候资源的变化规律，可以为中国农业区划和区域农业发展战略方案的制定以及农业应对气候变化等提供科学依据。本文分析了中国北方地区喜凉作物和全国喜温作物活动的初日、终日、生长季长度及生长季内农业气候资源的变化规律。结果表明，1961~2022 年，我国北方地区喜凉作物和全国喜温作物活动初日均有明显提前趋势，终日有一定的延后趋势，生长季长度有明显的增加趋势；北方地区喜凉作物和全国喜温作物生长季活动积温总体均呈明显的增加趋势，日照时数呈明显的减少趋势，但降水量变化趋势不明显，其中北方地区喜凉作物生长季降水量有微弱的增加趋势，而全国喜温作物生长季降水量有微弱的减少趋势。与常年相比，2022 年，我国北方地区喜凉作物平均活动初日和终日均有所提前，生长季长度变化不大，生长季平均活动积温偏高，降水量偏多，但日照时数偏少；全国喜温作物平均活动初日提前，终日推迟，生长季长度增加，生长季平均活动积温偏高，日照时数偏多，但降水量偏少。

关键词： 作物活动初日　作物活动终日　作物生长季　农业气候资源

---

* 廖要明，博士，国家气候中心气候变化影响适应室正高级工程师，研究方向为气候与气候变化对中国农业的影响适应；陆波，博士，国家气候中心气候变化影响适应室主任，研究员，研究方向为气候变化的行业影响和风险评估。

一 前言

粮食事关国计民生，粮食安全是"国之大者"，我国始终高度重视粮食安全问题。农业气候资源是直接影响农业生产过程，且能为农业生产所利用的农业气候要素的物质或能量总和，是粮食生产的基本条件。农业气候资源主要包括热量资源、降水资源和光照资源等。[①] 农业气候资源在一定程度上决定了一个地区的农业生产类型、农业生产率和农业生产潜力。我国一直以来非常重视农业气候资源的普查和分析，20世纪60年代和80年代，国家有关部门统一部署，投入大量人力物力，自上而下组织数万人的科技队伍，先后完成了第一次和第二次全国农业气候资源普查和农业气候区划工作，对我国农业合理利用气候资源、优化布局、保护生态环境等做出了重要贡献。[②③④] 2023年中央一号文件《中共中央国务院关于做好2023年全面推进乡村振兴重点工作的意见》明确提出，强化农业防灾减灾能力建设，研究开展新一轮全国农业气候资源普查和农业气候区划工作。基于最新的气候观测资料，分析中国农业气候资源的时空分布及其变化规律，探讨中国农业气候资源的区域差异性，可以为中国农业区划和区域农业发展战略方案的制定以及农业应对气候变化等提供科学依据。[⑤]

温度是影响农作物生存的重要因素，界限温度对农业生产具有重要意义，其标志着某些物候现象或农事活动的开始、转折或终止。其中0℃是土壤冻结或解冻、农事活动开始或停止、冬小麦等越冬作物秋季停止生长和春

---

① 郑国光：《中国气候》，气象出版社，2019。
② 毕宝贵、孙涵、毛留喜等：《中国精细化农业气候区划：方法与案例》，气象出版社，2015。
③ 李世奎、侯光良：《中国农业气候资源和农业气候区划》，科学出版社，1988。
④ 李世奎：《全国农业气候资源和农业气候区划研究系列成果综述》，《干旱区资源与环境》1990年第2期。
⑤ 杨晓光、李勇、代姝玮等：《气候变化背景下中国农业气候资源变化Ⅸ.中国农业气候资源时空变化特征》，《应用生态学报》2011年第12期。

季开始生长、喜凉作物开始播种和生长的界限温度，日平均气温稳定通过0℃的初日和终日之间的时段即为农耕期，也为喜凉作物生长季；10℃是春季喜温作物开始播种与生长、喜凉作物开始迅速生长、秋季水稻开始停止灌浆、棉花品质与产量开始受到影响的界限温度，日平均气温稳定通过10℃的初日和终日之间的时段为喜温作物生长季。[①] 由于中国南方大部分地区日平均气温基本在0℃以上，本文将重点分析中国北方地区（西北、东北和华北）喜凉作物活动（日平均气温稳定通过0℃）和全国喜温作物活动（日平均气温稳定通过10℃）的初日、终日、生长季长度及生长季内热量、降水和光照等农业气候资源的变化规律。

二 农作物活动初日、终日及生长季长度变化

（一）喜凉作物活动（日平均气温稳定通过0℃）初日、终日及生长季长度变化

1961~2022年，我国北方地区喜凉作物活动的初日有明显提前趋势，区域平均提前速率达2.3天/10年，终日有一定的延后趋势（见图1），喜凉作物生长季长度有明显的增加趋势。1991~2020年，我国北方地区喜凉作物活动的初日、终日和生长季长度平均分别为3月3日、12月5日和278天，与1961~1990年平均（3月10日、12月4日和270天）相比，分别提前7天、延后1天和延长8天。

2022年，我国北方地区喜凉作物平均活动初日为2月28日，较常年提前3天；华北大部及陕西、甘肃东部等地喜凉作物活动初日在2月，部分地区在2月之前，西北大部分地区在3月前半个月，东北大部及内蒙古东部等地在3月后半个月及以后。北方地区喜凉作物平均活动终日为12月3日，较常年提前2天。其中西北、东北、华北北部等地喜凉作物活动终日基本在11月，华北南部大部分地区在12月。

---

① 杨霏云、郑淑红、罗蒋梅等：《实用农业气象指标》，气象出版社，2015。

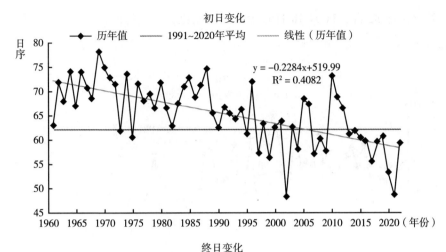

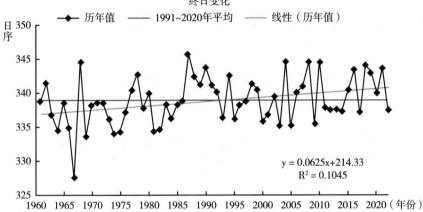

图1　1961～2022年我国北方地区喜凉作物活动初日和终日变化

资料来源：中国气象局国家气候中心，图2～图10同。

（二）喜温作物活动（日平均气温稳定通过10℃）初日、终日及生长季长度变化

1961～2022年，全国喜温作物活动的初日有明显提前趋势，区域平均提前速率为1.8天/10年，终日有一定的延后趋势（见图2），喜温作物生长季长度有明显的增加趋势。1991～2020年，全国喜温作物活动的初日、终日和生长季长度平均分别为3月5日、11月18日和258天，与1960～1990年

平均（3月11日、11月18日和252天）相比，分别提前6天、无变化和延长6天。

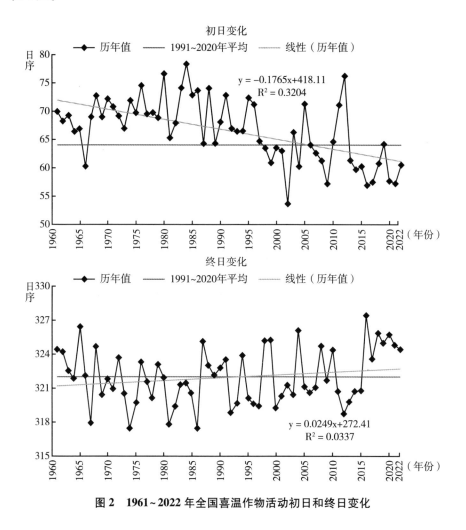

图2　1961～2022年全国喜温作物活动初日和终日变化

2022年，全国喜温作物平均活动初日为3月2日，较常年提前3天；华南大部及云南南部、四川东部和重庆西南部部分地区在3月之前，江南大部、黄淮、江淮、江汉及贵州大部、四川东部和云南北部的大部分地区在3月，西北大部、东北、华北大部分地区在4月或4月以后。2022年，全国喜温作物平均活动终日为11月20日，较常年推迟2天；江南、华南及云南、贵州、四川东部、重庆等地在 12 月之后，江淮、黄淮、华北南部等地在 11 月，西北大部、华北北部、东北大部在 10 月或 10 月之前。

三　喜凉作物生长季农业气候资源的变化

（一）活动积温的变化

1961~2022 年，北方地区喜凉作物生长季活动积温呈明显的增加趋势，增加速率为 63.1（℃·d）/10 年。1991~2020 年，北方地区喜凉作物生长季活动积温平均为 3685.7℃·d（见图 3），较 1961~1990 年平均活动积温（3500.9℃·d）增加 184.8℃·d。2022 年，北方地区喜凉作物生长季活动积温 3904.9℃·d，较常年偏高 219.2℃·d。

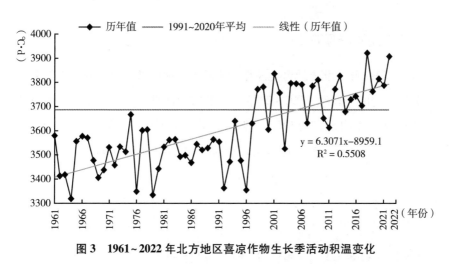

$$y = 6.3071x - 8959.1$$
$$R^2 = 0.5508$$

图 3　1961~2022 年北方地区喜凉作物生长季活动积温变化

（二）降水资源的变化

1961~2022 年，北方地区喜凉作物生长季降水量总体变化不明显，有微弱的增加趋势，增加速率为 0.5mm/10 年。1991~2020 年，北方地区喜凉作物生长季降水量平均为 462.8mm（见图 4），较 1961~1990 年平均降水量

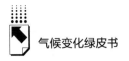

（479.1mm）减少16.3mm。2022年，北方地区喜凉作物生长季降水量为512.8mm，较常年偏多50.0mm。

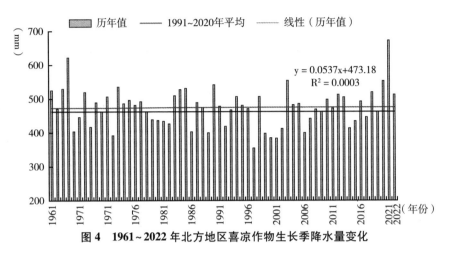

图4　1961~2022年北方地区喜凉作物生长季降水量变化

（三）光照资源的变化

1961~2022年，北方地区喜凉作物生长季日照时数呈明显的减少趋势，减少速率为16.6h／10年。1991~2020年，北方地区喜凉作物生长季日照时数平均为1935.0h（见图5），较1961~1990年平均日照时数（1986.1h）减少51.1h。2022年，北方地区喜凉作物生长季日照时数1907.7h，较常年偏少27.3h。

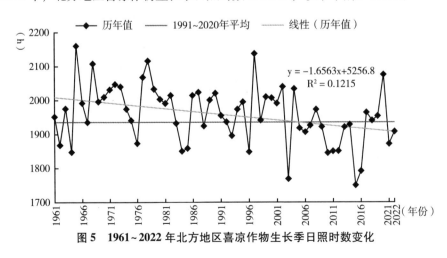

图5　1961~2022年北方地区喜凉作物生长季日照时数变化

四　喜温作物生长季农业气候资源的变化

（一）活动积温的变化

1961~2022 年，全国喜温作物生长季活动积温呈明显的增加趋势，增加速率为 46.4（℃·d）/10 年。1991~2020 年，全国喜温作物生长季活动积温平均为 4432.1℃·d（见图 6），较 1961~1990 年平均活动积温（4292.6℃·d）增加 139.5℃·d。2022 年，全国喜温作物生长季活动积温 4650.4℃·d，较常年偏高 218.3℃·d。

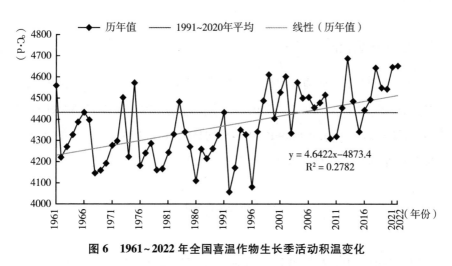

图 6　1961~2022 年全国喜温作物生长季活动积温变化

（二）降水资源的变化

1961~2022 年，全国喜温作物生长季降水量总体变化不明显，有微弱的减少趋势，减少速率为 1.9mm /10 年。1991~2020 年，全国喜温作物生长季降水量平均为 737.7mm（见图 7），较 1961~1990 年平均降水量（750.5mm）减少 12.8mm。2022 年，全国喜温作物生长季降水量为 685.4mm，较常年偏少 52.3mm。

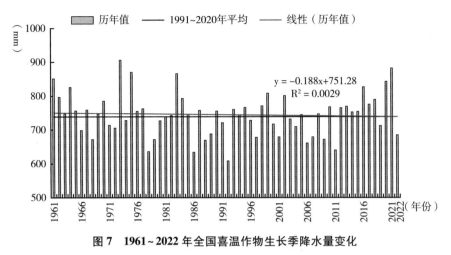

图7 1961~2022年全国喜温作物生长季降水量变化

（三）光照资源的变化

1961~2022 年，全国喜温作物生长季日照时数呈明显的减少趋势，减少速率为 20.2h/10 年。1991~2020 年，全国喜温作物生长季日照时数平均为 1346.5h（见图8），较 1961~1990 年平均日照时数（1418.2h）减少 71.7h。2022 年，全国喜温作物生长季日照时数 1422.2h，较常年偏多 75.7h。

五　结论与讨论

（1）1961~2022 年，我国北方地区喜凉作物和全国喜温作物活动初日均有明显提前趋势，终日有一定的延后趋势，生长季长度有明显的增加趋势。与常年相比，2022 年，我国北方地区喜凉作物平均活动初日提前 3 天，终日提前 2 天；全国喜温作物平均活动初日提前 3 天，终日推迟 2 天。

（2）1961~2022 年，北方地区喜凉作物生长季活动积温总体呈明显的增加趋势，日照时数呈明显的减少趋势，降水量有微弱的增加趋势。与常年相比，2022 年北方地区喜凉作物生长季平均活动积温偏高 219.2℃·d，日照时数偏少 27.3h，降水量偏多 50.0mm。

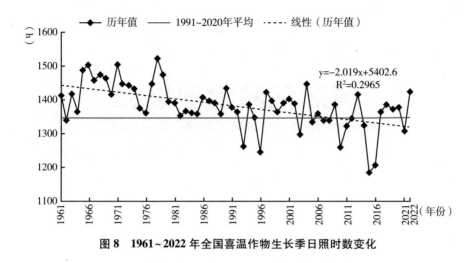

图8　1961~2022年全国喜温作物生长季日照时数变化

（3）1961~2022年，全国喜温作物生长季活动积温总体呈明显的增加趋势，日照时数呈明显的减少趋势，降水量有微弱的减少趋势。与常年相比，2022年全国喜温作物生长季平均活动积温偏高218.3℃·d，日照时数偏多75.7h，降水量偏少52.3mm。

（4）第二次全国农业气候资源普查和农业气候区划已过去近40年，40多年前的农业气候资源分析和区划成果无论是时效性、科学性还是精准度，均难以满足当前农业生产的需要。为助力我国农业生产适应新的气候变化，保障粮食和重要农产品安全，我国应尽快启动新一轮全国农业气候资源普查和农业气候区划工作，摸清我国的农业气候资源底数和变化规律，研究未来气候变化对全国和区域农业气候资源的影响，为我国的农业生产布局和种植结构调整提供科学精准的技术支撑。

（5）2023年，中国气象局设立创新发展专项，由国家气候中心主持，联合国家气象中心、中国气象科学研究院、河南省气象科学研究所以及中国农业大学、中国农业科学院共同开展新一轮全国农业气候资源普查和农业气候区划预研究，制定农业气候资源普查技术规范，梳理农业气候区划指标和方法，理清数据需求，编制切实可行的技术方案和工作方案，这将为正式启动新一轮全国农业气候资源普查和农业气候区划工作提供技术支持。

国际气候治理进程

International Process to Climate Governance

G.6

《生物多样性公约》下气候变化议题演进与发展

关 婧 秦圆圆*

摘 要： 本文探讨了生物多样性与气候变化的关联性，强调了保护生物多样性和应对气候变化协同治理的重要性，并指出这是当前全球环境治理的关键议题之一；分析了《生物多样性公约》谈判进程中的两个重要成果——2010年通过的"爱知目标"和2022年通过的"昆蒙框架"行动目标对气候变化议题的描述与定位，并梳理了《生物多样性公约》历届缔约方大会有关气候变化决定的发展历程。此外，本文还探讨了减排量化目标、"基于自然的解决方案"与"基于生态系统的方法"、共同但有区别的责任和各自能力原则等最新谈判焦点，分析发现《生物多样性公约》下各方在气候变化议题上仍存在明显分歧和争论。最后提出了

---

* 关婧，生态环境部对外合作与交流中心工程师，研究领域为《生物多样性公约》履约及国际谈判；秦圆圆，国家应对气候变化战略研究与国际合作中心助理研究员，研究领域为全球气候治理、生物多样性与气候变化协同。

《生物多样性公约》下气候变化议题未来谈判的趋势，以及全球环境治理视角下的保护生物多样性与应对气候变化协同治理建议。

关键词： 生物多样性　气候变化　全球环境治理

引　言

《生物多样性公约》与《联合国气候变化框架公约》是"里约三公约"的重要组成部分，二者具有紧密的耦合关系。《生物多样性公约》缔约方大会第十五次会议通过的"昆明—蒙特利尔全球生物多样性框架"，对保护生物多样性与应对气候变化协同治理提出了新要求。系统分析《生物多样性公约》下气候变化相关议题的发展历程，厘清各缔约方针对相关议题的谈判立场以及未来可能采取的政治态度，不仅是生物多样性保护与气候治理协同增效的需要，也是我国履行国际公约以及未来确定相关议题谈判立场取向的重要依据。

一　全球环境治理背景

（一）全球环境协同治理要求

全球环境治理起源于 1972 年在瑞典斯德哥尔摩召开的联合国人类环境会议，该会议是联合国历史上首次召开的关于环境问题的高级别会议，也是第一次将环境问题置于国际议程的重要会议。1992 年在巴西里约热内卢召开的联合国环境与发展大会通过了《生物多样性公约》（以下简称"CBD"）、《联合国气候变化框架公约》（以下简称"UNFCCC"）和《联合国防治荒

漠化公约》（以下简称"UNCCD"），后被称为"里约三公约"。30多年来，在"里约三公约"的引领下，全球环境治理始终要求推动保护生物多样性和应对气候变化协同治理。

气候变化、生物多样性丧失与环境污染被认为是当前全球面临的三大环境问题，联合国环境规划署发布的报告《与自然和睦相处》[①]强调，以上三大环境问题关系紧密，将对未来造成不可接受的风险。该报告也提出，气候变化、生物多样性丧失、土地退化、空气和水污染等环境问题的解决必须统筹考虑，共同解决，只有这样才能实现治理效能的最大化。世界经济论坛（WEF）的全球风险评估报告[②]也显示，气候危机和生物多样性丧失居全球长期风险的前三位，也是最有可能对人类和地球产生破坏性影响的因素。从短期角度看，气候变化、生物多样性丧失等全球性环境挑战对人类福祉及生产带来的负面影响已经显现，国际社会也逐渐意识到，应对此类全球性挑战需要在全球范围内开展合作与共同治理。

（二）《生物多样性公约》基本情况和进展

全球环境治理背景下，生物多样性保护始终是各方关注的焦点之一。生物多样性是指生物（动物、植物、微生物）与环境形成的生态复合体以及与此相关的各种生态过程的总和，包括生态系统多样性、物种多样性和基因多样性三个层次。CBD是一项重要的国际环境保护条约，为全面保护和可持续利用生物资源和生物多样性建立了法律框架，包括保护生物多样性、持续使用生物多样性的组成部分、公平合理分享由利用遗传资源而产生的惠益三大目标。

CBD缔约方会议通常每两年召开一次，旨在审议和推动公约的实施。会议期间，缔约方讨论公约的实施进展，并通过决议和行动计划推动相关问题

---

① United Nations Environment Programme, Making Peace With Nature, 2021.
② World Economic Forum, Global Risks Report 2023, 2023.

的解决。近年来，《生物多样性公约》实施取得了一定进展，如制定生物多样性战略计划、推动全球生物多样性监测和评估、加强国际合作等。其中，2010年在日本名古屋召开的缔约方大会第十次会议通过了《2011—2020年生物多样性战略计划》，提出20个全球生物多样性保护目标，即"爱知目标"，旨在促进全球生物多样性的保护和可持续利用，为实现生物多样性的长期目标提供指导。

然而，2020年爱知目标到期盘点时各方发现，从全球角度看，20个目标仅有6个目标部分实现，多数目标未实现。在此背景下，2022年在加拿大蒙特利尔召开的缔约方大会第十五次会议第二阶段会议通过了"昆明—蒙特利尔全球生物多样性框架"（下称"昆蒙框架"），确定了到2030年全球生物多样性保护的目标和路线图，旨在通过全球合作和行动，实现生物多样性的保护和可持续利用，为实现2030年可持续发展目标和《巴黎协定》的目标提供支持。"昆蒙框架"的内容包括保护和恢复生态系统、减少物种灭绝的风险、生物多样性的可持续利用等，并强调综合的生物多样性治理，包括保护生物多样性与应对气候变化协同治理、加强国际合作与资源调动、关注目标的实现手段等，为推动生物多样性走上恢复之路描绘了重要路线图，为全球生物多样性的保护和可持续利用提供了指导和支持。

（三）生物多样性与气候变化的关系

保护生物多样性与应对气候变化具有紧密的耦合关系，二者相互影响、相互作用。CBD与UNFCCC均是"里约三公约"的重要组成部分，各缔约方自签署之始就注意到了协作问题。

2019年联合国发布的《生物多样性和生态系统服务全球评估报告》显示，当前有100万动植物物种面临灭绝的威胁，其中许多物种将在未来几十年内灭绝，比人类历史上任何时候都要多。尤其是全球17个生物多样性大国的物种数量加速下降趋势最为明显。其中，气候变化是全球生物多样性下降的直接驱动因素之一，且对生物多样性和人类福祉的影响正在不断加剧。该报告还发现，过去50年极端天气气候事件引发的火灾、洪水、干旱，以及全球气候变

暖和海平面上升对全球物种分布、物候、种群动态、群落结构和生态系统功能等产生了广泛影响；且气候变化对海洋、陆地和淡水生态系统的影响直接关系到农业、水产养殖、渔业等自然对人类的惠益。此外，气候变化也给海洋珊瑚礁带来前所未有的挑战，《第六次世界珊瑚状况：2020 年报告》①显示，2009～2018 年，全球 14%的珊瑚礁因气候变化而遭到破坏，遭到破坏的珊瑚礁面积比澳大利亚珊瑚礁总面积还大，气候变化使珊瑚礁成为受威胁最严重的生态系统之一。

另外，生物多样性和生态系统也可发挥应对气候变化的作用。生物多样性可以通过吸收和储存碳来减缓气候变化影响，同时也可以通过维护生态系统完整性和稳定性来提高气候韧性。因此，保护生物多样性和应对气候变化呈现相辅相成的特征，需要采取综合性措施进行协同治理。2022 年联合国政府间气候变化专门委员会（IPCC）发布第六次气学评估报告第二工作组报告《气候变化 2022：影响、适应和脆弱性》②，指出多数物种易受气候变化影响，生态系统越来越容易受到气候灾害冲击，且气候变化影响和风险正变得愈发复杂和难以管理。考虑到生物多样性和生态系统所受到的气候变化威胁，以及其在气候适应中可发挥的作用，保护生物多样性和生态系统是实现气候韧性发展的基础。

生物多样性和生态系统服务政府间科学政策平台（IPBES）与 IPCC 发布的联合会议报告、UNFCCC 第二十六次缔约方大会通过的《格拉斯哥气候协议》等均强调将气候、生物多样性和人类社会作为耦合系统来对待。生物多样性保护和应对气候变化是全球环境治理的两大焦点难点，如何强化二者的协同治理已成为目前最为关键的全球公共议题之一。

---

① 联合国：《十年气候恶化导致 14% 的珊瑚礁消失》，https：//news. un. org/zh/story/2021/10/1092392。

② The Intergovernmental Panel on Climate Change, Climate Change 2022：Impacts, Adaptation and Vulnerability, 2022, https：//www.ipcc.ch/report/ar6/wg2/.

二 《生物多样性公约》下气候变化议题的演进

（一）从"爱知目标"到"昆蒙框架"行动目标

在《生物多样性公约》谈判进程中，2010 年缔约方大会第十次会议通过的"爱知目标"和 2022 年缔约方大会第十五次会议通过的"昆蒙框架"行动目标受到国际社会的广泛关注。从 2010 年的"爱知目标"到 2022 年的"昆蒙框架"行动目标，两轮目标提出的时间间隔长达 12 年之久。全球环境治理，尤其是应对气候变化和保护生物多样性协同治理的局面和需求，在这 12 年间出现了较明显的变化，这在目标设置变动上体现得较为明显。"爱知目标"关注降低气候变化对典型脆弱生态系统的影响、体现生态系统对应对气候变化的贡献，分别体现在目标 10（归属战略目标 C"改善生物多样性现况"）和目标 15（归属战略目标 D"增进生物多样性和生态系统带来的给所有人的惠益"）中，其中"恢复至少 15% 退化的生态系统"这一量化目标用于追踪行动进展。"昆蒙框架"将气候变化界定为生物多样性丧失的主要直接驱动因素之一，行动目标 8 归属于目标组"减少对生物多样性的威胁"，聚焦生物多样性保护适应气候变化及韧性建设，弱化生物多样性和生态系统对应对气候变化的贡献。同时，目标提出要考虑气候行动对生物多样性的影响，这一目标元素在"爱知目标"中未有体现。这表明近年在全球应对气候变化进程中，各类气候行动所带来的生物多样性风险逐渐显现，缺乏生物多样性保护规划的气候行动需要被重新审视和改进。相较于"爱知目标"，"昆蒙框架"行动目标更凸显生物多样性在协同中的获益，这也是各方经磋商后所达成的共识。

表 1　"爱知目标""昆蒙框架"行动目标中与气候变化相关的目标

"爱知目标"	目标 10：到 2015 年，减少气候变化或海洋酸化对珊瑚礁和其他脆弱生态系统的多重人为压力，维护它们的完整性和功能[①]
	目标 15：到 2020 年，通过养护和恢复行动，生态系统的复原力以及生物多样性对碳储存的贡献得到加强，包括恢复至少 15% 退化的生态系统，从而对气候变化的减缓与适应以及防治荒漠化做出贡献[②]

"昆蒙框架"行动目标	行动目标8:最大限度地通过减缓、适应和减少灾害风险的行动,包括通过基于自然的解决方案(NbS)和/或基于生态系统的方法(EBA),来减少气候变化和海洋酸化对生物多样性的影响,并提高生物多样性韧性,同时最小化气候行动对生物多样性的负面影响并促进其积极发展[3]

①英文原文为"By 2015, the multiple anthropogenic pressures on coral reefs, and other vulnerable ecosystems impacted by climate change or ocean acidification are minimized, so as to maintain their integrity and functioning"。

②英文原文为"By 2020, ecosystem resilience and the contribution of biodiversity to carbon stocks has been enhanced, through conservation and restoration, including restoration of at least 15 per cent of degraded ecosystems, thereby contributing to climate change mitigation and adaptation and to combating desertification"。

③英文原文为"Minimize the impact of climate change and ocean acidification on biodiversity and increase its resilience through mitigation, adaptation, and disaster risk reduction actions, including through nature-based solutions and/or ecosystem-based approaches, while minimizing negative and fostering positive impacts of climate action on biodiversity"。

(二)CBD历届缔约方大会有关气候变化决定的发展历程

由于生物多样性与气候变化议题紧密相关,CBD历届缔约方大会(COP)中的气候变化相关决定均具有一定显示度。

自COP7起,国际社会逐渐意识到气候变化与生物多样性的关系,将气候变化相关议题纳入COP单独的决定,并发展至今。2004年的COP7会议首次将生物多样性与气候变化设置为单独的议题,呼吁加强"里约三公约"在国家、区域和地方之间的合作。2006年的COP8会议提出要通过"里约三公约"联合联络小组开展工作,2008年的COP9进一步提出加强合作机制建设,设立生物多样性和气候变化问题特设技术专家组,推动开展务实行动。从COP10开始,决定从关注机制建设逐渐转为开展更加务实的行动,包括评估和减轻影响、采用协同治理工具和方法、设计与实施自愿准则等,引导各缔约方通过采取务实行动推动保护生物多样性与应对气候变化问题的协同解决(见图1)。

2010年CBD在第X/33号决定中提出"EBA"概念,对适用于气候变化适应和减缓的"EBA"做出指导,具体方法包括基于生态系统的适应、基于生态系统的减灾、气候适应服务、森林可持续管理、自然资本等。鼓励各方使用"EBA"的方法，适应、减缓气候变化并降低灾害带来的风险。除此之外，减少毁林和森林退化也被认为是 CBD 下应对气候变化的重要手段。虽然保护天然森林、天然草原和泥炭地及森林可持续管理等方法被认为是 EBA 的重要举措，但近几届缔约方大会逐渐弱化了对毁林问题的讨论。

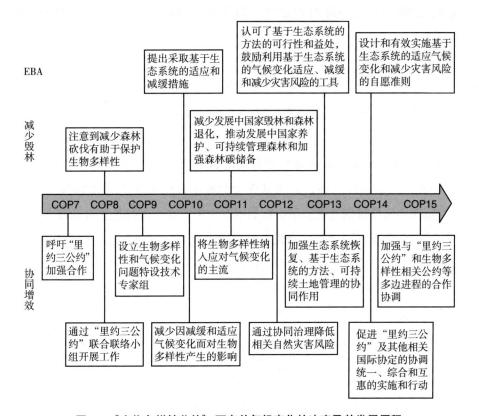

图1 《生物多样性公约》下有关气候变化的决定及其发展历程

三 最新谈判焦点问题分析

自 2019 年启动 2020 年后全球生物多样性框架不限名额工作组

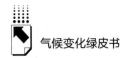
（OEWG）以来，生物多样性与气候变化行动目标多轮磋商所涉及的众多焦点问题，反映了当下保护生物多样性与应对气候变化协同治理的关键动向。在"气候变化与生物多样性"专门决定的谈判中也同样出现了类似的争论。总体来看，是否设置减排量化目标以凸显气候变化减缓贡献、如何处理"基于自然的解决方案"（NbS）与"基于生态系统的适应"（EBA）、是否体现共同但有区别的责任和各自能力原则等是各方分歧较为明显的争论点，此外还有部分缔约方提出较为明确的诉求，希望能在案文中得到体现。

（一）减排量化目标

在"昆蒙框架"行动目标谈判中，各方对是否设置减排量化目标、减排量化目标合理数值水平等分歧较大。OEWG 第二次会议最先提出"到2030 年承担实现《巴黎协定》目标所需减缓努力的（约30%）至少 XXX公吨 CO_2"[1] 的占位表述，并将其作为生物多样性和生态系统减缓气候变化、辅助严格减排的直观贡献。在后续案文中，这一减排量化目标被逐渐明确为"每年为全球减缓气候变化影响的努力至少贡献 100 亿吨 CO_2e"[2]。细究这一数值，发现它主要是基于《UNEP 2020 年排放差距报告》[3]、IUCN 及牛津联合报告[4]的结论推算得出的，前者预估全球 1.5°C 温控目标要求每年减排 320 亿吨 CO_2e，后者评估称"基于自然的解决方案"（NbS）是成本有效的减排选项，可为全球实现 2°C 温控目标贡献每年 30% 的减排量。CBD第十五次缔约方大会第二阶段会议的"气候变化与生物多样性"专门决定

---

① Convention on Biological Diversity, Zero Draft of the Post – 2020 Global Biodiversity Framework, CBD/WG2020/2/3, 2020.

② Convention on Biological Diversity, First Draft of the Post – 2020 Global Biodiversity Framework, CBD/WG2020/3/3, 2021.

③ United Nations Environment Programme, Emissions Gap Report 2020, Nairobi, https：//www. unep. org/emissions-gap-report2020, 2020.

④ Seddon et al., Nature – based Solutions in Nationally Determined Contributions：Synthesis and Recommendations for Enhancing Climate Ambition and Action by 2020, Gland, Switzerland and Oxford, UK：IUCN and University of Oxford, 2019.

草案中，也引用了 NbS "可贡献 30% 减排量" 的结论，将其作为生物多样性和生态系统保护应对气候变化，特别是减缓气候变化，可做出的贡献的佐证。

哥伦比亚、印度尼西亚、墨西哥、巴西、南非、挪威、中国等多数缔约方对减排量化目标数值抱有异议，并反对引入减排量化目标。各方所提出的论点包括：一是仅从所提目标的科学合理性来看，两份报告所对标的温控目标不一，"每年 100 亿吨 CO_2e" 的数值推算逻辑本身存在矛盾；二是实施减排量化目标并不具备现实可行性，难以对来自生物多样性和生态系统保护的减排量进行有效跟踪统计；三是减排量化目标应当归属 UNFCCC 而非 CBD 授权，且温控量化目标与减排量化目标并不等同，引入减排量化目标或造成对《巴黎协定》长期温控目标的曲解，也不符合目标立意。英国、利比里亚、菲律宾、新西兰等国家则支持保留减排量化目标。例如英国在谈判期间曾提出根据 IPCC 第六次气候变化科学评估报告结论，全球 2050 年实现净零排放具有紧迫性[1]，有必要纳入量化目标，可待第 26 届联合国气候变化大会后再讨论具体数值。菲律宾、新西兰也持有类似论点。利比里亚则认为应当通过设立减排量化目标来凸显高碳生态系统的价值，鼓励将保护碳储量丰富的生态系统作为减缓气候变化的关键路径。另有伊朗、阿根廷围绕减排量化目标提出 "必须与各国相关安排相协调" "根据各国在国家自主贡献中确定的优先事项来确定" 等体现自主性的说法。基于各方磋商，以及为实现全球生物多样性框架目标文本间的平衡，在最终的 "昆蒙框架" 案文中，减排量化目标未被纳入。"气候变化与生物多样性" 专门决定草案中有关 NbS 减排贡献量化数值也被暂时删除，但由于决定草案尚未通过仍需继续磋商，减排量化目标最终是否会回归案文还有待观察。

（二）"基于自然的解决方案"与"基于生态系统的方法"

在分析历届 CBD 缔约方大会决定后发现，EBA 作为 CBD 自主提出的概

---

① The Intergovernmental Panel on Climate Change, Climate Change 2021: The Physical Science Basis, https://www.ipcc.ch/report/ar6/wg1/.

念，在 CBD 中的应用基础已较为扎实。EBA 脱胎于"生态系统方法"（Ecosystem Approach，EA）这一方法导向的概念，后者自 1995 年起成为 CBD 实施的主要行动框架，要求通过公平以及可持续利用的方式管理土地、水和生物资源。"基于自然的解决方案"（Nature-based Solutions，NbS）首次在世行报告中被提出，之后逐渐成为协同应对气候变化和改善自然对人类贡献的热点途径。相较之下，NbS 的概念范围比 EBA 更为宽泛，具有"伞形"概念的特点，其核心指向社会挑战应对、生物多样性净收益，以及人类共同利益。

在 OWEG 谈判中，各方围绕是否纳入 NbS、如何处理 NbS 和 CBD 自主提出的概念的关系开展诸多讨论。早在 OEWG 第二次会议上，NbS 就作为"减缓和适应气候变化，以及减少灾害风险"的举措被提出，也有缔约方主张使用在 CBD 范围内商定和理解的术语，包括 EA、EBA，以及生态系统服务（Ecosystem Services）等。部分缔约方如欧盟、英国、挪威等发达国家和地区积极推动纳入 NbS，认为 NbS 覆盖范围更广，可助力动员更多公共和私营部门资金，推动强化气候变化减缓、适应和生物多样性保护协同行动。部分缔约方如巴西、阿根廷、南非、印度、纳米比亚等发展中国家则对 NBS 定义提出异议，认为 NbS 定义尚不明确，存在"漂绿"风险，并可能会侵犯土著人民和地方社区（IPLC）的权利。玻利维亚则将 NbS 形容为"碳殖民主义"的具象体现。另外，较多国家保持中立，认为 NbS 和 EBA 可保持并列，各有侧重和互相补充。最终"昆蒙框架"行动目标 8 和目标 11 以"NbS 和/或 EBA"（NbS and/or EBA）的形式写入二者，并采用联合国环境大会第五届会议续会所确定的 NbS 定义①作为框架词语说明。在具体谈判过程中，这一结果主要为部分有关切意见的发展中国家为展示灵活性、推进"昆蒙框架"达成所做出的让步。而 CBD"气候变化与生物多样性"专门决定谈判中，持不同意见的各方仍僵持不下，该决定被延至后续会议继续磋商。

---

① NbS 被定义为"保护、养护、恢复、可持续利用和管理自然的或经修改的陆地、淡水、沿海和海洋生态系统，从而有效地、适应性地解决社会、经济和环境挑战，同时提供人类福祉、生态系统服务、韧性以及生物多样性益处"。

（三）共同但有区别的责任和各自能力原则

共同但有区别的责任（CBDR）和各自能力原则被《联合国气候变化框架公约》（UNFCCC）第三条作为一般原则确立。遵循这一原则，发达国家应当率先应对气候变化及其不利影响，并为发展中国家提供资金、技术和能力建设支持。尽管CBDR原则已发展成为国际环境法的重要原则之一，但CBD并未明确提出该原则，主要通过体现发展水平和能力区别、强调援助的形式来体现。

发达国家和发展中国家缔约方在是否纳入CBDR原则上的立场区分较为鲜明。发达国家和地区如欧盟、瑞士、挪威等认为CBDR归属于UNFCCC，不应当直接纳入CBD，强硬地表示此举或将"污染"CBD主旨。发展中国家如巴西、玻利维亚、印度尼西亚、印度、乌干达等均强调CBDR应当适用于所有国际环境公约，且其含义已在CBD第二十条中有所体现，同时考虑到与UNFCCC的紧密协同关系，CBDR原则应当在"昆蒙框架"行动目标、"气候变化与生物多样性"专门决定中被保留。作为回应，乌干达等曾提出将CBDR原则与行动目标存留绑定，同样表明强硬立场。出于在不同议题间平衡各方诉求的考虑，"昆蒙框架"行动目标8最终未纳入CBDR原则表述。但"气候变化与生物多样性"专门决定谈判中各方未见妥协，预计将继续成为磋商激烈的交锋点。

（四）其他焦点议题

在相关谈判的不同阶段，部分缔约方会提出较为明确的关切，各方围绕关切展开磋商。一是体现海洋酸化。帕劳曾提出海洋酸化和气候变化为全球温室气体浓度升高所造成的不同后果，应参照"爱知目标"10的相关表述加以区分。二是体现基于权利（Right-based）或公平（Equity）。部分缔约方认为在保护生物多样性和应对气候变化的举措中应当注重IPLC、女性、青年等群体的权益，以及联合国大会提出的"清洁、健康和可持续环境的人权"。此类诉求在最终框架文本的考虑因素章节得到统筹安排，在目标中不做赘述。

四 趋势分析与建议

（一）《生物多样性公约》下气候变化议题未来谈判趋势

从后续安排来看，各方仍将继续推进"气候变化与生物多样性"专门决定谈判未决工作。根据授权，附属科学技术咨询机构（SBSTA）将收集缔约方、其他国家政府和国际组织的意见和信息，以及生物多样性和气候变化问题的相关科学信息，以进一步审查生物多样性和气候变化问题。考虑到各方在CBD缔约方大会第十五次会议上对责任分担、支持手段等的意见不同且僵持不下，后续专门决定谈判中仍将延续此类交锋。一是继续CBDR原则之争。部分发展中国家缔约方仍将坚持CBDR原则在国际环境公约中的通用性，以体现两公约的高度协同性。发达国家缔约方在CBDR原则问题上难有让步，或继续以CBD具有独特性、两公约应用存在差异为由进行辩驳。二是资金支持表述分歧难以解决。资金支持表述分歧是CBDR原则之争的延伸，发展中国家缔约方坚持CBDR原则在CBD第二十条中已有体现，即发达国家缔约方有义务向发展中国家缔约方提供新的、额外的资金，反对泛化出资渠道以淡化发达国家缔约方出资责任的表述；而发达国家缔约方在资金支持方面倾向于引导形成动员全球资本等较为含糊的表述，对资金来源和流向进行笼统概括。三是围绕NbS及其覆盖范围开展更多讨论。随着NbS在行动目标中被写入，NbS与EBA被并列纳入决定的可能性较大，其他多边进程下的NbS磋商也将助推巩固NbS地位。但对于部分发展中国家而言，发达国家是否会以NbS减排固碳潜力为由转嫁应对气候变化责任、是否会通过NbS在生物多样性和气候变化领域的协同增效来模糊资金边界、是否会通过主导NbS路径或相关多边规则来限制自然资源和配套产业开发等都可能成为潜在风险点，需要进一步加以考虑，此类考虑或将反映在后续谈判磋商中。四是关于监测框架指标设置的争议。监测行动目标8的进展需要可衡量的指标，各方对于行动目标8标题指标没有形成统一意见，仅提出额外的组成指标和补充性指标，但所提指标与目标要素之间的关联关系仍较为薄弱，还需进一步设计。预计各方将围绕监测框架指标设置展开细节性讨论。

（二）全球环境治理视角下的保护生物多样性与应对气候变化协同治理建议

在全球环境治理视角下推进保护生物多样性和应对气候变化协同治理，既需要 UNFCCC 和 CBD 两公约推进规则协同，特别是推进有关协同增效议题规则的演变，也需要两公约科学评估平台通过协同研究增进最佳科学信息输入，同时需要反映在各国自主驱动的规划战略制定、法律政策体系建设和跨部门体制机制完善等多个方面。当前，UNFCCC 和 CBD 规则协同虽然在文本上有所体现，但由于缺乏明确指向性（特别是 UNFCCC 下）、在条约实施层面的协同相关细则规定不具有系统性，因此两公约目前尚未实现有效的规则协同。以联合国可持续发展目标为引导、以"里约三公约"协同增效要求为驱动、以现有公约交叉议题授权为切入点、以关联科学评估结论为支撑、以主渠道专门机构探索新型合作模式为落脚点，全球推进保护生物多样性和应对气候变化协同可逐步形成规则和实施协同基础。以国内治理促进、贡献于全球治理的视角来看，中国作为全球环境治理负责任大国，同时作为 UNFCCC 和 CBD 的关键缔约方，可以生态文明建设为抓手，着力在保护生物多样性与应对气候变化重点战略、重要规划、重大工程等层面推进协同，强化统筹协调和布局、优化本土政策与实践，为全球治理提供凝聚中国智慧的协同治理模式。

G.7

公正转型路径工作方案：意义与挑战

王谋 康文梅 刘莉雯*

摘　要： 2022 年于埃及举行的《联合国气候变化框架公约》第 27 届缔约方大会正式设立了"公正转型路径工作方案"新议题，标志着全球气候治理对"公正转型"问题的关注达到一个新的高度。由于"公正转型路径工作方案"是在《联合国气候变化框架公约》下被授权设立的新议题，各方对其认知、预期、主要工作内容等还很不一致。本文将分析"公正转型路径工作方案"议题设立的意义，各方在该议题上的谈判立场以及面临的挑战和发展趋势，为我国更好地参与该议题谈判和开展"公正转型"相关工作提供参考。

关键词： 气候治理　公正转型　《联合国气候变化框架公约》

　　2022 年底，埃及沙姆沙伊赫举行的《联合国气候变化框架公约》（以下简称《公约》）第 27 届缔约方大会正式授权设立"公正转型路径工作方案"议题，这也是"公正转型"概念自 2010 年被写入《公约》缔约方大会决定以来正式成为独立谈判议题。全球气候治理进程中为什么要设立新的"公正转型"谈判议题，各方在该议题上的诉求、谈判面临的挑战，

---

* 王谋，博士，中国社会科学院生态文明研究所研究员，主要研究公正转型、SDG 本土化评估、可持续发展等；康文梅，博士，中国社会科学院可持续发展研究中心助理研究员，主要研究可持续发展、低碳发展等；刘莉雯，中国社会科学院大学应用经济学院硕士研究生，主要研究可持续发展、气候变化、低碳发展等。

以及发展趋势和前景等都存在较大研究空间，梳理和研究这些问题，可以为我国参与该议题谈判和开展相关国内行动提供参考。

一 "公正转型"问题在《公约》谈判中的发展历程

IPCC 最新发布的第六次评估报告的综合报告 AR6 Synthesis Report Climate Change 2023 中不仅列举了一系列促进"公正转型"的措施，还确保世界在迈向净零排放、具备气候韧性的未来时无人掉队；而且提出在制定气候减缓和适应措施时，包容、透明和可参与的决策过程将在"公正转型"方面发挥核心作用。"公正转型"从"应对措施"议题下的一个工作领域成长为全球气候谈判进程中的一个新议题，反映了各方对"公正转型"问题的重视。"公正转型"一词出现于 20 世纪 70 年代末，当时美国石油、化学和核能工人工会为那些工作机会受到环境监管威胁的工人寻求支持①。1997 年《公约》第 3 届缔约方大会上，"公正转型"概念被首次引入国际气候治理进程②，各方主要在减缓议程下的"应对措施"议题下开展"公正转型"谈判和相关工作。《公约》第 27 届缔约方大会授权设立"公正转型路径工作方案"议题，标志着"公正转型"问题正式成为全球气候治理进程中的独立谈判议题。"公正转型"问题在《公约》谈判中的主要发展历程如表 1 所示。

---

① Gambhir Dr. Ajay, Green Fergus, Pearson Peter J. G, Towards a Just and Equitable Low-carbon Energy Transition, Grantham Institute and Imperial College London, 2018, https://www. imperial. ac. uk/media/imperial - college/grantham - institute/public/publications/briefing - papers/26. -Towards-a-just-and-equitable-low-carbon-energy-transition. pdf.

② The Environment and Sustainable Development, Trades Union Congress, 1998.

表1 "公正转型"问题在《公约》谈判中的发展历程

时间	会议名称	表述	涉及议题
2010 年	第 16 届缔约方大会	决定序言段落中的表述为"应对气候变化需要范式转型,通过技术创新和更具可持续性的生产、消费和生活方式转变,建设能够提供大量机会并能保持高增长和可持续发展的低碳社会,同时确保劳动力的公正转型,创造体面的工作和高质量的就业";"应对措施"相关段落中则提及"避免应对措施带来的负面经济社会影响,推动劳动力公正转型,并根据国家战略和优先发展议程创造高质量的工作和高品质就业机会"	"应对措施"议题
2011 年	第 17 届缔约方大会	通过了"附属机构下实施应对措施影响工作方案",在《公约》附属机构下设立了正式议程项,明确 8 个工作领域,"公正转型"是其中之一,并授权建立应对措施论坛以实施应对措施影响工作方案	"应对措施"议题
2015 年	第 21 届缔约方大会	授权建立了"应对措施改进论坛",并明确了"经济多样化转型"和"劳动力公正转型,创造体面工作和高质量就业"两大工作领域	"应对措施"议题
2018 年	第 24 届缔约方大会	建立了服务于《巴黎协定》的"应对措施论坛","公正转型"是该论坛工作方案确立的四个工作领域之一	"应对措施"议题
2019 年	第 25 届缔约方大会	大会通过的"应对措施论坛"6 年工作计划,针对"公正转型"这一重点领域,安排了一系列的活动。在《公约》谈判中对"公正转型"工作有了机制性的安排,并基于"卡托维兹应对措施实施影响专家委员会"形成了《公约》下"公正转型"问题专家合作机制	"应对措施"议题
2022 年	第 27 届缔约方大会	授权设立了独立的"公正转型路径工作方案"议题,并明确了"公正转型"由关注就业问题向关注经济社会综合事务的拓展,完成了"公正转型"从"应对措施"议题下的一个工作领域向《公约》谈判中一个独立议题的转换	"公正转型路径工作方案"议题

二　设立"公正转型路径工作方案"新议题的意义

随着碳中和目标的提出，"公正转型"问题逐渐受到各国关注，在《公约》下设立新的谈判议题变得日益迫切。"公正转型路径工作方案"议题设立的意义体现在以下几方面。

第一，满足全球绿色低碳发展对"公正转型"的需求。"公正转型"问题自 2010 年在《公约》缔约方大会决定中出现以来，各方主要在"应对措施"议题下开展相关讨论，内容主要是关注气候政策可能对部分行业就业带来的影响，以及如何避免负面影响，提供高质量的就业机会。在 2022 年沙姆沙伊赫大会决定设立独立的"公正转型路径工作方案"议题之前，国际社会对"公正转型"问题的关注度并不高，《公约》下开展的相关活动也以知识分享为主，仅停留在研讨的层面，一些国家的实践也主要集中在就业方面。碳中和目标提出后，国际社会更加清晰地认识到积极的气候目标可能与经济社会的发展节奏不同步，需要经济社会系统加快转型以适应和保障气候目标的实现。"公正转型"几乎成为所有积极开展减排行动国家所面临的共同挑战，而且被视为 21 世纪中叶实现碳中和目标的急迫需求。由于"公正转型"工作具有重要性和长期性，需要在《公约》下建立一个独立的工作组，强化《公约》下现有的合作机制，推进"公正转型"在全球范围的实施。2022 年沙姆沙伊赫大会各方就"公正转型路径工作方案"达成的共识，可以被视为"公正转型"在《公约》谈判进程中的"2.0 版本"，在新议题设立、工作覆盖领域、工作机制性安排等方面有了拓展，体现了缔约方对"公正转型"问题的关注上升到一个新的高度。为推动"公正转型"工作快速取得进展，缔约方还"决定从《巴黎协定》第五次缔约方会议（2023 年）开始，每年举行一次'公正转型'高级别部长级圆桌会议"，为了确保圆桌会议的机制性安排，要求将圆桌会议写入"公正转型路径工作方案"的工作计划中，保障其实施。

第二，对"公正转型"问题传统认知进行拓展。长期以来，各方在《公约》谈判进程中关于"公正转型"主要关注的是"劳动力公正转型,创造体面工作和高质量就业"[1][2][3] 问题,但随着碳中和目标的提出和相关政策行动的实施,这一关注点逐渐出现变化。欧盟的"适配55"行动方案[4]、美国拜登政府的"总统行政令"[5] 都有专门涉及"公正转型"的更加综合性的工作安排。《公约》谈判进程中也有越来越多的缔约方认为"公正转型"不应只局限于就业领域,应当包含产业转型、行业和社会转型等更广泛的经济社会转型的内容。2022年沙姆沙伊赫大会决定1/CMA.4强调了"公正和公平转型应包括能源、社会经济、劳动力和其他方面的转型,推进这些领域的转型需要以各国确定的优先发展事项为基础,并包括各国社会保护政策,以减轻转型发展可能带来的潜在影响,并且突出强调与社会团结和社会保护有关的政策工具在减轻转型措施影响方面的重要作用";在"公正转型"工作目标和内容方面,沙姆沙伊赫大会决定指出"基于《巴黎协定》第二条第2款,制定关于'公正转型路径工作方案',以讨论实现《巴黎协定》第二条第1款所述目标的路径;要求SBSTA等就此提出决定草案,供缔约方在《巴黎协定》第五次缔约方会议审议和通过,该工作方案的实施应基于并补充《公约》和《巴黎协定》下的相关工作,包括紧急提高减缓力度并扩大实施的减缓工作方案"[6]。可以看到,"公正转型路径工作方案"议题的设立拓展了缔约方在《公约》谈判进程中对"公正转型"问题的关注范围,也为缔约方各自理解和

---

① UNFCCC, Decision 1/CP. 16 "The Cancun Agreements: Outcome of the work of the Ad Hoc Working Group on Long-term Cooperative Action under the Convention", https://unfccc.int/resource/docs/2010/cop16/eng/07a01.pdf.

② UNFCCC, Decision 1/CP. 21 "Adoption of the Paris Agreement", https://unfccc.int/resource/docs/2015/cop21/eng/10a01.pdf.

③ UNFCCC, Decisions Adopted by the Conference of the Parties, https://unfccc.int/sites/default/files/resource/cp2019_ 13a01E.pdf.

④ European Commission, "Fit for 55": Delivering the EU's 2030 Climate Target on the Way to Climate Neutrality", https://www.eesc.europa.eu/en/agenda/our - events/events/fit - 55 - delivering-eus-2030-climate-target-way-climate-neutrality.

⑤ 陈迎、王谋、吉治璇:《拜登政府气候行政指令解析及应对策略探讨》,《气候变化研究进展》2021年第3期,第361~366页。

⑥ UNFCCC, Decision 1/CMA. 4 "Sharm el-Sheikh Implementation Plan", https://unfccc.int/event/cma-4#decisions_ reports.

解释"公正转型"问题提供了空间。

第三，辅助减缓政策的顺利实施。实现气候治理目标需要实施积极、有雄心的气候政策，但这些积极的减排政策，可能会对经济社会的发展构成冲击。这些冲击有可能是正面的，实现了气候治理与经济社会发展的协同；但也可能在一定时间内产生负面的冲击，表现为局部地区、产业和人群的福利损失，从而导致部分群体对积极减排政策的抵触，使政策的有效实施面临挑战。2022 年沙姆沙伊赫大会决定 1/CMA.4 指出"可持续和公正的气候危机解决方案必须建立在所有利益相关方有意义和有效的社会对话和参与的基础上；并且注意到全球向低排放的转型为可持续经济发展和消除贫困提供了机遇和挑战"，推进"公正转型"，"需要以各国确定的优先发展事项为基础，并包括各国社会保护政策，以减轻转型发展可能带来的潜在影响，并且突出强调与社会团结和社会保护有关的政策工具在减轻转型措施影响方面的重要作用"。可以看到，"公正转型"是连接积极的气候政策与经济社会发展的纽带，"公正转型"的实施，包括建立多方参与和对话机制、完善社会保护政策等，将有效平衡气候政策与经济社会发展不协调的问题，从而降低气候政策对经济社会的冲击和影响，减少政策实施可能面临的挑战，辅助减缓政策的高效实施。《巴黎协定》下，很多国家不仅提出了 2030 年的减排目标，也提出了面向 21 世纪后半叶的碳中和目标，有雄心的气候政策的实施和经济社会发展的深刻转型不可避免，"公正转型路径工作方案"议题的建立，可以为深入探讨气候政策与经济社会发展的关系提供平台和行动指引，优化气候政策实施环境，提高气候政策实施效率。

第四，提供开展务实行动的国际平台。"公正转型"是各国在实现碳中和目标的过程中面临的共同挑战，各国分享工作经验，开展合作行动尤为重要。从全球范围来看，一些国家和地区，如欧盟在德国、波兰、捷克等煤炭产区，美国在阿巴拉契亚、科罗拉多①等地区已经开展了"公正转型"的实

---

① Matt Piotrowski, Josh McBee, Just Transition in the United States, Climate Advisers, https://www.climateadvisers.org/wp-content/uploads/2022/02/Climate-Advisers-Just-Transition-in-the-United-States.pdf.

践。这些经验对其他国家将要开展的"公正转型"工作具有很好的借鉴意义，在《公约》下设立"公正转型路径工作方案"议题，可以为各国的优秀实践提供经验分享的平台，让后来者吸取经验教训，降低人类社会实现碳中和目标的转型发展成本。除了信息和知识分享，建立"公正转型路径工作方案"议题的重要意义还体现在：《公约》下可以建立缔约方合作行动机制，如开展全球试点示范，建立资金机制，对区域性的、典型的"公正转型"计划进行资助，让"公正转型"概念不是只停留在谈判场上或者各国、各地区政府的桌面上，而是落实在行动中，并通过完善机制性安排，保障"公正转型"工作的高效实施和持续实施。

三　缔约方对新议题的认识和谈判诉求

结合各方在《公约》第 27 届缔约方大会上的谈判立场以及 2023 年开展的多轮磋商，可以大致梳理出各方对"公正转型路径工作方案"议题的观点和诉求，主要包括以下三点。

第一，建立"公正转型路径工作方案"的目的和意义。所有缔约方都强调建立"公正转型路径工作方案"有助于推进《巴黎协定》的实施以及联合国 2030 可持续发展目标的实现。欧盟、美国、加拿大、新西兰等国家和地区表明"公正转型"工作已经在其境内开展和实施；小岛国集团、英国、南非、美国等国家和集团认为妥善推进"公正转型"工作，是各方实现《巴黎协定》承诺目标的保障，也能促进各国及各地区、集团提出更具雄心的气候目标。立场相近的发展中国家集团、阿拉伯国家集团提出"公正转型路径工作方案"不应该成为要求各方进一步提出减排目标或者部门减排目标的进程，产生的成果不应该成为约束性的执行方案，从而削弱国家自主决定性质。美国、加拿大等认为"公正转型"问题更多是各国国内事务，各国需要考虑在各自资金框架下做出安排支持"公正转型"活动开展。发展中国家如南非则认为，"公正转型"虽然在各国国内实施，但需要建立国际合作机制，以帮助发展中国家推进具体工作。

第二，实施"公正转型路径工作方案"的形式。各方对"公正转型路径工作方案"实施形式持比较开放的态度，并没有特别明确排除目前《公约》下开展活动的特定形式，非洲集团、中国、新加坡等建议在决策阶段可以采用附属机构接触组会议或非正式磋商会议的形式；在技术讨论阶段可以采用论坛、工作会、区域性研讨会的方式；政治推动上可以采用高级别会议的形式。发达国家和地区如欧盟、加拿大等认为工作方案也可以借鉴"内罗毕工作计划"的实施形式。值得关注的是，在磋商过程中包括发展中国家和发达国家在内的多个缔约方，如立场相近的发展中国家集团、南非、中国、新西兰、挪威等强调"公正转型路径工作方案"议题需要规划开展具体工作，不能只是空谈。各方强调开展具体行动，体现了各方积极开展合作的意愿，也为"公正转型路径工作方案"的实施形式，以及相应的资金、技术等保障措施和支持手段提出了要求。

第三，"公正转型路径工作方案"议题的工作范围。总的来看，对"公正转型路径工作方案"议题工作范围的理解可以包含两层意思，一是工作计划覆盖的领域、活动的范围，二是参与工作方案的主体或者机构的范围。在覆盖领域和活动方面，部分国家援引《公约》第 27 届缔约方大会决定 1/CMA.4①第 51 段，即推动实现《巴黎协定》第二条第 1 款内容，该段落覆盖减缓、适应、资金等主要议程，覆盖的范围十分广泛，基本相当于没有明确边界，具体工作内容需要在未来谈判中得到进一步聚焦和细化。也有很多国家提出了更具体的开展活动的建议：一是分享各国开展"公正转型"工作的经验以及教训，二是建立国际、国内工作协调机制，三是推进建立具体"公正转型"活动的实施机制等。部分国家建议把工作领域拓展到社会层面，涵盖气候正义、社会正义、不平等、消除贫困、技术转让、教育、金融以及性别等，这种观点在一定程度上也是对决定 1/CMA.4 第 51 段内容理解的细化和拓展，为该议题未来开展具体活动提供参考。各方普遍提及的问

---

① UNFCCC, Decision 1/CMA.4 "Sharm el-Sheikh Implementation Plan", https：//unfccc.int/event/cma-4#decisions_ reports.

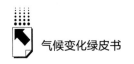

题包括就业与再就业问题、如何根据各国发展情况实施"公正转型"以及如何为"公正转型"活动提供支持等。在参与主体方面，各方持比较开放的态度，大多数缔约方认为"公正转型"工作涉及众多领域，可以邀请国际组织和私营部门广泛参与，尤其是那些受到减排政策影响的行业和地区、社区代表。

四　新议题面临的挑战

"公正转型路径工作方案"是《公约》谈判进程中的一个新议题，各方对这个议题的在认识和理解还存在一些分歧，增加了未来谈判的挑战和不确定性。

第一，各方对"公正转型"的概念和定义缺乏共识。"公正转型"对很多国家来说是很新的一个概念，即便在学术界也没有形成统一的认知，不同机构和学者都在试图定义和阐释"公正转型"。在不同的背景和语境下，"公正转型"也具有不同的含义。从目前各方的发言和立场陈述来看，各方对"公正转型"概念的理解差别还很大，这也导致各方在新议题的目标设定、覆盖的主要内容、谈判组织方式、工作机制等方面的立场存在较大差别。发达国家如美国、加拿大等认为公正转型更多的是各国国内事务，相应投资也应各国国内统筹；发展中国家如南非认为公正转型是在全球气候治理背景下实施的，既是各国国内事务也是公约下的国际多边进程，既要考虑国内行业和地区发展的公正，也要考虑国家和区域间的气候公正。立场相近的发展中国家集团提出，该议题工作内容应包括让"共同但有区别的原则和各自能力原则"在《巴黎协定》全面实施中更具体可操作，明确"公正转型"的支持方式和力度等。未来要消除各方认知分歧，达成初步共识，并形成各方都同意的工作方案还面临较大挑战。

第二，如何处理工作方案与适应行动和目标的关系。决定 1/CMA.4 第52 段指出，"公正转型路径工作方案"是讨论实现《巴黎协定》第二条第

1 款所列目标的路径①。第二条第 1 款是《巴黎协定》的核心条款，包含了减缓、适应和资金目标。如果单从第 52 段首句字面意思来理解，"公正转型路径工作方案"所覆盖的范围可以非常宽泛，因此有国家在发言中对"公正转型路径工作方案"议题在《公约》第 28 届缔约方大会上的预期成果包括了减缓工作计划、全球适应目标以及气候资金的新集体量化目标等内容。显然，这些问题很难在"公正转型"工作议程中得到讨论和解决。美国、阿拉伯集团等在讨论工作方案所覆盖的领域时，援引了该授权，但没做详细阐述。对于"公正转型"问题，各方长期以来在"应对措施"议题下展开讨论，而"应对措施"议题自 2007 年"巴厘路线图"通过开始，就是减缓议程下的一个议题。因此，"公正转型路径工作方案"支撑《巴黎协定》第二条第 1 款第（a）项减缓目标的实现没有认知挑战。"公正转型路径工作方案"的实施需要资金支持，尤其是要往做"实"方向发展，更需要与《公约》下资金机制建立联系，因此，关联《巴黎协定》第二条第 1 款第（c）项资金目标也可以理解。《巴黎协定》第二条第 1 款第（b）项是涉及适应气候变化方面的目标，从目前的研究进展和总体认识来看，"公正转型"问题与适应问题的关联性还比较弱，很少有研究探讨和分析二者的关系，这也意味着未来自由解释的空间较大，由于研究资料较少，各方存在认知分歧和差异的可能性也比较大。

第三，建立资金机制问题。资金问题是包括《公约》在内的国际环境治理机制的最重要、最核心的问题，也是决定合作性质如信息交流或者开展具体行动等的关键要素。非洲集团、立场相近的发展中国家集团等都在发言中强调了资金的重要性，特别强调把"公正转型路径工作方案"做"实"需要建立资金保障机制以及技术和能力建设的支持机制。美国、欧盟等以信息和知识分享来定位"公正转型路径工作方案"的功能以及未来开展的活动，对建立资金保障机制的认知与发展中国家的诉求形成差距，这也是未来各方在工作方案上达成共识所面临的关键挑战之一。

① UNFCCC, Decision 1/CMA. 4 "Sharm el-Sheikh Implementation Plan", https：//unfccc. int/event/cma-4#decisions_ reports.

五　结论与启示

　　"公正转型路径工作方案"作为《公约》谈判进程中新设立的议题，还处于各方相互交流、探明立场的早期阶段。从目前各方发言和立场陈述来看，第一，各方认同"公正转型"是推动实现碳中和目标的重要工作；第二，基于对"公正转型"概念的不同理解，各方在"公正转型路径工作方案"目标、关键要素、工作方式、主要工作领域等方面存在不同理解；第三，在建立资金机制、开展国际合作行动等方面分歧较大。2023 年 7 月 18 日，习近平总书记在全国生态环境保护大会上指出，我国要积极参与全球气候治理，成为全球环境治理的引领者。"公正转型"作为《公约》下的一个新议题，为我国参与全球气候治理提供了较为广阔的空间。我国正处于经济社会转型发展的关键时期，积极参与"公正转型路径工作方案"的谈判和相关国际治理行动，不仅有助于我国"双碳"目标的实现，也可以为其他国家提供转型发展的经验借鉴，从而推进全球碳中和目标的实现。

全球盘点的规则、实践与成果展望

梁媚聪 *

摘　要： 2015 年，《巴黎协定》的达成标志着全球气候治理进入了"自主
决定贡献+全球盘点"的新阶段。各缔约方基于公平、共同但有
区别的责任和各自能力原则自主提出气候行动目标，全球盘点定
期"承上"盘点全球集体进展并"启下"为各缔约方更新国家
自主贡献提供信息，两机制交替开展形成不断提高全球行动力度
的"良性循环"。首次全球盘点在《联合国气候变化框架公约》
第 26 届缔约方大会（COP26）上正式启动，并将在 2023 年的
《联合国气候变化框架公约》第 28 届缔约方大会（COP28）上
完成。气候变化是当今世界面临的最重要的挑战之一，在此背景
下，全面、平衡、积极的全球盘点成果有助于全球保持积极应对
气候变化危机的势头，建立合理公平、合作共赢的气候治理体
系。中国应在首次全球盘点进程中扮演积极的建设性角色，一方
面维护中国积极应对气候变化的负责任大国形象，纾解国际舆论
压力，为我国稳步实现"双碳"目标创造良好外部环境；另一
方面向全球释放维护多边主义、强化国际合作的积极信号，与各
方共同维护《联合国气候变化框架公约》及《巴黎协定》在全
球气候治理中的主渠道地位。

关键词： 气候变化　全球盘点　气候治理

---

* 梁媚聪，国家应对气候变化战略研究中心助理研究员，研究领域为国际气候治理。

引　言

首轮全球盘点将于 2023 年底在迪拜气候大会上收官。在地缘政治风险加剧、世界经济不稳定性增加、极端天气气候事件频发的当下，国际社会对于第一次全球盘点的成果抱有高度期待，希望积极有力的全球盘点成果能够为加速全球气候行动提供政治推动力。此次全球盘点是《巴黎协定》达成以来的首次，目前，各方对于全球盘点在全球气候治理进程中的意义和角色、规则和局限性等问题尚未开展系统性的解读。本文从全球盘点的意义和规则、实践经验和存在的问题以及后续工作安排和成果展望三个部分展开研究，对中国参与首轮全球盘点并推动多边气候进程聚焦落实行动提出建设性的政策建议。

一　全球盘点的重要意义和规则

（一）全球盘点的重要意义

1992 年《联合国气候变化框架公约》（以下简称《公约》）的达成象征着世界各国认识到了气候变化问题的重要性，并一致同意为更好地应对气候变化危机建立相应国际机制。在随后的 30 多年中，全球气候治理体系不断演化，国际社会始终关注并努力推进全球气候治理向高效演变。在经历了《京都议定书》法定约束缔约方减排责任的"自上而下"治理方式，以及《坎昆协议》分别针对发达国家和发展中国家提出强制减缓目标和自主减缓行动的"两轨并行"治理方式后，2015 年《巴黎协定》的达成标志着全球气候治理进入了新阶段。

《巴黎协定》确立了以国家自主贡献为核心的全球应对气候变化总体制度框架，同时要求各缔约方每五年通报或更新一次国家自主贡献（NDC）以持续提高气候行动力度。与此同时，为避免"自下而上"机制导致全球集体气候雄心不足的问题出现,《巴黎协定》还设立了全球盘点(GST)机制。全球盘点每五年开展一次,通过"承上"盘点全球集体进展,"启下"为各缔约方更新 NDC 提供信息,以滚动提高全球目标和行动力度。通报更新 NDC 和全球盘点两个机制交错进行,均以五年为一个周期,二者共同构成了《巴黎协定》下的"五年力度循环"机制,确保全球在通报更新 NDC、全球盘点的循环中不断提升气候目标和行动力度[1][2]。

全球盘点机制是各缔约方基于"自下而上"模式共同推进全球应对气候变化行动和国际合作以实现《巴黎协定》目标的关键机制,对于推动各缔约方有效落实和实现《巴黎协定》下的气候承诺具有重要意义。首次全球盘点即将于 2023 年底的 COP28 上完成并产出相应成果,随着时间临近,国际社会各界对于全球盘点成果的讨论和期待持续升温。

(二)全球盘点的授权和规则

《巴黎协定》第 14 条授权《巴黎协定》缔约方会议(CMA)定期盘点《巴黎协定》实施情况,周期性地评估全球落实《巴黎协定》宗旨及长期目标的集体进展。《巴黎协定》要求全球盘点"以全面和促进性的方式开展",不对单一国家进行评审,也不导致惩罚性的后果。同时,盘点的内容要"考虑减缓、适应以及实施手段和支持问题,并顾及公平和利用现有的最佳科学"。全球盘点成果将为各方加强国际合作提供信息。全球盘点的实施细则在 2018 年卡托维兹气候大会上获得通过,进一步明确了全球盘点的开展模式和信息输入等信息。

一是全球盘点的机制安排。全球盘点包括三个阶段:其一,信息收集和准备阶段,为技术评估提供信息;其二,技术评估阶段,旨在评估实现《巴黎协定》宗旨和长期目标的整体进展,识别强化行动和支持的

---

① Sun R., Gao X., Deng L., et al. "Is the Paris Rulebook Sufficient for Effective Implementation of Paris Agreement?", *Advances in Climate Change Research*, 13(4), 2022, 600-611.

② 梁晓菲:《论〈巴黎协定〉遵约机制:透明度框架与全球盘点》,《西安交通大学学报》(社会科学版)2018 年第 2 期,第 109~116 页。

机会，通过"技术对话"组织各方以圆桌会等形式开展技术讨论和评估；其三，成果审议阶段，旨在讨论技术评估阶段产出的含义，形成全球盘点政治成果，为后续各方以国家自主决定的方式提高行动和支持力度以及强化国际合作提供信息。其中前两个阶段侧重技术层面的信息交流和技术讨论，第三阶段侧重政治成果的谈判磋商。

二是全球盘点的时间及活动安排。根据《巴黎协定》，第一次全球盘点应于 2023 年完成，此后每五年进行一次。根据全球盘点的实施细则，为完成 2023 年的全球盘点，信息收集和准备阶段的工作已于 2021 年 11 月的 COP26 上启动；技术评估阶段的工作已于 2022 年 6 月启动，并分别于 2022 年 6 月、11 月和 2023 年 6 月的《公约》附属机构会议（SB 56、57、58）上举行了三次技术对话；成果审议将在 2023 年的 COP28 上进行。全球盘点的时间及活动安排如图 1 所示。

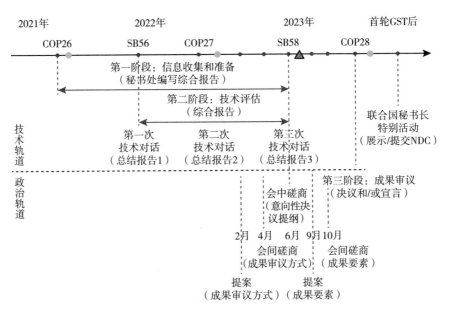

图 1　第一次全球盘点的时间及活动安排

三是全球盘点的信息来源。全球盘点的信息来源包括 6 类：其一，联合国政府间气候变化专门委员会（IPCC）的报告；其二，《公约》附属机构、

《公约》及《巴黎协定》体系下各机构和论坛的报告；其三，缔约方履约报告（如 NDC、长期温室气体低排放发展战略、国家信息通报等）；其四，缔约方会议授权秘书处和技术对话主持人编写的报告；其五，联合国机构和其他国际组织的相关报告；其六，缔约方、非政府组织等非缔约方利益相关方、《公约》观察员等自愿提交的方案和材料等。全球盘点的信息来源清单充分体现了全面性、包容性和多元性。此外，全球盘点实施细则还考虑到了未来信息来源扩展的可能性，规定上述信息投入及其来源是非详尽的，并邀请附属科学技术咨询机构（SBSTA）在每一次全球盘点启动信息收集和准备工作之前，酌情对信息来源清单进行补充。

四是全球盘点的成果产出。《巴黎协定》和全球盘点的实施细则都没有对全球盘点最终成果产出的形式提出明确要求，产出的成果既可以是协商一致的《巴黎协定》缔约方会议决议，也可以是开放自愿签署的政治宣言，还可以二者兼有。但明确的是成果将聚焦评估全球落实《巴黎协定》下的整体进展，不针对个别国家，将识别加强行动和支持的需求、差距、挑战、机遇、措施、优良实践和国际合作等，传递关键政治信号。

二　全球盘点及相关进程的实践经验和存在的问题

（一）《公约》下进展评估机制的实践经验

在《巴黎协定》建立全球盘点机制之前，《公约》下就曾有类似的进展评估机制，分别是塔拉诺阿对话和周期性审评。

塔拉诺阿对话原名为"2018 促进性对话"，其授权来源于 2015 年的 COP21，"各方决定于 2018 年召开缔约方之间的促进性对话，以盘点缔约方在争取实现《巴黎协定》第 4.1 条所述长期目标方面的集体努力进展情况，并为各国准备国家自主贡献提供信息"。后经两年磋商，2017 年 COP23 将对话重新命名为塔拉诺阿对话并明确了其具体的实施和组织安排。塔拉诺阿

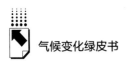

对话于2018年1月启动，至当年COP24结束，具体包括收集信息、举办区域性对话活动、主题讨论、政治讨论等环节。

周期性审评的授权来源于2010年通过的《坎昆协议》，其要求缔约方至少每七年审评"2℃目标"作为《公约》确立的长期全球目标是否充分，以及各缔约方的承诺和行动对实现该目标的总体进展。目前周期性审评已分别于2015年和2022年完成了两次审评，并将于2024年召开的缔约方大会上讨论是否开展第三次审评。周期性审评由两部分组成：一是由《公约》附属机构组建联合接触组，联合接触组主要承担信息收集、汇编、识别信息缺口、开展审评等职责；二是建立结构性专家对话支撑联合接触组开展工作，协助确保审评的"科学完整性"，对话聚焦相应主题，通过研讨会、圆桌会的形式组织不同领域专家提供观点和信息，为缔约方和专家之间建立沟通平台，并协助附属机构准备审评综合报告。

全球盘点机制来源于塔拉诺阿对话和周期性审评，其在模式、内容和时间安排上与上述两机制存在相似之处，但同时也存在若干差异和创新性设计。首先，机制的目标不同。全球盘点服务于《巴黎协定》确立的"2℃和1.5℃目标"，其旨在向前盘点进展并向后为各方实现上述目标以及制定新的NDC提供信息；周期性审评则是服务于《公约》下的全球长期目标，该目标随着《巴黎协定》的达成，从第一次审评时的"2℃目标"变成了"2℃和1.5℃目标"，此外周期性审评还包括对"全球长期目标"本身进行充分性评估；塔拉诺阿对话的目标与全球盘点相似，但塔拉诺阿对话盘点的进展只针对《巴黎协定》第4.1条。其次，机制的周期不同。全球盘点的时间安排非常明确，每五年一次，第一次于2023年完成；周期性审评的时间安排则较为灵活，考虑到IPCC报告发布的周期，至少每七年进行一次审评，但根据COP25第5号决议，是否开启第三次周期性审评将由COP29讨论决定；塔拉诺阿对话为一次性的机制安排，后续不再开展。最后，主题设计不同。全球盘点围绕气候行动的领域将主题定为减缓、适应、实施手段和支持；周期性审评的主题则每次不同，第二次审评的两项主题分别为：理解全球长期目标及其相应情景、知识缺口、机遇和挑战以及各方为实现全球长期目标所采取的措施的整体进展；塔拉诺阿对话的主题则更为抽象和概念化，分别为"我们在哪里"、"我们去哪里"以及"我们如何去"。

（二）第一次全球盘点实践中存在的问题

此次全球盘点是《巴黎协定》达成以来的首次，尽管2018年卡托维兹气候大会通过了全球盘点的实施细则，同时也指出了其"干中学"的特点，即在实践过程中不断探索、建立相关活动的流程安排和操作规范。随着全球盘点各项活动的持续开展，各种问题特别是信息收集和准备阶段以及技术评估阶段的问题逐渐显现。

一是信息输入的进展和现存问题。全球盘点的信息来源可分为被动信息源和主动信息源。被动信息源是指报告发布后自动成为全球盘点信息输入的来源，如IPCC第六次评估周期系列报告、《公约》体系下各机构发布的报告、缔约方提交的履约报告、缔约方会议授权秘书处和技术对话主持人编写的报告等；主动信息源是指各缔约方、国际组织、利益相关方等通过提案主动提交的信息。信息输入方面存在的问题包括三个方面。其一，信息来源多导致信息输入过多且杂糅，技术对话主持人在编写技术评估阶段的报告时需对各种信息进行多轮综合处理，原始信息无法直接、高效、准确地传递和体现。其二，具有国际舆论影响力的报告和结论易受到关注和采纳，IPCC第六次评估周期系列报告近万页，鲜有人能够全面阅读所有信息，呈现、展示在公众视野内的以及被采纳、摘录的只有部分重点结论。其三，主导《公约》谈判进程的"科学"被"真空化"，"科学"的可行性以及政策报告的意义和作用被严重忽视。其四，学术研究和报告缺少对公平、历史责任、统筹减排与可持续发展等交叉性问题的分析。

二是技术对话的进展和现存的问题。技术对话在时间安排、议题设计和组织形式上基本在减缓、适应、实施手段和支持三个主题间保持了均衡，但仍存在不容忽视的问题。其一，将决策与科学置于对立面，对话中往往是邀请IPCC报告作者等学者向缔约方代表进行"授课"，然后进行交流，缺乏国家与国家间的政策实践交流；其二，活动组织形式由技术对话协调员全权

设计，不经缔约方同意、不受缔约方意见约束，自创"世界咖啡馆"十余个平行小圆桌的讨论模式，虽然为各方畅所欲言提供了平台，但也因信息不对称为主持人选择性采纳提供了机会；其三，主持人编写综合报告后会听取各方意见，但不需要各方审评，报告的立场、观点、内容完全取决于主持人和秘书处，难以确保报告体现公平、共同但有区别的责任等原则，也难以确保内容的综合、全面和平衡。

三 第一次全球盘点2023年下半年工作安排及成果展望

（一）第一次全球盘点2023年下半年工作安排

截至2023年6月，第一次全球盘点已经完成了第一阶段信息收集和准备以及第二阶段技术评估的全部内容，第三阶段成果审议将在2023年底的COP28上完成。目前第一次全球盘点正处于从技术轨道向政治轨道过渡的关键时期，各方将根据过去两年的信息和讨论，围绕全球气候行动的总体进展、差距和原因、未来的解决方案等内容总结关键信息，为在COP28上产出政治性成果提供基础和参考。COP28前全球盘点的工作应当是全面、均衡、透明地将技术评估阶段的成果转化成推进务实行动的强有力政治信号。根据2023年下半年全球盘点主要活动及气候多边进程重要活动安排，本文将第一次全球盘点2023年下半年的活动分为三个阶段。

强化国际认知（2023年6~9月）：在技术评估阶段的事实性综合报告发布之前，鼓励各方在《公约》进程内外的活动中讨论全球盘点，吸引企业、民众、行业、地方政府、非政府组织等利益相关方的广泛关注和参与，重申、明确全球盘点的原则和目的，引导国际舆论围绕全球盘点进行讨论。

凝聚广泛共识（2023年9~11月）：在报告发布以后直至COP28之前，活动将侧重于解读报告重要结论，提炼可能成为盘点成果的要素和信息，探索可能会在COP28上通过的一揽子成果组合，在高层政治决策前探索成果内容的最大公约数，为最终成果产出奠定基础。

高层政治决策（COP28 期间）：成果审议阶段的所有活动，包括高级别活动、主题圆桌会、决议谈判磋商以及相关边会等多种形式；参与主体也将进一步扩大，包括国家首脑、高级别委员会、部长级代表、谈判代表团团长及谈判代表、非政府组织等，共同推动 COP28 就第一次全球盘点达成一揽子的政治成果。

（二）COP28全球盘点成果展望

根据《巴黎协定》对于全球盘点的授权，其成果形式是"决议和/或宣言"，即既可以是决议也可以是宣言，还可以二者兼有。尽管授权已经为全球盘点的成果形式提供了较大的灵活性，但是在过去一年半时间的交流和实践中，各方还尝试性地提出了其他新的选项，包括一号决议、技术附件以及后续追踪机制等。

根据目前的成果与谈判进展，各方一致认同应当将全球盘点议题的决议作为核心成果，将有限的时间和精力集中在谈判中具有政治影响力的决议上。在《公约》附属机构第 58 次会议（SB 58）上，各国谈判代表共同就全球盘点议题的决议"指示性提纲草案"达成一致。各方基本认同应当按照全球盘点的三个主题，即减缓、适应、实施手段和支持展开对话，同时兼顾对已有集体进展的回顾和对未来全球行动的指导，着重考虑强化国际合作的重要意义。后续各国谈判代表还将对全球盘点议题的决议具体要素内容展开讨论，为 COP28 顺利地协商一致奠定基础。

至于其他的成果形式，目前各方普遍存在不同意见。关于宣言，部分缔约方质疑其与大会决议同为向国际社会释放信号的政治性文件，二者在内容和作用上并无本质区别，且不具备国家法效力；另一部分缔约方则主张效仿COP26 的做法发布一系列宣言，涵盖国家首脑、部长、非国家行为体等多层级主体，涉及全领域或特定行业等。与大会决议需要所有缔约方协商一致达成不同，宣言或声明等政治性文件通常会听取各方意见，但不需要所有人同意即可由大会主席国发布并开放给各方自愿签署参与，其本质上更偏向于

大会主席国的政治成果。考虑到全球盘点议题是2023年气候多边议程的重中之重，COP28主席国也多次强调将全球盘点作为其工作的优先事项，因此，COP28主席国很有可能会将宣言作为此次盘点的成果产出形式之一以增加其政治成果显示度。关于技术附件，其最初由小岛国集团提出，旨在强化技术轨道与政治轨道的衔接，为各方更新或通报下一轮NDC提供具体、详细的政策和工具指导。但是目前有很多缔约方对此表示反对，认为其违反了全球盘点"不具有政策指向性"的要求。由于技术评估阶段的事实性总结报告正在编写中，作为折中方案，技术附件可能最终会成为该报告的一部分，以平衡照顾多方意见。

（三）COP28全球盘点核心成果展望

根据相关授权范围以及现有的技术讨论和谈判情况，第一次全球盘点可能会在以下领域产生具有影响力的成果。

一是敦促各国设立新的可再生能源目标。阿联酋是世界第六大石油与天然气开采国，该国约1/3的GDP由化石资源贡献，人均碳排放量为22吨，位居世界第六，2019年甚至被世界银行列为第四大污染国。与此同时，国际舆论不断施压阿联酋就淘汰化石能源、加速能源转型做出承诺。为满足国际期待，同时避免对国内经济产业发展造成负面影响，作为COP28主席国的阿联酋选择将全球可再生能源快速发展打造为COP28成果亮点之一。苏尔坦在2023气候行动部长级会议上表态称，各政府应承诺到2030年将能源效率提升速率翻倍，可再生能源产能增加三倍并达到110亿千瓦，氢气产量翻倍并达到每年1.8亿吨。全球盘点按照授权应为各缔约方更新NDC提供指导，为呼应COP28总体成果，全球盘点决议可能会写入"鼓励各国在2025年提交的NDC中设立新的、具有雄心的可再生能源发展目标，以推动全球快速向低碳发展转型"。

二是打通气候资金流向和气候资金支持的统计核算通道。自《公约》达成以来，资金问题成为南北阵营的争议焦点。发达国家极力摆脱出资义务，希望扩大出资主体范围至所有缔约方，扩展出资渠道至私营机构、商业银行等，以稀释其公共资金出资义务。发展中国家则长期以来一直苦于没有充足的气候资金开展气候行动，不断尝试在各项议题下寻找获取资金支持的机会。在《公约》附属机构第58次会议上，各国首次就资金流向与气候资金支持的关系进行了激烈的争论，各方在《巴黎协定》第2.1（c）条设立的气候资金流向目标、实施手段和支持以及气候资金之间的关系上存在不可调和的分歧。虽然该分歧在《公约》附属机构第58次会议上被暂时搁置，但在COP28全球盘点决议的谈判中针对该分歧的争论必然会再次爆发。考虑到COP28还将完成"损失与损害"基金安排并正式启动基金运转，"到2025年气候适应资金翻倍"以及"2025年新的可量化集体目标"等资金相关议题也进入谈判尾声，预计全球盘点可能同时盘点气候资金支持与气候资金流向的进展，并以此打通二者的统计核算通道。

三是建立全球盘点成果执行的跟踪机制。部分国家指出，第一次全球盘点的周期不应当以COP28产出成果作为结束标志，而是应该持续至2025年直至各方完成NDC更新。成果决议不仅要为各方更新NDC提供信息和指导，还应当建立相应的追踪机制以推动、确保各缔约方按照全球盘点的建议提高气候雄心和行动力度。同时也有部分国家强调，《巴黎协定》对全球盘点的授权明确了各缔约方以国家自主决定的方式通报或更新其NDC，这就是《巴黎协定》对全球盘点成果的后续安排。综合各方意见，预计全球盘点决议会写入"鼓励各方在新的国家自主贡献中，描述其与第一次全球盘点成果的一致性；授权《公约》秘书处在2025年根据各方提交的NDC撰写一份综合报告以体现第一次全球盘点的成效"。

四　结论

全球盘点是《巴黎协定》的核心机制安排。在逆全球化思潮抬头，单边主义、保护主义上升的国际形势下，坚持多边主义与国际合作，以互信、互利、平等、协商为基础共同应对气候变化等全球性问题尤为重要。在此背景下，国际社会对于首次全球盘点识别当前全球雄心和行动存在缺口的原因

并提出弥补缺口、强化行动和国际合作的解决方案高度期待。如果盘点未能有效回应各方期待，国际舆论或将质疑《巴黎协定》"自下而上"模式的有效性，全球气候治理可能转向更强调减排效率而忽视发展公平的气候俱乐部等小多边渠道、国际行业协会和组织等碎片化渠道，以及国际法庭等司法渠道，不利于各方共同维护以《联合国气候变化框架公约》为核心的全球气候治理秩序和体系。

随着中国等发展中大国经济实力攀升，发达国家在经济、产业、科技等领域的比较优势逐步下降。因此发达国家一方面急于在气候治理领域摆脱率先减排、提供资助等国际法律责任，同时为其他国家引入新的、无差别的气候义务，以剥夺新兴经济体的排放权利；另一方面，抢占绿色低碳产业发展先机、抢夺绿色规则和标准的制定权，以占据未来绿色转型和发展空间。尽管全球盘点的范围包括减缓、适应以及实施手段和支持三个领域，但国际社会关注的核心仍然是减排，特别是如何减小当前的减排差距。中国作为目前全球最大的温室气体排放国，被西方国家刻意塑造成了"不负责任的污染者"。西方国家刻意突出中国当前和未来巨大的温室气体排放量与 IPCC 要求的快速大幅减排之间的矛盾，将全球减小减排差距的压力转化为推动我国提出具有雄心的减排目标。

2015 年，全球首脑共聚巴黎经过艰苦卓绝的谈判达成了"自下而上"的《巴黎协定》，为各国根据公平、共同但有区别的责任原则以及各自国情和能力力所能及地提出气候目标奠定了国际法基础。全球盘点是《巴黎协定》重要的机制安排，是 2023 年气候治理进程中最重要的议程，其成果会对未来全球气候治理机制产生重要影响。作为最大的发展中国家，中国已经逐步从深度参与全球气候治理走向逐步引领全球气候治理，已经成为引领全球气候行动的重要力量，对当前全球气候治理体系产生了重要影响。《巴黎协定》的达成、签署、生效和实施为全球气候治理进程注入强大动力，《巴黎协定》的制度安排有利于国际各方共同维护多边主义，坚持公平、共同但有区别的责任和各自能力原则。我们应积极推动首次全球盘点取得全面、综合、积极的成果，向全球释放捍卫多边主义秩序、维护《联合国气候变化框架公约》主渠道地位、坚信《巴黎协定》机制合理有效的有力信号，推动全球气候行动相向而行。中国宣布了"3060"碳达峰碳中和目标，明确不再新建境外煤电项目，启动和稳定运行了全球最大的碳市场，这些都彰显了中国负责任大国的担当。我们应积极展示国内气候行动的成效和进展，树立中国应对气候变化负责任大国形象，同时主动发声引导全球盘点正视当前差距，识别造成差距的原因，提出针对性的解决方案，并聚焦行动实践和落实目标。

G.9

《联合国气候变化框架公约》
全球适应目标谈判进展

刘硕 李玉娥*

摘　要： 适应气候变化已成为国际气候治理的重要内容。《联合国气候变化框架公约》及《巴黎协定》设立了全球适应目标（GGA），并启动了"格拉斯哥—沙姆沙伊赫全球适应目标工作方案（GGA工作方案）"，旨在通过系统构建适应总体概念和适应行动监测评估系统，加大全球适应行动实施力度、增强适应行动有效性及提高支持力度。然而，全球适应目标谈判进展曲折艰难，这包括政治博弈和技术挑战两方面。本文通过介绍GGA谈判的起源和相关授权，归纳了GGA谈判焦点问题，详细分析了发达国家和发展中国家在不同焦点问题上的立场及潜在原因、驱动因素。同时还分析了全球适应目标未来谈判发展趋势及我国参与全球适应目标谈判的对策与建议，以期为提高我国谈判领域国际话语权提供技术支持。

关键词： 全球适应目标　国际谈判　焦点问题

联合国政府间气候变化专门委员会第六次评估报告（AR6）表明，人类活动导致的气候变化已经诱发了全球各地的天气和气候极端事件，热浪、强降水、干旱和热带气旋等极端事件发生的频率和强度进一步加大。而过去和

---

* 刘硕，中国农业科学院农业环境与可持续发展研究所副研究员，研究领域为适应气候变化国际谈判、气候变化与适应政策等；李玉娥，中国农业科学院农业环境与可持续发展研究所研究员，研究领域为气候变化影响、脆弱性风险评估。

未来温室气体排放导致的气候变化在数百年到数千年的尺度上是不可逆转的，特别是海洋、冰盖和海平面的变化①。

持续的气候变化将对自然生态系统（包括生物多样性）和人类系统造成负面影响。据 AR6 估计，有 33 亿~36 亿人生活在极易受气候变化影响的环境中，发展中国家尤其容易受到严重气候灾害的影响②。目前，全球层面的适应行动取得了一些成效，至少 170 个国家和许多城市将适应行动纳入其气候政策和规划③，气候服务等支持性工具也在不同地区和部门被广泛使用。这些适应行动在减少气候脆弱性的同时，也产生了提高农业生产率、促进科技创新、改善人类健康和福祉、增强粮食系统安全、保护生物多样性等多重效益。

《联合国气候变化框架公约》（以下简称《公约》）是目前国际社会应对气候变化的重要磋商平台，在适应方面具有一定的政治推动作用。2015年达成的《巴黎协定》也确定了全球适应目标这一关键要素，以期提振全球适应行动的雄心，提升全球抵御气候变化不利影响的能力。本文通过介绍《公约》及《巴黎协定》下，全球适应目标起源、焦点问题及主要发达国家和发展中国家立场，以期全面展示全球适应目标规则制定现状、挑战和未来发展需求，并在此基础上，提出我国参与全球适应目标谈判的建议，为提升我国国际气候治理话语权提供技术支持。

---

① IPCC, Climate Change 2022: Impacts, Adaptation, and Vulnerability, Contribution of Working Group II to the Sixth Assessment Report of the Intergovernmental Panel on Climate Change, H.-O. Portner D. C., Roberts M. Tignor E. S. Poloczanska, K. Mintenbeck, A. Alegria, M. Craig, S. Langsdorf, S. Loschke, V. Moller, A. Okem, B. Rama (eds.), Cambrige University Press, 2022, In press.

② IPCC, Climate Change 2022: Impacts, Adaptation, and Vulnerability, Contribution of Working Group II to the Sixth Assessment Report of the Intergovernmental Panel on Climate Change, H.-O. Portner, D. C. Roberts, M. Tignor, E. S. Poloczanska, K. Mintenbeck, A. Alegria, M. Craig, S. Langsdorf, S. Loschke, V. Moller, A. Okem, B. Rama (eds.), Cambrige University Press, 2022, In press.

③ United Nations Framework Convention on Climate Change (UNFCCC), Methodologies for Assessing Adaptation Needs in the Context of National Adaptation Planning and Implementation, March, 20, 2021, https://www4.unfccc.int/sites/NWPStaging/Pages/SearchAsses.aspx.

一 《公约》及《巴黎协定》下全球 适应目标起源和授权

2015 年达成的《巴黎协定》第 7.1 条明确提出，"缔约方确立全球适应目标，即增强适应能力、增强恢复力并降低应对气候变化的脆弱性，以期促进可持续发展，并确保在第 2 条提及的温度目标范围内做出适当的适应反应"①。这一条款为促进适应发展提出了全球层面的长期愿景，为《巴黎协定》取得政治成功奠定了基础。

2018 年《巴黎协定》实施细则基本完成谈判，但《巴黎协定》缔约方会议（CMA）议题中仅涉及减缓，未涉及适应。发展中国家提出要尽快解决这种不平衡的问题，要求在 CMA 议题中设立全球适应目标议题。发达国家以《公约》下已经建立多项适应议题为由，反对基于《巴黎协定》第 7.1 条设立全球适应目标议题，以提高全球减缓行动的核心地位。最终，仅授权了《公约》适应委员会对现有可用于全球适应进展分析的方法、指标和工具进行了初步梳理，供缔约方参考②。

为了进一步厘清全球适应目标的内涵、关键要素、可能的指标，并提出未来实现路径，2021 年 11 月，经过各方艰苦磋商，CMA 最终设立并启动了为期两年的"格拉斯哥—沙姆沙伊赫全球适应目标工作计划"③，

① United Nations Framework Convention on Climate Change (UNFCCC), The Paris Agreement, Nov. 17, 2015, https：//unfccc. int/process－and－meetings/the－paris－agreement/the－paris－agreement.

② United Nations Framework Convention on Climate Change (UNFCCC), Report of the Conference of the Parties Serving as the Meeting of the Parties to the Paris Agreement on the Third Part of Its First Session, Held in Katowice from 2 to 15 December 2018. Addendum 1. Part two：Action Taken by the Conference of the Parties Serving as the Meeting of the Parties to the Paris Agreement (Decision 9/CMA. 1. FCCC/PA/CMA/2018/3/Add. 1.), Sept. 25, 2018, https：//unfccc. int/documents/193407.

③ United Nations Framework Convention on Climate Change (UNFCCC), Decisions Adopted by the Conference of the Parties Serving as the Meeting of the Parties to the Paris Agreement, decision 7/CMA. 3, Nov. 11, 2021, https：//unfccc. int/sites/default/files/resource/CMA2021＿ 10＿ Add3＿ E. pdf.

2022 年 6 月召开的《公约》第 56 次附属机构会议（SB56）将全球适应目标（GGA）工作计划列入正式议程。依照授权和各方提案①，2022 年与 2023 年每年召开 4 次研讨会，分别对全球适应目标概念、支持与行动、监测与评估相关的方法和指标，以及信息报告与沟通等 8 个主题进行讨论。

《公约》第 27 次缔约方大会（COP27）决定对 GGA 提出更为实质性的要求，包括一是建立"全球适应目标框架"（GGA 框架），并考虑继续发展该框架；二是发展过程可考虑相关要素，包括适应迭代过程、关键领域和交叉事项等；三是邀请 IPCC 更新 1994 年发布的关于气候变化影响分析的技术指南，供 GGA 框架参考；四是为了增强 GGA 框架的可行性，决定在第二次全球盘点前审查该框架②。

虽然 COP27 的 GGA 相关谈判进展为减少适应进展评估技术阻碍首次提出了框架性方案，但如何形成可被各国接受的、更细化的方案，仍存在许多技术难点需要深入探讨，也需要通过多领域、多行业、多层级的实践经验发展可靠数据和工具，提供科学评估的依据。

此外，全球适应目标的起源与发展也和全球盘点（GST）紧密相关。根据《巴黎协定》第 7.14 条（d）③，全球盘点必须审查在实现《巴黎协定》第 7.1 条所述全球适应目标（GGA）方面取得的总体进展。根据授权，第一轮 GST 将在 2023 年底的 COP28 上完成，但由于 GGA 工作计划仅有两年，难以完成复杂的技术设计并形成报告机制。因此，GGA 如何为第一次 GST 提供有效输入，成为各方关注的重要事项。

---

① United Nations Framework Convention on Climate Change (UNFCCC), Glasgow-Sharm el-Sheikh Work Programme on the Global Goal on Adaptation Referred to in Decision 7/CMA. 3, Nov. 22, 2022, https：//unfccc. int/documents/624422.

② United Nations Framework Convention on Climate Change (UNFCCC), Glasgow-Sharm el-Sheikh Work Programme on the Global Goal on Adaptation Referred to in Decision 7/CMA. 3, Nov. 22, 2022, https：//unfccc. int/documents/624422.

③ United Nations Framework Convention on Climate Change (UNFCCC), The Paris Agreement, Nov. 17, 2015, https：//unfccc. int/process-and-meetings/the-paris-agreement/the-paris-agreement.

二 焦点问题及各方立场

当前 GGA 谈判的焦点问题主要体现在 4 个方面：一是全球适应目标的定义和指标，二是全球适应目标对支持（means of implementation，MOI）的纳入，三是 COP28 之后全球适应目标在 CMA 下的磋商机制，四是全球适应目标与全球盘点之间的联系。本部分将对以上 4 个方面进行分析，并梳理主要国家或集团的立场，相关情况见表 1。

（一）全球适应目标的定义和指标

虽然《巴黎协定》第 7.1 条提出了 GGA 的努力方向，但缺少关键要素及量化信息，无法帮助缔约方规划具体行动和实施路径。因此，各方希望基于第 7.1 条，提出明确的 GGA 定义和跟踪进展的定量或定性指标。当前建立的 GGA 框架有助于解决这一需求。但各方对于目标定义和指标体系的具体内涵仍存在分歧。

在 GGA 及其框架设定目标方面，各方希望具有明确的政治信号（High-level Political Message）、总体目标（Overarching Target）、适应迭代目标（Targets on Dimensions）及核心领域目标（Targets on Themes），并充分考虑国家适应的优先性和局限性，但发展中国家内部没有达成共识，分歧主要在核心要素及其量化程度方面。各方希望在农业和粮食安全、水资源、海岸带、公共卫生等领域建立早期预警机制，气候变化风险评估成为热点问题。

在目标落实与应用方面，以中方为代表的立场相近发展中国家集团（LMDC）① 建议将 GGA 框架考虑的交叉因素（Cross-cutting Consideration）作为灵活要素，供缔约方选择适用的关键领域及步骤，以满足 GGA 既要反

---

① 立场相近发展中国家集团是新兴经济体发展中国家，其处于经济社会快速发展期。

映国家层面需求又要反映总体进展的双向需求。该建议得到了最不发达国家①集团、小岛屿国家集团②、澳大利亚、欧盟等国家和集团的认可。美国认为，GGA 所有行动都不能超过 GGA 框架规定的事项。但发展中国家反对如此严格的要求，其普遍认为，GGA 框架仅可作为一项指导工具，帮助各国收集可用于追踪全球适应进展的信息，不能成为强制性信息或数据清单。

（二）全球适应目标对支持的纳入

长期以来，发达国家在政治上和技术上对减缓行动的支持力度始终高于适应行动，引发适应行动和成效严重不足③。根据《公约》下发达国家提交的两年更新报告④，在 2011~2020 年发达国家向发展中国家提供的资金支持中，减缓行动的年平均支持金额约为 184.75 亿美元，而适应行动仅为 57.79 亿美元，分别约占年平均资金总量的 62.3%和 19.5%，减缓行动的年平均支持金额是适应行动的 3 倍多（见图 1）。这与《公约》下现有资金安排承诺的适应行动和减缓行动各占 50%的目标相去甚远，也揭示了发达国家对发展中国家适应行动支持力度总体不足。因此，现有多数发展中国家和国际机构认为，全球层面支持不足是导致全球适应行动进展缓慢、适应差距不断扩大的重要因素（IPCC，UNEP）⑤⑥，如何为 GGA 实施提供充足的支持，特别是根据《公约》和《巴黎协定》由发达国家向发展中国家提供资金、技术和能力建设方面的支持，以切实有效提升全球适应能力、缩小全球

---

① 最不发达国家是经联合国认定的社会、经济发展水平以及人类发展指数最低的国家。
② 指一些小型低海岸的国家。
③ 刘硕、李玉娥、王斌等：《COP27 全球适应目标谈判面临的挑战及中国应对策略》，《气候变化研究进展》2023 年第 3 期，第 389~399 页。
④ UNFCCC, First Biennial Communications in Accordance with Article 9, Paragraph 5, of the Paris Agreement, Compilation and Synthesis by the Secretariat, Jun 1, 2021, https：//unfccc. int/documents/278119.
⑤ UNEP, Adaptation Gap Report 2020, Nairobi：UNEP. Jan, 14, 2021, https：//www. unep. org/resources/adaptation-gap-report-2020.
⑥ Climate Finance Delivery Plan：Meeting the US＄100 Billion Goal, Apr. 1, 2023, https：//ukcop26. org/wp-content/uploads/2021/10/Climate-Finance-Delivery-Plan-1. pdf.

适应差距，成为发展中国家关注的重点。但这涉及发达国家在适应行动方面资金承诺履约问题，发达国家极力排斥将支持要素纳入 GGA 及其框架。

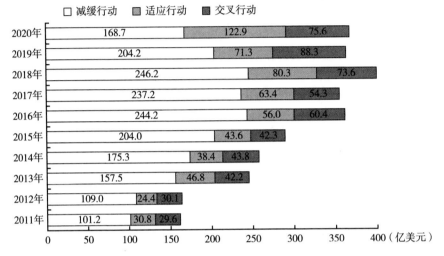

图 1　2011~2020 年《公约》下发达国家向发展中国家提供的减缓、适应和交叉行动资金支持

资料来源：UNFCCC。

欧盟①、英国、美国反对 GGA 及其框架下出现 MOI，特别是资金支持相关的目标及跟踪指标，其希望采用执行环境（Enabling Conditions，EC）一词替代 MOI。EC 目前尚无明确定义，发达国家希望从动员的私营机构、设立的政策法规、履行的行政职能等不同资源的筹措情况来分析对适应行动的支持；但其中不考虑发达国家和发展中国家的区别，从而躲避自身在《公约》及《巴黎协定》下具有的责任和义务，特别是资金方面，并对其他各国施压，要求它们一起加大国内政策实施力度。

发达国家这一立场遭到发展中国家的反对，多数发展中国家认为 MOI 应作为目标，嵌入 GGA 实施的整体过程，以查找适应差距，并提出解决方案。这里应重点关注发达国家在适应方面的资金支持力度和实施路径执行情

---

① 欧洲联盟，简称欧盟（EU），是由欧洲共同体发展而来的，创始成员国有 6 个，分别为德国、法国、意大利、荷兰、比利时和卢森堡，现拥有 27 个成员国。

况。以中方为代表的 LMDC 集团和以沙特为代表的阿拉伯集团提出 MOI 必须作为目标反映在 GGA 及其框架当中，并强调了要以共同但有区别的责任和各自能力原则（CBDR-RC）、国家自主决定为依据，反映在《公约》及《巴黎协定》指导下 GGA 的执行情况，特别是发达国家资金承诺履约情况，及其履约不足对发展中国家适应差距逐渐增加的影响。中方还对发达国家提出的以 EC 替代 MOI 的观点提出了反对意见，指出 EC 的功能仅限于评估不同资源的筹措情况，无法作为目标核算出全球适应行动在资金、技术和能力建设方面的总体需求和实际进展之间的差距。因此，需要将 MOI 纳入 GGA，并反映行动与支持的匹配度。

（三）COP28之后全球适应目标在 CMA 下的磋商机制

根据授权，COP28 期间将结束为期两年的 GGA 工作计划议题磋商。COP28 之后 GGA 何去何从成为当前新的焦点问题。如果没有新的 GGA 议题在 CMA 下产生，那么 CMA 机制下议题的总体结构，将回到两年前仅有减缓议题的不平衡局面。发展中国家希望在 CMA 下持续对 GGA 进行磋商。但发达国家诉求"以减缓为中心"，其反对在 COP28 之后在 CMA 下继续设立 GGA 议题，建议将 GGA 议题转入《公约》下设的各类技术机构会议中，进行小范围的、无政治影响力的技术细节讨论。

在此方面，LMDC、阿拉伯集团、非洲集团、最不发达国家集团和拉美集团对于在 CMA 下继续设立 GGA 议题比较认同。但对于议题的形式，如是以单独 GGA 议题的形式与其他适应议题并存，还是以统领 UNFCCC 下所有适应议题的形式存在，各方尚未达成共识。此外，非洲集团、阿根廷、乌拉圭和巴西希望在 UNFCCC 附属机构第 60 次会议上启动 GGA 接触组（contact group），为提高 GGA 关注度提供更高层级的沟通渠道，提振缔约方的政治雄心。

（四）全球适应目标与全球盘点之间的联系

第一次全球盘点（GST 1）将在 COP28 期间完成，GGA 与 GST 存在紧

密联系。因此，GGA 如何为 GST 输入信息，并帮助 GST 分析全球适应行动进展，成为核心问题。然而，由于 GGA 仍在磋商进程中，各方总体认为 GST 1 难以及时纳入 GGA 最终谈判成果。

面对这一问题，发展中国家总体希望 GST 1 注意三方面事项：一是请 GST 1 注意到 GGA 框架已经建立，并在以后的 GST 中使用 GGA 框架分析 GGA 总体进展。二是从现有 GST 的报告来看，《巴黎协定》第 7.14 条所述 4 项适应行动均被归拢到 GGA 方面，这显然与《巴黎协定》要求不一致。因此，LMDC 和拉美集团请 GST 严格遵从《巴黎协定》第 7.14 条规定的 4 项内容，避免将不属于 GGA 现有进展的内容，输入 GST 报告当中，造成结论的不确定性。三是注意到全球适应支持不足，特别是资金支持严重欠缺。

从 GST 1 各方的提案中可以看出①，以美国为首的发达国家不希望适应关注度升高，威胁现有的"以减缓为中心"的全球应对气候变化势头。因此发达国家极力在 GST 1 的结论中规避三个方面的事实：一是相对于减缓，全球应对气候变化对适应的政治关注度明显不足，如 IPCC 等重要系列报告中适应专题报告数量少；二是全球对适应行动提供的支持，特别是针对发展中国家适应需求和优先考虑的支持，明显不足且差距显著；三是发达国家以往向发展中国家提供适应行动资金支持方面的总体进展、差距及未来解决措施非常模糊。因此，GST 1 中如何编写适应方面的进展成为各方关注的焦点。

在 GGA 与 GST 如何增强联系方面，各方建议针对 GGA 与 GST 保持定期沟通和交流，为 GGA 活动、GGA 与 GST 相关活动、GGA 及其框架审查等任务制定明确时间表，从而建立 GGA 与 GST 之间信息输入和结果反馈的循环过程。特别是在 GST 2（COP32）之前形成工作任务时间表。

---

① United Nations Conference of Climate Change, Submission Portal, Views on the Approach to the Consideration of Outputs Component of the First Global Stocktake, https：//www4.unfccc.int/sites/submissionsstaging/Pages/Home.aspx.

表1　GGA 各方关切和立场

两大阵营	各方关切和立场
发达国家	发达国家总体立场:脱离《公约》CBDR-RC 原则,形成《公约》外的新国际治理秩序、建立新报告机制;利用私人资金替代政府公共资金,减轻履约压力
	美国等伞形集团①:拒绝在《公约》及《巴黎协定》下讨论行动和支持,特别是回避资金支持问题;仅同意基于行业等局部信息进行交流
	欧盟:强调从全球层面影响国家适应政策制定的力度和内容,提倡新概念,包括转型适应和不良适应等;仅同意最脆弱的发展中国家、小岛屿发展中国家和最不发达国家集团得到资金支持,意图分裂发展中国家集团
发展中国家	77 集团加中国②立场:推动 GGA 成为 CMA 下的长期议题;增强发达国家对发展中国家的资金支持
	拉美集团:强调 GGA 绑定 GST;希望建立统一的、严格的目标和指标,支持全球适应政策影响国家适应政策制定的方法;强调以国家适应计划(NAPs)和两年透明度报告(BTR)作为核心报告依据
	非洲集团和最不发达国家集团:希望 GGA 尽快制定灵活的目标和指标;应提升全球对最脆弱地区的支持力度;建议制定分行业的具体目标(如农业和粮食安全适应目标)
	立场相近发展中国家集团和阿拉伯集团:要求依照《公约》CBDR-RC 原则和国家自主决定的原则明确 GGA 具体目标、指标及相关活动;基于《巴黎协定》温升目标考虑发展中国家面临的适应挑战;要求以 MOI 敦促发达国家提供支持,特别是资金支持作为前提条件,保障行动实施;不能预判 GST 对 GGA 的影响
	小岛屿发展中国家:支持松散的目标和指标;支持利用适应的新概念提升 GGA 长期愿景对当前行动的影响;支持提升全球对最脆弱地区的支持力度

三　趋势与展望

我国作为发展中大国,在参与全球气候治理进程中发挥了重要作用。当前气候治理热度不断攀升,国际社会对我国的期待也不断增加。随着我国

---

① 伞形集团是一个区别于传统西方发达国家的阵营划分,用于特指在当前全球气候变化问题上持不同立场的国家利益集团,具体是指除欧盟以外的其他发达国家,包括美国、日本、加拿大、澳大利亚、新西兰、挪威、俄罗斯、乌克兰。
② 77 集团加中国是由发展中国家联合组建的国际组织,其宗旨在于维护发展中国家切身利益、扭转发展中国家在国际事务中的被动局面。

经济体量日益扩大，面临的压力也显著加大。这对我国在复杂国际形势下，积极稳妥参与全球气候治理提出了更高的策略要求。

从目前全球适应目标谈判进展来看，虽然发达国家极力阻挠和抹杀CBDR-RC的原则，但是适应行动出资主体是发达国家，仍是谈判主旋律。我们应继续坚持这一谈判方向，指出并纠正发达国家偏离谈判指导原则的活动。这是我国作为发展中大国尊重《公约》、遵从国际治理规则的重要体现。

《巴黎协定》中的减缓目标是量化目标，适应目标是非量化目标，且缺少行动时间表和路线图。同时，IPCC 第六次评估报告第二工作组的报告指出，"按照目前的适应规划和实施速度，适应差距将继续扩大（高置信度）。由于适应方案的实施时间往往很长，长期规划和加速实施，特别是在未来十年，对于缩小适应差距很重要""了解各地区的气候风险还需要关注发展中国家和各国科学家进行气候评估的能力"。因此，各缔约方需要在长期稳定的机制下逐步缩减适应差距，提升全球适应水平和恢复力。这意味着，在《公约》及《巴黎协定》下，全球适应目标实施应作为长期议题，为全球各国、各主要领域提供政治动力和技术支持。在这个方面，发展中国家具有比较坚定的共同立场。我国应继续支持发展中国家总体需求，提供使 GGA 成为 CMA 长期议题的各种技术方案，提升适应与减缓的平衡性。

在技术上，进一步将全球适应目标的概念清晰化、系统化和可量化是未来全球适应目标谈判的总体趋势。在此基础上，开发适用于国家、地方和行业的多种方法、指标和工具追踪全球适应目标的进展是未来技术热点。建议在全球适应目标设定方面，根据 UNFCCC 现有国家适应计划、适应信息通报、两年透明度报告中的适应需求信息，量化分析发展中国家需求，通过风险与脆弱性分析，以及适应规划、适应实施和适应进展监测与评估等方面的数据分析，减少现有数据不足造成的国家和地方层面不同适应措施效果和需求模糊的问题。同时，建议设计专门的气候资金流向指标，跟踪发达国家对发展中国家每年提供的适应行动资金支持的额度、范围和活动领域，定期评估进展，计算履约承诺完成进度和差距。

此外，发达国家还在不断偷换概念，以减轻其出资压力。根据《巴黎协定》第9.5条（资金）有关的安排下的第一次两年信息通报①和经济合作与发展组织（OECD）对发达国家捐资的预期分析②，2021~2025年发达国家通过筹集公共资金，每年的出资金额在665亿~945亿美元，很难实现每年1000亿美元的目标。为了达到目标，发达国家增加了私营部门资金等其他性质的资金，但这些资金是非赠款形式的，这变相增加了发展中国家的额外负担。建议我国依托LMDC，联合其他发展中国家，强调公共资金仍为适应资金主体来源，为全球适应行动的有效推进提供稳定的资金保障。

另外，当前全球气候治理适应问题更注重探索利于各国国内发展的适应行动实施方案的制定和落实。这意味着国家适应技术能力的综合提升将为未来国家参与全球气候治理、抢占制高点提供有效支撑。当前适应谈判显示，各国在此问题上几乎处于同一起跑线。鉴于此，提升我国国内气候适应综合实力，将有助于我国参与全球适应谈判，制定有利于我国发展方向的气候治理规则。

四 结论

当前，国际谈判形势日趋复杂多变。在《公约》及《巴黎协定》下，真正落实好全球适应行动政治意愿成为更加急迫、严格和透明的技术规则要求。在概念和方法层出不穷的新谈判形势下，识别对国家自身发展有利的技术手段，已成为拓展合作优势的有利抓手。目前我国已经积累了几十年的气候变化相关数据、资料，为适应气候变化规划与战略部署奠定了坚实基础。2022年6月，生态环境部作为我国适应工作的牵头单位，联合其他部门发

---

① UNFCCC, Fifth Biennial Assessment and Overview of Climate Finance Flows, https：//unfccc. int/ topics/climate-finance/resources/biennial-assessment-and-overview-of-climate-finance-flows? gclid=EAIaIQobChMIpuLE79aA_ gIVD4aWCh1CTgD2EAAYASAAEgJ7FPD_ BwE.

② OECD, Aggregate Trends of Climate Finance Provided and Mobilised by Developed Countries in 2013-2020, https：//www. oecd. org/climate-change/finance-usd-100-billion-goal/aggregate-trends-of-climate-finance-provided-and-mobilised-by-developed-countries-in-2013-2020. pdf.

布了《国家适应气候变化战略 2035》①，为进一步推进我国适应行动、增强自身适应能力、参与全球适应治理都具有重要作用。但落实行动中仍面临许多挑战，主要是具体量化指标不足，各类复杂问题难以全面展示，如气象风险早期预警准确性有待提升、适应进展监测与评估方法不足、数据管理机制建设难度大等②。这一情况也体现了国际适应谈判的主流趋势与国内适应发展的总体需求具有一定的一致性。国内国际协同发展，可为我国推动全球气候治理适应发展提供潜在技术支撑，探索广阔合作机遇。但这需要长期稳定的规划、投入与实践夯实基础，未来仍任重道远。

---

① 《国家适应气候变化战略 2035》，中华人民共和国生态环境部，2022 年 6 月 7 日，https：//www. mee. gov. cn/xxgk2018/xxgk/xxgk03/202206/t20220613_ 985261. html。

② 张永香、巢清尘、李婧华、黄磊、周波涛：《气候变化科学评估与全球治理博弈的中国启示》，《科学通报》2018 年第 23 期，第 2313~2319 页。

G . 10
碳中和进程中全球清洁能源技术发展面临的挑战及其应对策略

张剑智　晏　薇　郑　静　孙丹妮*

摘　要： 　碳中和进程中，清洁能源技术创新及发展成为全球技术竞争和博弈的焦点。国际能源署等机构联合发布的报告评估了电力、公路运输、钢铁、氢能和农业五大行业实现突破性目标所面临的主要挑战，如清洁能源技术创新投入严重不足，很多关键技术尚不成熟或处于研发初级阶段。近年来，美国、欧盟、中国、日本、印度等立足于各自不同的资源禀赋与技术优势，正积极出台政策法规，加大对清洁能源领域的投入力度，推动清洁能源技术创新及产业化发展，构建绿色低碳国家能源体系，提升国际竞争力。为实现"双碳"目标，中国需要加大清洁能源技术投入力度，推动五大行业的能源转型，积极与发达国家及共建"一带一路"国家开展清洁能源领域的交流与合作，提升国际影响力。

关键词： 　碳中和　突破性目标　清洁能源技术　能源转型

---

* 张剑智，生态环境部对外合作与交流中心政策研究部一级主任专家，研究员，研究领域为国际环境治理及国际环境公约政策；晏薇，生态环境部对外合作与交流中心政策研究部高级经济师，研究领域为全球环境基金政策；郑静，生态环境部对外合作与交流中心政策研究部高级工程师，研究领域为国际环境政策；孙丹妮，生态环境部对外合作与交流中心政策研究部工程师，研究领域为气候变化领域政策，系本文通讯作者。

　　碳中和进程中，全球能源结构将发生颠覆性变化，清洁能源技术①的开发和广泛应用至关重要。2022年9月20日，国际能源署（IEA）、国际可再生能源署（IRENA）与联合国气候变化高级别倡导者联合发布了首份《突破性议程报告（2022）》（The Breakthrough Agenda Report 2022②）。该报告评估了全球电力、公路运输、钢铁、氢能和农业五大行业温室气体排放状况及实现突破性目标所需条件。该报告指出，全球每年温室气体排放量约为600亿吨二氧化碳当量，五大行业温室气体年排放量总和占全球年排放量的50%以上，实现2030年突破性目标的难度很大，需要加大资金投入力度，推动清洁能源技术创新和应用。

　　2023年，欧盟先后发布《净零时代绿色协议工业计划》（以下简称《绿色工业计划》）、《净零工业法案》及《关键原材料法案》（草案）等③，旨在应对能源危机和美国《通胀削减法案》④带来的不利影响，提高欧洲净零工业的竞争力，支持欧洲实现碳中和目标，防止欧洲清洁能源企业转移到美国或北美，并减少从中国进口清洁能源产品。近年来，中国在清洁能源技术研发和产业化发展方面，具有较强的先发优势。但是，中国作为全球能源消费和碳排放第一大国，在"双碳"目标下促进清洁能源发展仍面临很多的技术瓶颈，如清洁能源发电稳定性有待提高、电力关键核心装备尚存短板、能源利用效率偏低、关键矿物精选不足等。因此，研究全球清洁能源技术发展面临的挑战，具有一定的现实意义。

---

① 清洁能源技术尚无统一定义，一般是指在可再生能源、新能源及煤的清洁高效利用等领域开发的可有效控制温室气体排放的新技术。近年来，欧盟提出了净零工业和净零技术等概念，净零技术概念包括可再生能源技术、电力和蓄热技术、热泵技术、电网技术、可持续替代燃料技术、电解槽和燃料电池等。

② The Breakthrough Agenda Report 2022, 2022, https：//www. iea. org/events/breakthrough－agenda－report－2022.

③ https：//single-market-economy. ec. europa. eu/publications/net-zero-industry-act_ en#files.

④ The Inflation Reduction Act of 2022, 2022, https：//www. congress. gov/bill/117th－congress/house-bill/5376/text.

一 国际社会积极推进清洁能源技术发展，但面临很多挑战

碳中和目标已成为全球共识，世界很多国家都在积极推动电力、公路运输、钢铁、氢能和农业五大行业的能源转型、清洁能源技术发展，但仍面临很多挑战。

（一）主要行业清洁能源相关突破性目标情况

2021 年 11 月，《联合国气候变化框架公约》第二十六次缔约方大会（COP26）在英国格拉斯哥召开。在 COP26 上，45 位国家和地区（44 个国家及欧盟）领导人发起了突破性议程（The Breakthrough Agenda），确定了电力、公路运输、钢铁、氢能和农业五个行业的突破性目标，承诺十年内将加速清洁技术的创新与应用，并努力使清洁技术及可持续解决方案成为每一个排放部门能获得的最实惠、最有吸引力的选择。截至 2022 年 9 月 1 日，美国、中国、日本、印度等 44 个国家和欧盟①（GDP 合计占全球 GDP70% 以上的缔约方）批准了突破性目标。《突破性议程报告（2022）》评估了五个行业实现突破性目标面临的主要挑战。

一是全球电力行业 CO_2 排放量大、投资严重不足，亟须提高可再生能源发电能力和发电设施的能源利用效率，加大投资力度。电力行业突破性目标是"到 2030 年，清洁能源是所有国家都能有效满足其电力需求的既经济实惠又可靠的选择"。通过评估发现，20 多年来，由于可再生能源部署速度加快及成本降低，可再生能源装机容量在 2011~2021 年增加了 1.7TW。目前，

---

① 截至 2022 年 9 月 1 日，签署突破性议程的缔约方为：澳大利亚、阿塞拜疆、比利时、佛得角、加拿大、智利、中国、丹麦、埃及、欧盟、法国、德国、几内亚比绍、罗马教廷、印度、爱尔兰、以色列、意大利、日本、肯尼亚、拉脱维亚、立陶宛、卢森堡、马耳他、毛里塔尼亚、摩洛哥、纳米比亚、荷兰、新西兰、尼日利亚、北马其顿、挪威、巴拿马、荷兰、葡萄牙、塞内加尔、塞尔维亚、斯洛伐克、韩国、西班牙、瑞典、斯里兰卡共和国、阿拉伯联合酋长国、美国和英国。

全球电力行业CO_2排放量约为130亿吨，占全球CO_2总排放量的23%。2021年，中国、欧盟、美国、日本和印度的能源转型投资约占全球能源投资的84%。2010年至2020年，全球可再生能源发电领域投资累计超过2.8万亿美元；非洲有巨大的电力需求和丰富的资源，但能源投资只有2%。为实现突破性目标，到2030年电力行业CO_2排放量需要比2020年降低50%以上，并新增7.4~8.0TW的可再生能源发电能力，进一步提高发电设施的能源利用效率。因此，电力行业清洁能源投资需要以每年25%的速度增长，到2030年达到每年2万亿美元，推动电力行业向清洁电力系统过渡。

二是公路运输行业CO_2排放量大，亟须开发新技术，扩大新能源汽车生产和基础设施建设规模。公路运输行业的突破性目标为"到2030年前，在所有地区都可获得价格合理且可持续使用的净零排放汽车"。评估发现，公路运输部门CO_2的排放量约为60亿吨，约占全球CO_2总排放量的10%，公路运输是造成空气污染进而对公众健康带来威胁的重要因素。为实现突破性目标，公路运输行业到2030年需要降低30%以上的CO_2排放量。2021年，净零排放的汽车仅占全球汽车销售量的9%；到2030年，净零排放的汽车应占全球汽车销量的60%左右，公共充电设施需增加10倍以上。因此，各国政府应进一步开发新技术，并加强交流与合作，统一充电基础设施标准至关重要。

三是钢铁行业CO_2排放量大，生产集中度高，亟须开发和应用新的近零排放钢铁技术。钢铁行业突破性目标为"到2030年，近零排放钢铁将是全球市场的首选，每个地区的钢铁企业都实现了能源高效利用和近零排放"。评估发现：钢铁行业CO_2排放量约为30亿吨，约占全球CO_2总排放量的5%。当前，全球钢铁产量处于历史最高水平，每年约是20亿吨。中国钢铁产量占世界总量的53%，全球前五大钢铁生产公司（中国宝武集团、鞍钢集团、沙钢集团、安塞乐米塔尔，日本新日铁）产量约占全球产量的75%，钢铁排名前15的国家的产量接近全球的90%。目前，全球每年生产的近零排放的初级钢不到100万吨，而到2030年每年将需要生产超过1亿吨。为实现突破性目标，到2030年全球钢铁生产的平均直接碳排放强度也需要下降30%左右，因此，开发和应用新的近零排放钢铁技术至关重要。多项使用氢能，碳捕集、利用和封存技术或直接电气化的低排放初级炼钢技术正在研发或示范应用。

四是氢能技术不成熟，生产和消费规模小，亟须开发电解水制氢和储能技术。氢能突破性目标为"到 2030 年，全球可获得价格合理的可再生能源及低碳氢能"。评估发现，氢能领域 CO_2 排放量约为 9 亿吨，约占全球 CO_2 总排放量的 1.5%。国际上生产和使用的氢能主要是"灰氢[①]"，而"蓝氢"及"绿氢"规模都很小，特别是"绿氢"尚处于早期阶段。目前，已有 25 个国家及欧盟发布了氢能战略，将氢能发展列入其清洁能源转型政策。国际能源署于 2022 年 9 月发布的《全球氢能评估 2022》报告显示，2021 年全球氢能需求仅 9400 万吨，需求量仅达到全球终端能源消耗的 2.5%。目前，全球氢能的产量很低，生产成本尚不具有竞争力。2021 年，电解水制氢产能近 8GW，其中 80% 的产能在欧洲和中国。目前，美国、澳大利亚和印度正在扩大电解水制氢产能。

五是农业领域 CO_2 直接排放量大，降低 CO_2 排放难度大。农业领域突破性目标为"到 2030 年，气候适应性强的可持续农业将成为世界各国农民最广泛的选择"。评估发现，农业领域 CO_2 排放量约为 100 亿吨，约占全球 CO_2 总排放量的 17%，其中农业生产直接排放的 CO_2 约为 70 亿吨。报告提出，为实现突破性目标，需要采取行动持续提高农业生产力，减少农业生产过程中的温室气体排放，保护好土壤、水资源和生态系统，提高应对气候变化的能力。

（二）主要行业未来清洁能源利用发展趋势分析

1. 碳中和目标约束下，五大行业的能源转型将会加速，CO_2 减排的力度将会不断加大，清洁能源技术创新和资金投入力度急需加大

随着全球经济的复苏，全球电力需求增长速度将会加快，新电网、新设备的需求会加大。与煤电相比，太阳能、风能发电具有典型的间歇性、波动

---

① 根据制氢方式不同，氢能可分为三种。第一，利用天然气和煤制取的氢，称为"灰氢"，此过程会排放大量 CO_2；第二，采用碳捕集、利用和封存技术制取的氢，称为"蓝氢"；第三，利用电解水制取的氢，称为"绿氢"，此过程不会排放 CO_2 和有毒有害物质。

性和随机性特征，直接影响电力系统的可靠性。交通领域不仅要推动新能源汽车使用，还要进一步完善充电基础设施标准，建设涵盖人工智能、大数据、自动驾驶、车路协同的智能交通体系。新能源汽车所需锂、钴、镍等关键矿物资源储量不足，国际市场竞争激烈。钢铁行业是典型的资源能源密集型行业，钢铁行业转型正面临钢铁冶炼工艺碳排放过高、炼钢工艺转变困难等挑战，亟须开发使用氢能，碳捕集、利用和封存技术或直接电气化的低排放炼钢技术。氢能有利于实现工业、交通等领域的深度脱碳，被视为未来可有效替代终端传统化石能源的战略性能源，但氢能技术尚不成熟。农业既是全球气候变暖的主要受害领域，也是温室气体的主要排放源。与电力、交通、工业等行业相比，农业活动中温室气体的排放机制更为复杂，追踪、测量和消除农业碳足迹是全球净零排放的重大难题，面临较大的技术挑战。

2. 五大行业的能源转型，可能会形成新的绿色贸易壁垒，对广大发展中国家的经济发展造成巨大压力

近年来，全球地缘政治不确定性上升，能源的自主性和安全性越发重要。长期以来，欧洲很多国家一直依赖俄罗斯的石油、天然气等能源，能源自主性严重不足。俄乌冲突发生后，欧洲很多国家深受能源危机和通胀压力的影响。为维护能源安全，德国、法国、英国等欧洲国家将推动可再生能源发展和五大行业能源转型作为摆脱能源危机、发展绿色经济的重要举措，正努力通过制定更严格的能源政策和技术标准提高欧洲企业的国际竞争力。很多发展中国家经济、技术比较落后，能源转型投入严重不足。随着世界主要发达国家积极推进五大行业能源转型、清洁能源技术创新及应用，发达国家和发展中国家在清洁能源领域的经济、技术鸿沟可能会加大，也可能会形成新的绿色贸易壁垒。

二 碳中和进程中全球主要经济体清洁能源技术领域竞争激烈、博弈加剧

（一）美国出台法案提升绿色低碳能源技术的国际竞争力

美国《通胀削减法案》已于 2023 年 1 月 1 日正式生效。该法案的主要内容涵盖税制改革、处方药定价改革和气候变化等领域[①]。该法案中大量条款与气候变化相关，提出将在未来十年投入 3690 亿美元用于能源安全和气候变化项目，降低清洁能源生产和消费成本，扩大清洁能源生产及应用，使美国温室气体排放量到 2030 年减少约 40%。因此，该法案又被称为气候法案或气候投资法案。

该法案要求美国财政委员会修改可再生能源发电的信贷条件，增加低收入社区使用太阳能和风能设施的信贷额度，修改二氧化碳捕获设施的优惠贷款条件。特别是，该法案明确在北美（美国和墨西哥）境内生产（组装）的新能源车辆及动力电池原材料可以享受 7500 元/辆的税收减免，优惠力度很大，增加了北美新能源汽车产业的市场竞争力。

该法案对清洁能源的生产、制造、运输及消费都给予了优惠贷款及税收抵免，将刺激清洁能源生产和消费，促进太阳能光伏、陆上和海上风力发电、氢能、核能、储能、建筑节能、新能源汽车等技术的创新和发展，引导美国清洁能源生产企业回流美国，重振美国本土的制造业。

该法案还要求美国能源和自然资源委员会修订 2005 年的《能源政策法》、2007 年的《能源独立与安全法》《清洁空气法案》等多项法规，安排 600 多亿美元用于支持本土太阳能电池板、风力涡轮机、电池和关键矿物的生产等。这些激励措施将有助于降低清洁能源生产成本，缓解通胀压力。同时，还能大幅减少电力生产、交通、制造业、建筑和农业等领域的二氧化碳排放。

---

① 张剑智、陈明、郑静等：《全球能源领域博弈加剧影响全球气候治理体系重塑》，《环境保护》2023 年第 4 期。

该法案的部分条款对在美国本土或北美的企业给予优惠贷款或税收抵免，鼓励本国及海外能源生产和制造企业将生产基地转移到美国本土，带有强烈的单边主义和保护主义色彩。德国、法国、英国、荷兰等欧洲国家对此表示强烈不满，指责该法案破坏了欧美之间的公平竞争环境，不利于欧洲经济绿色复苏及绿色低碳能源转型。近年来，美欧之间多次就该法案中的部分条款进行磋商，但尚未达成实质性成果。

（二）欧盟快速出台激励政策，积极推进清洁能源技术创新及产业化发展，努力成为清洁能源技术的领军者

1. 欧盟出台政策，积极推动绿色工业发展

欧盟委员会于2023年2月1日发布《绿色工业计划》[①]，提出将在未来十年大规模加强清洁能源产品的技术研发、制造生产以及清洁能源供应。该计划提出四项重要举措：一是完善可预测的、连续的及简化的监管审核机制；二是激励投资，使清洁能源项目更快地获得足够资金；三是组织培训，使欧洲工人熟练掌握净零技术；四是开放贸易以提高能源供应链的韧性，并维持公平的国际竞争环境。按照《绿色工业计划》，欧洲将通过电力市场改革，解决能源价格波动问题，保证能源供应安全，提供负担得起的电力，并为欧洲民众和企业提供可再生能源。通过完善《电力市场监管框架》，欧洲将运用欧盟能源平台和《欧盟电池监管框架》，完善充电和加油等基础设施，改善可预测和简化的监管环境。

2. 欧盟积极推进净零工业发展

2023年3月16日，欧洲议会和欧盟委员会公布《净零工业法案》（Net-Zero Industry Act）提案，目标是建立一个支持欧盟净零能源技术制造业发展的法律框架，并到2030年使欧洲的整体净零能源技术制造能力至少达到欧盟所需的40%。该法案提出的净零能源技术主要包括太阳能光伏和

---

① European Commission, A Green Deal Industrial Plan for the Net-Zero Age, 2023, https：//cor. europa. eu/en/events/Documents/presentation_ EC%20Munoz. pdf.

太阳能热技术，陆上风能和海上可再生能源技术，电池和储能技术，热泵和地热能技术，电解槽和燃料电池，可持续沼气和生物甲烷技术，碳捕集、利用和封存技术，电网技术，可持续替代燃料技术和先进核工艺等。

该提案提出，到 2030 年欧盟本土光伏制造装机能力至少达到 30GW，风机和热泵的制造能力分别达到 36GW 和 31GW；电池制造能力至少达到 550GW，力图满足欧盟年需求量的近 90%；电解槽制氢总装机容量至少达 100GW。该提案提出，要实现碳中和目标，还需要实现低碳能源设备和关键原材料供应的多样化，突破能源供应链的瓶颈，提高清洁能源技术制造能力。该提案还提出简化监管框架，改善清洁能源技术制造的投资环境；简化电池、风能、热泵、太阳能、电解槽、碳捕获和储存技术等绿色项目许可证的审批程序并缩短审批时间。

《净零工业法案》明确了八项重点推进的绿色低碳能源技术，包括太阳能光伏、陆上风能、电池和储能技术、热泵和地热能技术等。《绿色工业计划》和《净零工业法案》可以说是欧洲针对美国《通胀削减法案》制定的应急措施，旨在缓解《通胀削减法案》的实施给欧洲清洁技术制造业带来的巨大压力，并摆脱对部分清洁技术进口产品的依赖。

3. 欧盟积极推进关键原材料发展

碳中和进程中，关键矿产资源进出口国之间博弈加剧。能源转型、清洁能源技术的推广及应用加大了关键矿产资源的需求量，不同能源技术对关键原材料的需求存在很大差异。俄乌冲突导致锂、钴、铜和镍等关键矿物资源供应短缺、价格飙升，能源供应链局部中断。目前，一些关键原材料的开采、精选及冶炼集中度较高，主要集中在中国、澳大利亚、智利、刚果（金）、印度尼西亚等国。德国、法国、英国等欧洲国家是太阳能电池、风力涡轮机、新能源汽车的主要进口国，它们非常担忧关键原材料的进口受地缘政治、国际贸易及出口国监管政策变化的影响。

2023 年 3 月 16 日，欧洲议会和欧盟理事会公布了《关键原材料法案》草案。该法案提出，为实现碳中和目标，金属锂、镓及稀土等原材料的全球需求量将会大幅度增加。金属锂用于制造移动和储能电池，镓用于制造半导体，

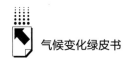
稀土是制造风力涡轮机和电动汽车中永磁体的原料。预计到2050年，金属锂的全球需求量将增加89倍，欧盟对稀土元素的需求量将增长6~7倍，欧盟对镓的需求量将增长17倍。目前，欧洲所需的关键原材料都依靠进口。其中，97%的金属镁来自中国，永磁体所需的稀土元素全部在中国精炼。

《关键原材料法案》草案提出的主要目标：一是完善欧洲关键原材料的价值链；二是增加关键原材料进口的多样性；三是提高监管能力，减轻关键原材料供应的风险；四是确保关键原材料在欧洲市场上的自由流动，通过循环利用来提高环境保护水平。具体目标：到2030年欧盟计划每年至少10%的关键原材料供应、40%的关键原材料加工、15%的关键原材料的回收来自欧盟本土。另外，到2030年欧盟在任何一个生产过程中所使用的65%的关键原材料不能来自单个非欧盟国家。

三　中国推进清洁能源技术创新及产业化的主要进展与挑战

（一）中国颁布相关政策，积极推进清洁能源技术创新及产业化发展

近年来，中国先后发布《国家适应气候变化战略2035》《关于完善能源绿色低碳转型体制机制和政策措施的意见》《"十四五"现代能源体系规划》《智能光伏产业创新发展行动计划（2021—2025年）》《氢能产业发展中长期规划（2021—2035年）》，积极推进清洁能源转型，努力构建清洁低碳、安全有效的能源体系，电力装机容量和发电量居世界第一，太阳能光伏、风力发电等取得显著成效，连续多年光伏发电新增装机容量居世界第一。2023年6月2日发布的《新型电力系统发展蓝皮书》（以下简称《蓝皮书》）明确了构建新型电力系统的总体构架、重点任务和"三步走"发展路径，提出了以高比例新能源供给消纳体系建设为主线任务等构建新型电力系统的具体要求，强调促进电源低碳、减碳化发展，推动新能源逐渐成为装机主体电源，进一步加快煤电清洁低碳转型步伐。

（二）中国推进清洁能源技术创新及产业化发展仍面临很多挑战

中国是全球能源消费和碳排放第一大国。2022 年，一次能源生产总量为 46.6 亿吨标准煤，比 2021 年增长 9.2%[①]；能源消费总量为 54.1 亿吨标准煤，比 2021 年增长 2.9%。中国资源禀赋是"富煤、少气"；消费结构呈煤炭占比大，石油、天然气、新能源占比小的"一大三小"格局[②]，能源转型压力很大。电力、钢铁都是技术密集型行业，技术的进步以及能源效率的提高都离不开技术创新和发展。

中国清洁能源技术创新及产业化发展取得很大进步，但仍面临很多挑战。截至 2022 年底，中国各类电源总装机规模达 25.6 亿千瓦，其中，可再生能源发电装机规模达 12.7 亿千瓦，占总装机的 49.6%，超过煤电的装机规模；非化石能源发电量达 3.1 万亿千瓦时，占总发电量的 36%。中国清洁能源技术在工业、建筑、交通、农业等领域得到大力发展和应用。然而，清洁能源技术开发成本较高，需要大量的资金投入，面临较大的市场风险；新能源快速发展，数字化水平、智能化水平、系统调节和支撑能力还需要进一步提升；氢能、交通等产业还面临基础设施不足、能源利用效率偏低、市场需求不足、技术发展存在短板等问题。

四　中国推进清洁能源技术创新及产业化发展的政策建议

为实现碳中和目标，日本计划通过"绿色转型"债券筹集 20 万亿日元，印度提出了生产挂钩激励计划，英国、加拿大等国也相继提出针对绿色低碳能源技术的投资计划，努力提升本国或本地区清洁能源企业的国际竞争

---

① 《2022 中国生态环境状况公报》，2023，https：//www.gov.cn/lianbo/bumen/202305/content_6883708.htm。

② 戴厚良、苏义脑、刘吉臻等：《碳中和目标下我国能源发展战略思考》，《北京石油管理干部学院学报》2022 年第 2 期。

力。面对各国激励政策及其对清洁能源技术的战略部署，我国清洁能源技术发展未来将面临更多的挑战，产业发展所处国际环境的不确定性也将明显增加。

（一）跟踪研究世界主要经济体清洁能源技术相关的政策法规、技术，加强关键矿产资源产业链供应链韧性建设

为实现"双碳"目标，中国应密切跟踪美国、欧洲、英国、加拿大、日本、印度等有关清洁能源的政策法规及技术进展，加强与《联合国气候变化框架公约》秘书处、全球环境基金（GEF）、绿色气候基金（GCF）、国际能源署（IEA）、国际可再生能源署等国际组织的合作。

近年来，我国关键矿产资源需求量增长很快，一些稀有金属矿产资源产业链供应链受国际矿物市场和价格波动的影响较大。为提高关键矿产资源的开发利用效率，我国有关部门需要尽快出台激励政策，寻找可替代的原材料，拓展关键矿产资源上下游产业链供应链，打造多元供应体系，降低供应中断风险，增强关键矿产资源产业链供应链的韧性。

（二）完善激励措施，推动五大行业的能源转型

为实现"双碳"目标，我国需要完善绿色税收、绿色信贷等激励措施，加大清洁能源领域的资金投入力度，推进绿色低碳能源的核心技术创新攻关，提高节能和能源利用效率。根据各地区不同的资源禀赋，优化太阳能、风力发电布局，进一步巩固太阳能、风能、氢能、核能等清洁能源技术在国际上的领先优势，推动电力、氢能生产、公路运输、钢铁和农业五大行业的能源转型。

（三）积极与共建"一带一路"国家开展绿色低碳能源领域的合作与交流

部分共建"一带一路"国家拥有丰富的清洁能源，如太阳能、风能、地热能及生物质资源等。近期，为实现《巴黎协定》目标及国家自主减排

目标，这些国家正在制定能源转型政策，积极推动光伏发电项目建设，但是由于缺乏技术和政策支持，集中式光伏发电站规模不大、分布式光伏电站投资意愿不强烈。中国可与这些国家加强合作，发挥能源、技术、资金等优势，推动绿色低碳能源技术创新与推广应用。

G.11
气候资金议题谈判焦点与展望

冯 超*

摘 要： 气候资金议题是《联合国气候变化框架公约》（下文简称《公约》）及《巴黎协定》的重要组成部分，也是《公约》缔约方大会（COP）谈判的焦点。《公约》强调发达国家应为发展中国家提供资金支持，以帮助发展中国家应对气候变化。《巴黎协定》则延续了《公约》"共同但有区别的责任"和"公平"原则。在《巴黎协定》签署后，气候资金将继续发挥关键作用，促进全球气候行动。气候资金议题虽然面临一些挑战，包括发展中国家和发达国家之间的分歧、资金缺口和可持续性问题，但国际社会对气候资金机制的未来仍充满期待。各方需要强化合作、提高资金透明度和管理效能，寻找多元化的资金来源和创新机制。此外，坚守共同但有区别的责任原则，通过国际合作合力应对气候变化，将有助于全球实现可持续发展目标。气候资金有望继续推动全球朝着绿色低碳的方向发展，促进国际社会共同面对全球气候挑战。

关键词： 巴黎协定 气候资金议题 可持续发展

---

* 冯超，联合国气候变化谈判资金议题中国代表团谈判代表（2016年至今），中国清洁发展机制基金高级项目经理，联合国工业发展组织项目评估专家，研究领域为中国和国际碳市场与定价，气候变化谈判资金议题，美国环境、社会和公司治理（ESG），中国碳捕捉与封存行业等。

引　言

《公约》及《巴黎协定》下的气候资金（Climate Finance）指的是为支持发展中国家应对气候变化和适应其影响而提供的资金①。这些资金旨在帮助发展中国家采取减缓和适应气候变化的措施，以促进低碳、气候韧性和可持续发展。气候资金是全球气候变化治理和国际多边谈判与合作的核心要素之一，气候资金机制是确保发展中国家维护自身权益并平等参与国际治理的关键机制。

一　气候资金在《公约》下的进程

自《公约》通过以来，气候资金议题一直是国际气候谈判的核心议题，并逐步向适应、减缓和全球盘点等议题深度渗透。最早的多边谈判中，气候资金谈判主要侧重于讨论发达国家由于历史责任而向发展中国家提供资金、技术和能力建设支持的义务。这在《京都议定书》中得到强化，《京都议定书》提出通过设立清洁发展机制（Clean Development Mechanism）等机制来促进发展中国家减缓气候变化和适应其影响。在《巴黎协定》签署后，气候资金机制发生了转变。《巴黎协定》强调各国"共同但有区别的责任"原则，要求所有国家根据自身国情制定国家自主贡献（国家自主决定的减排目标和行动），同时要求发达国家为发展中国家提供资金、技术和能力建设支持。这标志着气候资金机制从过去的自上而下、以强制性措施为主转变为自下而上、以国家自主贡献为主。

（一）《公约》气候资金内容概述

1992 年通过的《公约》② 是人类气候历史上具有里程碑意义的国际法

---

① https：//unfccc. int/topics/introduction-to-climate-finance.

② https：//unfccc. int/files/essential_ background/background_ publications_ htmlpdf/application/pdf/conveng. pdf.

律文件。《公约》气候资金内容主要包含以下几方面：一是《公约》强调发达国家鉴于其历史排放应该为发展中国家提供资金支持，以帮助后者应对气候变化；二是发达国家应提供"新的、额外的"和"充足、可预测的"资金，用于支持发展中国家的气候行动；三是资金应具有公益性质，可以是赠款或其他优惠资金形式；四是发达国家应建立资金分摊机制，确保资金的充足性和可持续性。《公约》规定和原则激励了发展中国家参与应对气候变化的决心。

（二）从《京都议定书》到《德班平台》气候资金相关内容演变

从隶属关系看，《京都议定书》和《巴黎协定》都是《公约》下的法律文件，但其中气候资金相关表述在历次谈判中不断演变。《京都议定书》提出，气候资金主要是发达国家向发展中国家提供减排项目的资金、技术和能力建设支持。《德班平台》进一步加强了发达国家对发展中国家的行动支持，包括提供适应性资金和技术转移，以增强其减排和适应能力。整体而言，资金内容演变体现了从发达国家出资到发达国家主导出资的转变，以支持全球气候治理和促进发展中国家的平等参与。

（三）《巴黎协定》及其后的气候资金机制

《巴黎协定》对气候资金做出了重要规定。第一，发达国家继续承担向发展中国家提供资金支持的法定义务，并鼓励其他国家自愿提供资金支持。第二，发达国家要通过多种来源和渠道筹集气候资金，要超越以往的努力，并关注发展中国家的重点需求。第三，所有发展中国家都有权使用气候资金，且应特别关注能力不足的小岛屿发展中国家和最不发达国家的特殊需求。第四，发达国家必须定期发布定性和定量报告，公布资金提供、动员和预测情况，而其他国家则自愿报告资金提供情况。此外，《巴黎协定》还涵盖了减缓、适应、损失与损害、技术研发和转移、能力建设、透明度、全球盘点、遵约等方面的内容，形成了一个全面、平衡、有力度且具有法律效力的框架。这些规定将推动全球实现绿色低碳发展，使气候资金成为支持国际合作的重要工具。

值得注意的是，《巴黎协定》的气候资金相关内容在强调发达国家出资义务的同时，并未参照《公约》明确列出发达国家名录，这在一定程度上弱化了《公约》对附件二（发达国家列表）的明确约束，为此后气候资金谈判带来了新的挑战。

二 当前气候资金主要议题和现状

《巴黎协定》后，气候资金议题持续引发各方高度关注，当前最受关注的议题包括新集体量化目标（NCQG）、损失损害基金（LDF）资金安排、长期资金（LTF）、全球环境基金（GEF）、绿色气候基金（GCF）、资金常设委员会（SCF）等。同时，资金议题在缔约方大会总体决议（下文简称"一号决定"）中也往往成为各方角力的核心。此外，全球盘点、适应、技术、透明度、性别等议题也都涉及资金内容。总体来看，气候资金议题仍将是未来谈判核心焦点之一。根据以往谈判形势预估，发达国家、发展中国家两大阵营立场仍将分明，预计谈判成果仍将与国际社会期待存在较大差距，尤其体现在以下两方面。一是发达国家仍未能完成2022年每年1000亿美元的资金承诺。在谈判中，发展中国家和发达国家之间预计仍会存在明显分歧。发达国家方面，预计将继续通过弱化气候资金量化力度、扩大出资主体范围、区分发展中国家用款优先性、减小发展中大国用款权以及虚化2025年新集体量化目标成果等手段，减轻其政治和出资压力。二是发展中国家仍将面临内部不协调的问题，"G77+中国集团"① 在长期资金、气候资金机制、新集体量化目标（NCQG）等议题上预计仍无法形成共同立场。此外，

---

① "G77+中国集团"作为发展中国家的联盟，在 UNFCCC 谈判中代表发展中国家的共同立场和利益。集团强调发达国家应该承担更大的责任，减少温室气体排放并提供资金和技术支持给发展中国家，以帮助发展中国家应对气候变化和适应其影响。集团主张发展中国家应该有更多的灵活性和国际支持，以推进发展中国家经济发展和可持续发展，并在应对气候变化方面得到支持。

资金议题风险点的渗透速度和范围预计也将对发展中国家带来不利影响。以下将具体分析气候资金重点议题的发展历程和现状。

（一）新集体量化目标（NCQG）

2015 年，COP21 通过了《巴黎协定》，制订了减缓全球气候变化的行动计划。新集体量化目标（NCQG）核心授权源于《巴黎协定》缔约方会议（CMA）第 21 次会议第 53 段："发达国家打算在 2025 年之前通过有意义的减缓行动和对执行透明度的考虑，延续现有的集体动员目标；在 2025 年之前，作为《巴黎协定》缔约方会议的《公约》缔约方会议应确定一个新的集体量化目标，从每年 1000 亿美元起，考虑发展中国家的需求和优先事项。"根据第 1/CMA. 14 号决定，CMA 决定启动关于制定 NCQG 的讨论。在第 9/CMA. 3 号决定中，各方同意围绕以下要素对 NCQG 进行讨论，包括临时工作方案、各方和非政府利益相关者的提案、高级别部长对话、盘点评估和 CMA 的指导意见等。

2021 年，在 COP26 上，与会国家同意讨论设立新集体量化目标，以确保在 2025 年之后每年向发展中国家提供至少 1000 亿美元的气候资金支持。这个目标旨在帮助发展中国家应对气候变化带来的挑战，并促进全球气候行动。此外，这个目标还要求发达国家提高气候资金的透明度，建立更加可靠的数据收集和报告机制，以确保这些资金被合理地分配和使用。这将有助于提高气候资金的利用效率和效果，为全球气候行动做出贡献。

按照授权，新集体量化目标将于 2024 年底（COP29）完成磋商，2022～2024 年每年召开 4 次工作组会议，并分别于每年年底的缔约方大会上召开高级别部长级会议审议当年谈判成果。在以往的议题会议中，发展中国家普遍强调《公约》及《巴黎协定》下公平、共同但有区别的责任、各自能力原则，并指出应以发展中国家实际需要为基础设定一个量化目标，应充分吸取发达国家每年向发展中国家提供 1000 亿美元资金承诺未能及时兑现的教训。发达国家则反复表示设定具体数字目标没有实际意义，强调《公约》的落实应与时俱进，并相应调整和改进有关要素，尤其是在动员更多的气候资金资源方面。此外，发达国家还强调全球努力的重要性，以撬动私营部门资金、要求多边开发银行参与、扩大资金来源和渠道等提法淡化和转移其出资义务。鉴于发达国家意图弱化自身出资义务，预计至 2024 年底前针对此议题尤其是 NCQG 出资主体的谈判将更加激烈。

（二）损失损害基金（LDF）资金安排

按 COP27 相关决定，在 2023 年底前将成立损失损害基金，并设立过渡委员会审议成立损失损害基金的相关细节。根据授权，损失损害基金过渡委员会将于 2023 年召开过渡委员会会议、损失损害研讨会和格拉斯哥对话等一系列会议。中方作为亚太区代表之一参加了过渡委员会会议。

设立损失损害基金，旨在为脆弱国家因气候变化而遭受的损失与损害提供支持，备受发展中国家和各方高度关注，也因此成为 COP27 并即将成为 COP28 最重要的议题之一。发展中国家普遍关注发达国家出资责任、基金用款资格和债务处理内容，并希望确保基金的独立性。发达国家则意图摆脱《公约》对其出资义务的束缚，期望借损失损害议题重新解读《巴黎协定》共同但有区别的责任原则，并剥夺中国等发展中大国的用款资格。此外，COP28 主办国阿联酋也高度关注议题走向，大会候任主席苏尔坦 2023 年三次来华访问，希望双方共同推动 COP28 取得成功。

经过艰苦谈判，2023 年 11 月 4 日，各方终于在 TC5 会议上就设立损失损害基金达成一致意见，并形成决议草案及附件案文，提交给在阿联酋迪拜举办的 COP28。谈判中，中方起到了积极的推动作用，展现了负责任大国的积极形象，首次形成了损失损害内容下"敦促发达国家提供支持，鼓励发展中国家（自愿）提供支持"的共同但有区别的责任原则的表述。值得一提的是，美国对此反应激烈，仍试图阻拦议题达成。

（三）长期资金（LTF）

长期资金（Long-term Finance）议题一直是各方关注的焦点。2009 年，

发达国家承诺到 2020 年每年动员 1000 亿美元的气候资金，用于支持发展中国家的气候行动。2015 年，《巴黎协定》进一步增强了长期资金的重要性，并在《巴黎协定》第 9 条规定了气候资金的流向。根据《巴黎协定》，发达国家有义务继续向发展中国家提供气候资金支持，并确保透明度和可追溯性，同时鼓励发展中国家自愿提供资金。目前，新集体量化目标（NCQG）就是长期资金议题的延续，旨在确保发达国家 2025 年之后提供每年至少 1000 亿美元的气候资金支持发展中国家应对气候变化，同时提高资金透明度和效率，为全球气候行动做出更大的贡献。

由于各方已经明确同意长期资金中的 1000 亿美元动员资金目标延长至 2025 年，长期资金研讨会和高级别部长级会议将延续至 2027 年，这意味着 COP28 将主要针对发达国家 2020 年至 2022 年目标达成情况进行评价并对后续工作做出促进性安排。发达国家预计将承认未实现 1000 亿美元动员资金目标，且仍将试图以撬动私人部门资金、扩大出资主体、债务问题、引导多边开发银行参与、强化各国国内政策支持等提法淡化其出资责任。发达国家未能如期落实每年 1000 亿美元动员资金目标，不仅损害了多边气候治理的政治互信，也不利于发展中国家积极应对气候变化。预计 COP28 将要求资金常设委员会在 2024 年、2026 年和 2028 年分别提交报告，以展示发达国家实现 1000 亿美元动员资金目标的情况，并评估其与发展中国家需求的匹配度。

（四）绿色气候基金（GCF）

绿色气候基金（Green Climate Fund，GCF）是《公约》下的一个重要资金机制，旨在支持发展中国家在应对气候变化方面做出的努力。GCF 的设立是为了应对气候变化对发展中国家带来的挑战，并促进低碳、气候适应型发展。根据《巴黎协定》的规定，GCF 是推动实现全球温室气体减排目标和适应气候变化的目标而设立的主要资金机制之一。

GCF 受《公约》缔约方大会及《巴黎协定》缔约方大会的审议和指导。COP28 将在 2023 年底召开，预计将对 GCF 议题展开讨论和谈判。包括 GCF

的增资安排、绩效评估方案、用款优先性以及适应和技术资金的分配等问题。

过去，发展中国家提出了一系列 GCF 相关诉求，包括解决贷款利率问题、减少基于结果的项目资金占比、加强对森林保护和国家适应计划的支持，以及通过 GCF 补偿由突发气象灾害造成的损失和森林退减，并为发展中国家制订适应计划增加专项支持等。然而，这些诉求长期以来一直遭到发达国家的反对。发达国家认为基于结果的项目投资政策是 GCF 的改进与发展，可以有效利用有限的资金，并没有相关授权提出类似新增窗口的要求。预计未来 GCF 相关谈判仍将十分激烈。

（五）全球环境基金（GEF）

全球环境基金（GEF）成立于 1991 年，是一个全球性的环境保护基金和合作机构，旨在解决全球性环境问题。GEF 是在 20 世纪末国际社会对环境可持续发展日益关注的背景下成立的。国际社会认识到环境问题的跨国性和全球性，并意识到单一国家无法单独解决这些问题。为此，联合国环境规划署（UNEP）、世界银行（WB）和联合国发展计划署（UNDP）联合发起了 GEF。不同于 GCF 仅限于支持应对气候变化领域，GEF 的服务领域更为宽泛，涵盖气候变化、生物多样性、海洋健康和污染治理等多个领域。

GEF 在不断发展中，经历了多次重要改革和调整，以适应全球环境保护不断变化的需求。目前，GEF 已经进入第八个增资期（2022～2026 年），致力于推动可持续发展议程、应对气候变化、保护生物多样性、减少土地退化和增强化学品管理等重要领域的工作。通过全球合作和合理利用资金，GEF 将继续在全球范围内推动环境可持续发展，为实现全球生态平衡做出重要贡献。

GEF 是《公约》下的资金机制之一，缔约方大会（COP）也会对其进行审议和指导。讨论的主题涵盖了 COP 和 CMA 审议 GEF 的报告，以及 COP 和 CMA 对 GEF 的指导意见等。与会缔约方将就 GEF 的透明度、能力建设项目支持、用款资格和私人部门参与等问题展开谈判。预计发达国家将

提出希望 GEF 减少对适应、损失损害和林业等领域的资金支持，并将损失损害的相关责任转交给损失损害基金，以确保 GEF 资金专款专用。此外，预计发达国家将继续努力在 GEF 相关文件中纳入与资金流向和化石能源相关的内容，以弱化其出资主体的义务，并要求发展中国家提高支持力度。

（六）资金常设委员会（SCF）相关议题

资金常设委员会（SCF）成立于 2010 年，是《公约》下负责监督和协调气候资金事务的机构。SCF 的主要职责包括监测资金流向、协调政策、支持能力建设、促进加强合作伙伴关系以及报告和交流，致力于增强发展中国家应对气候变化的能力，并推动其可持续发展的实现。SCF 在气候资金领域的工作对于全球应对气候变化具有重要意义。

COP28 预计将讨论 2022～2023 年 SCF 出具的报告，包括《气候资金流向双年报》《气候资金定义汇总报告》《推动巴黎协定 2.1（c）段综合分析报告》《1000 亿美元动员资金目标进展报告》等，其中讨论重点可能是如何推动气候资金定义的达成以及是否要对《巴黎协定》2.1（c）段资金流向路径继续进行讨论。

三　气候资金前景与展望

展望未来，气候资金的发展重点可能集中在以下几个方面。

（一）核心机制：气候资金是促进全球合作的关键工具

在《巴黎协定》框架下，气候资金成为推动全球应对气候变化的关键工具，为发展中国家提供资金、技术和能力建设支持。根据《巴黎协定》规定，发达国家承担向发展中国家提供资金支持的法定义务，其他国家则被鼓励自愿提供资金支持。但谈判过程中也出现了发达国家强推发展中大国、规模较大经济体和新兴发展中国家出资的情况，对发展中国家的团结带来挑战。按《巴黎协定》有关表述，发达国家应提供和动员气候资金，并超越以往的努力，根据发展中国家的重点需求发挥领导作用。所有发展中国家都有权使用气候资金，特别关注能力不足的小岛屿发展中国家和最不发达国家的特殊需求。在以每年 1000 亿美元为基础的前提下，发达国家将继续共同为发展中国家动员气候资金。此外，发达国家应定期报告资金提供、动员和预测情况，其他国家则自愿报告资金提供情况。

此外，《巴黎协定》还涵盖了减缓、适应、损失损害、技术研发和转移、能力建设、透明度、全球盘点、遵约和最终条款等方面的内容，形成了一个全面、平衡、有力度且具有法律效力的框架。未来，气候资金应更加注重以下几个方面。第一，国际社会应进一步加大对气候资金的动员力度，确保资金的充足性和可持续性。第二，资金应更加注重支持发展中国家实现其国家自主贡献，并提高透明度和加强信息披露，以确保资金使用的公正、高效和透明。此外，技术转移和能力建设方面的支持也应得到进一步加强，以帮助发展中国家提升减排和适应能力。

《巴黎协定》下的气候资金将继续推动全球实现绿色低碳发展，促进国际合作。通过发达国家充分落实资金承诺，支持发展中国家的气候行动，我们有望建立一个更加公平、公正和可持续的全球气候治理体系，共同应对全球气候挑战。

（二）积极趋势：《巴黎协定》后的气候资金展望

随着《巴黎协定》的达成，全球各国都意识到应对气候变化的紧迫性，其中一个关键议题是如何建立有效的气候资金机制。未来，我们可以期待气候资金机制在以下四个方面出现积极的发展趋势。一是加强资金承诺：随着时间的推移，国际社会将进一步加强对气候资金的承诺。在谈判进程中，预计发达国家将继续以撬动私人部门资金、引导多边开发银行参与、强逼发展中大国出资为策略，逃避其公共资金出资义务。国际社会则会继续对发达国家出资提出新要求，推进清洁能源发展、适应气候变化、减缓温室气体排放、资助损失损害项目，以帮助发展中国家应对气候变化。二是多元化资金来源：除了传统的政府开发援助，气候资金机制将有望吸引更多的私人部门

和国际金融机构参与。通过激励私人投资和与金融市场建立紧密联系，可以为可持续发展项目争取更多的资金来源。同时，这种多元化的资金来源将减轻政府负担，增强气候资金的可持续性。三是促进技术转让与能力建设：气候资金机制将更加注重技术转让和能力建设，尤其是帮助发展中国家采用清洁技术和实施适应气候变化的措施。通过支持技术研发、知识共享和技术合作，气候资金机制将为发展中国家提供必要的技术和能力建设支持，使其更好地适应和应对气候变化。四是完善透明监测机制：为了确保资金使用的透明度和有效性，在《公约》下应建立更加严格和全面的监测机制。国际社会将加强合作，共同制定监测标准和评估指标，确保资金使用符合约定的目标和原则。透明的监测机制将有助于防止腐败和不当使用资金的情况发生，增强各方的信任。

（三）克服挑战：构建可持续的气候资金机制

《巴黎协定》后的气候资金机制面临着一系列挑战。首先，发达国家和发展中国家之间存在阵营分歧，谈判易陷入僵局，涉及出资主体和资金透明度等问题。共同但有区别责任的原则也引发争议，发展中国家对发达国家在资金承诺和责任履行方面的担忧不断加剧。此外，实现每年1000亿美元的动员资金目标仍存在不确定性，缺乏可靠的资金来源和长期可持续的资金机制。

然而，尽管存在种种挑战，国际社会仍对气候资金机制的未来充满期待。首先，各方需要加强合作，通过对话和谈判解决分歧，推动气候资金机制的有效运作。其次，提高资金透明度和管理效能，确保资金使用的可追溯性和效果，增强发达国家和发展中国家对资金流向的信任。探索多元化的资金来源和创新机制，包括推动公共资金、私人投资和国际金融机构的参与，以满足发展中国家需求。最重要的是，强调和坚持共同但有区别的责任原则，通过国际合作合力应对气候变化，实现可持续发展目标。通过克服挑战、加强合作和采取切实行动，我们可以展望一个更为健全和可持续的气候资金机制，为全球气候行动发挥有效的支持和推动作用。

国内政策和行动

The Domestic Policies and Actions

G.12
产品碳足迹核算与评价助力
全产业链绿色低碳发展

张军涛　王艳艳　谭效时　王璘姬*

摘　要： 产品碳足迹作为产品的环境属性之一，可以直观地披露产品生命周期内温室气体排放信息，有助于政府、组织或个人真正了解各项生产、生活活动对气候变化的影响，可以引导绿色消费、协助企业挖掘减排潜力，也是全球应对气候变化和国际贸易的重要博弈领域。开展基于生命周期评价理论的产品碳足迹核算，在为组织打造差异化产品、提高产品低碳竞争力提供有力支撑的同时，也能为制订、实施贯穿全产业链的协同降碳管理计划和措施提供规范、透明的技术手段。

---

* 张军涛，中国节能协会副秘书长兼碳中和专业委员会常务副秘书长，复旦大学可持续发展研究中心研究员，研究领域为全球应对气候变化及科技创新；王艳艳，中国船级社质量认证有限公司安徽分公司总经理，长期从事节能、低碳、绿色发展等领域的标准研究与应用工作；谭效时，中国船舶集团有限公司节能与绿色发展研究中心副主任，国务院国资委节能环保专家库专家，工信部重大技术装备领域评审专家，工信部船舶温室气体减排专家组成员；王璘姬，北京能源协会专职副会长兼秘书长，研究领域为全球气候治理面临的挑战及其法制应对。

关键词： 碳足迹　减碳　产业链　协同降碳

一　产品碳足迹标准体系建设任重道远

（一）产品碳足迹概述

产品碳足迹（Product Carbon Footprint，PCF）是指产品的整个生命周期内，即从原材料的开采、制造、运输、分销、使用到最终废弃阶段所产生的温室气体（包括 CO_2、CH_4、N_2O、HFC、PFC 和 NF_3 等 7 种温室气体）的排放量总和[1]，用二氧化碳当量表示，单位为 $kgCO_2e$ 或者 gCO_2e。

用于核算产品碳足迹的生命周期可以选择"摇篮到大门"或"摇篮到坟墓"。"摇篮到大门"（B2B）是指产品的碳核算到该产品走出工厂为止，这种方式一般适用于非终端消费的产品，如钢铁、水泥、玻璃、陶瓷、混凝土等。"摇篮到坟墓"（B2C）则除考虑原材料生产和运输的碳排放外，还要考虑产品使用及废弃阶段的碳排放，这种方式一般适用于消费端的产品，如手机、电脑、汽车等。

无论是"摇篮到大门"的全供应链碳排放，还是"摇篮到坟墓"的全价值链碳排放，碳核算边界都是从生产系统的自然资源开发，到产品生命终结（包括回收活动）的整个阶段。

产品碳足迹对节能减排、产品制造、金融投资、国际贸易等的影响越来越大。对产品全生命周期碳排放进行计算分析，一方面可以全面、客观地审视产品全生命周期过程中的能源与环境问题，从计算过程和结果中挖掘碳减排潜力，为企业持续改善工艺、开发低碳技术、向低碳生产方式转变、提高低碳竞争力、实现绿色低碳转型和高质量发展提供内在支撑；另一方面，将产品的碳足迹信息通过标识标签的方式公开，可以引导消费者购买更低碳、

---

① 《一文讲透碳足迹的概念、核算、标准》，《资源再生》2023 年第 4 期，第 16~19 页。

可持续的产品，从需求端撬动供应端做出减排努力。再者，产品碳足迹作为一种市场机制，对应对国际贸易绿色壁垒具有重要作用。

（二）产品碳足迹与 CBAM 机制的关系

2023 年 4 月 18 日，欧洲议会正式通过了欧盟碳边境调节机制（CBAM）。CBAM 以欧盟碳价为锚，对向欧盟出口产品的国家的高碳行业碳足迹、碳价值甚至碳边境调节机制等都提出了要求。CBAM 以欧盟自身碳定价体系确定的碳价值为基础，根据进口产品的实际碳排放量，扣除欧盟自身的碳配额比例，并扣减产品在出口国履行的碳排放义务后，再确定最终应清缴的碳排放义务。在这样的体系下，CBAM 对于产品出口国的碳足迹与碳定价体系建设都提出了较高的要求。

CBAM 与产品碳足迹都包括"欧盟"、"碳"和"出口企业及产品"等内容，二者容易被混为一谈。实际上二者的政策设计、覆盖的行业产品以及核算标准完全不同。通俗来说，产品碳足迹是产品从"摇篮到坟墓"或"摇篮到大门"全过程的碳排放。而 CBAM 则要求申报产品的碳排放量，但这仅限于相关行业的生产加工过程，旨在避免"碳泄漏"，希望通过 CBAM 带动全球相关行业减碳。CBAM 是基于组织层面的温室气体排放控制措施，且仅限于产品生命周期的生产加工阶段，因此不可以将企业通过产品碳足迹认证与 CBAM 混为一谈。但是，以积极的姿态推动高碳产品向更加绿色、环保、低碳的方向发展是全球趋势，因此降低产品碳足迹可以说是大部分行业未来发展的必经之路。即使部分行业目前尚未面临碳定价、碳关税等机制的直接冲击和影响，未来仍有可能会面对供应链要求、政府要求或者行业发展要求，各行业提前布局低碳经济是很有必要的[1]。

（三）我国产品碳足迹标准体系建立现状

我国产品碳足迹标准体系尚未完全成形，鉴于国际碳规则的日趋完善，

---

[1] 刘灿邦：《全球首个碳关税落地 光伏企业备战碳足迹认证》，《证券时报》2023 年 2 月 17 日。

我国碳足迹标准体系与碳交易体系建设紧迫性增强。在 CBAM 拟覆盖的行业中，我国仅将数据基础好、碳排放量大、管理制度相对健全的电力行业初步纳入了全国碳市场，其他行业生产流程相对复杂、缺乏基础监测数据、碳排放监测与核算难度大、企业管理水平存在差异，若被纳入全国碳市场，将对碳排放监测核算提出更高要求。目前我国碳市场因机制处于初建期、覆盖行业单一，存在着规模较小、活力略弱、碳定价体系并未完全成形等问题，建立本土化的统一的碳足迹标准体系具有重大的战略意义。

我国 2023 年 4 月发布的《碳达峰碳中和标准体系建设指南》旨在指导碳监测核算核查标准体系的规范建设工作，并要求开展碳达峰碳中和国内、国际标准比对分析，重点推动温室气体管理、碳足迹、碳捕集/利用与封存、清洁能源、节能等领域适用的国际标准转化为我国国内标准，及时实现"应采尽采"[1]。

二 产品碳足迹的核算

目前产品碳足迹的核算以国际标准 PAS 2050、GHG Protocol 以及 ISO 14067 为主[2]。核算软件相对较多，国际核算通常使用 Simapro 和 GaBi 软件，主流数据库为 Ecoinvent；国内核算使用 eFootprint 软件较多，国内的数据库主要是由四川大学建筑与环境学院和亿科环境共同开发的中国本地化的中国生命周期基础数据库 CLCD。

（一）常用的产品碳足迹核算标准和方法

碳足迹包括宏观和微观两种应用尺度，宏观尺度主要包括国家、省、区域、城市、行业等，微观尺度包括组织、家庭、产品或服务、个人。不同应用尺度分别对应不同的核算标准，产品的核算标准以 PAS 2050、GHG

---

① 《关于印发〈碳达峰碳中和标准体系建设指南〉的通知》，《资源再生》2023 年 3 月 15 日。
② 《一文讲透碳足迹的概念、核算、标准》，《资源再生》2023 年 4 月 15 日。

Protocol 以及 ISO 14067 等国际标准为主。

PAS 2050 全称为《PAS 2050：2011 产品与服务生命周期温室气体排放的评价规范》，是世界上首个针对产品碳足迹的核算标准，该标准首版由英国标准协会（BSI）编制并发布，其服务对象偏重于商业认证（企业），该标准具备良好的实用性，主要体现在概念的清晰、简洁以及指导的具体和细致方面，是一个实用且易执行的标准。

GHG Protocol，全称为《产品生命周期核算和报告标准》，由 WRI 和 WBCSD 根据《环境管理 生命周期评价 要求与指南》（ISO 14044：2016）联合制定。GHG Protocol 将所有的碳排放都细致地进行分类，通过更详细的划分和解释，为企业提供了更具实际应用性的指导，也使得碳排放管理和报告工作更加准确和可靠。因此，GHG Protocol 被认为是最为详细和清晰的碳足迹核算标准①。

ISO 14067 标准由 PAS 2050 标准发展而来，其全称为《产品碳足迹量化要求和指南》。该标准正式版本于 2013 年发布并于 2018 年更新，针对产品碳足迹核算提出了最基本的要求和更具普遍性的指导。ISO 14067 标准具有一定的普适性，可用于商业认证也可用于科研工作等，它的出台与发布使得产品碳足迹核算的全球影响力得到了提高②。

除核算标准外，碳足迹的核算还需要采用相应的核算方法，常见的是生命周期评价（Life Cycle Assessment，LCA）方法。LCA 方法主要应用于评价和核算产品或服务从"摇篮到坟墓"的资源环境影响③。目前比较常用的生命周期评价方法可以分为过程生命周期评价法、投入产出生命周期评价法和混合生命周期评价法三类。

过程生命周期评价法一般较多用于具体产品或服务等微观层面的碳足迹计算。投入产出生命周期评价法一般适用于国家、行业等宏观层面的碳足迹

---

① 《一文讲透碳足迹的概念、核算、标准》，《资源再生》2023 年 4 月 15 日。
② 《一文讲透碳足迹的概念、核算、标准》，《资源再生》2023 年 4 月 15 日。
③ 《一文讲透碳足迹的概念、核算、标准》，《资源再生》2023 年 4 月 15 日。

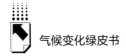
计算，较少用于评价单一工业产品①。而混合生命周期评价法由于方法复杂，对数据要求较高，尚且停留在假说阶段。在针对行业、经营活动或特定社会经济组织等计算碳足迹时，投入产出生命周期评价法具有一定的优势；过程生命周期评价法则更适于考察微观系统，适用于特定的工艺过程、具体产品的碳足迹计算。

目前国内大部分碳足迹相关研究的研究对象是具体产品，选用 ISO 14067 标准及过程生命周期评价法。

（二）常见的产品碳足迹核算软件

鉴于产品碳足迹计算过程具有复杂性与可复制性，各国研究机构根据碳足迹核算的基本原理和基本方法，开发出一系列用来核算碳足迹的辅助核算工具②，下面是几款国内外比较常见的碳足迹核算软件。

SimaPro 和 GaBi 软件是目前国际上使用最广泛的生命周期评估软件。SimaPro 软件由 Dutch Input Output Database95、Data Archive、BUWAL250、ETH-ESU 96 Unit process、IDEMAT2001、Eco Invent 等 8 个数据库联合组成，在使用者进行分析时能为其提供足够的参考依据。该软件采用选单式指令，操作者不需要花太多时间学习生命周期评价理论，就能用 LCA 理念来设计产品。GaBi 软件，从生命周期角度建立详细的产品模型，同时可支持用户自定义环境影响评价方法，集成了自身开发的数据库系统 GaBi Data-Bases，同时可兼容企业数据库，包含欧盟委员会的 ELCD 数据库、Ecoinvent 数据库等。GaBi 软件是世界领先的生命周期评价核算软件，其设计满足了较广领域的需求，功能强大，但操作方面的限制和要求较多。GaBi 软件为很多 LCA 研究机构所采用③。

---

① 《一文讲透碳足迹的概念、核算、标准》，《资源再生》2023 年 4 月 15 日。
② 李兵、李云霞、吴斌、付菲菲：《建筑施工碳排放测算模型研究》，《土木建筑工程信息技术》2011 年第 2 期，第 2 页。
③ 田涛、姜晔、李远：《石油化工行业产品碳足迹评价研究现状及应用展望》，《石油石化绿色低碳》2021 年第 1 期，第 66~72 页。

此外，还有为评估某种具体产品而开发的核算模型及软件，如针对汽车产业开发的 GREET 模型及软件，为民众检验自身交通运输、能源使用、家庭活动等导致的碳排放而研发的"碳足迹计算器"，用于测算家庭碳排放的 Energy Caculator 软件，以及帮助消费者、制造商和品牌方等了解消费品对气候影响的 The 2030 Caculator 等。

我国也开发了几款国产 LCA 评价软件，如 eBalance 软件、eFootprint 软件、水泥全生命周期环境评价系统、SmartLCA 软件等。我国 LCA 评价软件目前存在的主要问题是，我国目前还没有官方发布的产品碳足迹核算指南，因此也尚未建立官方的基于 LCA 的排放因子数据库。大部分产品碳足迹的核算需要从国外数据库中寻找排放因子，但是国外数据库的精度不高，适用性不强。国内一些行业联盟、地方政府、高校、企业等都在建设自己的数据库，但存在公众认可度不高的问题，无法实现国际互认，产品碳足迹核算的发展受到很大影响。

为此，我国于 2022 年发布了《关于加快建立统一规范的碳排放统计核算体系实施方案》，该方案明确指出由生态环境部、国家统计局牵头建立国家温室气体排放因子数据库，统筹推进排放因子测算，提高精准度，扩大覆盖范围，建立数据库常态化、规范化更新机制，逐步建立覆盖面广、适用性强、可信度高的排放因子编制和更新体系，为碳排放核算提供基础数据支撑①。该方案对我国碳市场的建设，产品碳足迹核算及碳标签体系建设工作都将起到较大的推动作用。

（三）我国产品碳足迹核算的基础

我国产品碳足迹核算的理论和现实基础逐步得到夯实。碳足迹与个人生活息息相关，能反映人的能源意识、生活方式对环境的影响，有助于引导绿

---

① 《关于加快建立统一规范的碳排放统计核算体系实施方案》，中国政府网，https：//www.gov.cn/zhengce/zhengceku/2022-08-19/content_ 5706074. htm。

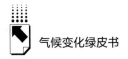
色低碳消费①。计算碳足迹、发展碳标签（产品碳足迹的量化标注）作为公众易接受的促进环境信息披露的方式，可以更好地服务碳达峰、碳中和目标。当前，碳标签正从公益性标识向产品全球绿色通行证转变②。

随着国外相继颁布产品碳足迹评价标准及相关的政策文件，我国对低碳发展和产品碳足迹评价标准的关注和认识日益增强。我国生态环境部于2009年10月宣布将对符合低碳认证条件的产品加贴低碳标签，正式启动实施产品低碳计划；国家发展改革委、国家认证认可监督管理委员会于2010年9月组织召开了"应对气候变化专项课题——我国低碳认证制度建立研究"的启动会暨第一次工作会议，标志着我国启动了新一轮全面低碳认证制度的相关科学研究；国家发展改革委、国家认证认可监督管理委员会于2013年共同制定《低碳产品认证管理办法》，规定了低碳产品的认证实施、认证标志、监督管理等制度，进一步规范和完善了节能低碳产品认证制度，为建立中国碳足迹评价标准打下了良好的基础③。国家发展改革委、国家认证认可监督管理委员会于2013~2016年，发布两批低碳产品，包括通用硅酸盐水泥、平板玻璃、铝合金建筑型材、中小型三相异步电动机、建筑陶瓷砖（板）、轮胎、纺织面料七种产品。

我国积极开展生命周期评价的标准转化工作，先后发布了GB/T 24040-2008《环境管理　生命周期评价原则与框架》和GB/T 24044-2008《环境管理　生命周期评价　要求与指南》，并完成浮法玻璃、金属复合装饰板材、钢铁、电子电气、变压器、电机、机械、塑料等14项产品生命周期评价规范性文件。总体来看，我国现行的生命周期评价仍然聚焦在重点碳排放行业相关产品上，产品碳足迹评价的标准较少，产品碳足迹的评价工作尚未全面展开，产品碳足迹核算的基础较为薄弱。

---

① 《你知道什么是碳足迹吗?》，人民资讯，https：//baijiahao. baidu. com/s？id＝1709211192471
476311&wfr＝spider&for＝pc，2021年8月27日。

② 《你知道什么是碳足迹吗?》，人民资讯，https：//baijiahao. baidu. com/s？id＝1709211192471
476311&wfr＝spider&for＝pc，2021年8月27日。

③ 李新创、李晋岩、霍咚梅、冯帆、王超：《关于中国钢铁行业产品碳足迹评价标准化工作
的思考》，《中国冶金》2021年第12期。

三 产品碳足迹核算与评价助力全产业链绿色低碳发展

碳足迹管理不仅是帮助出口型制造企业应对绿色贸易壁垒、跨过国际碳关税和碳政策门槛、提升国际贸易竞争力的手段，更是推动国内国际全产业链绿色发展转型的着力点。应以产品碳足迹核算与评价的开展引导消费者树立绿色消费理念，倒逼企业科技创新，扩大先进适用的绿色低碳技术供给；以政府为依托，加快形成相关的监管制度，完善第三方验证制度；打通产业链上下游，形成全链条、各领域之间的节能减排、科技创新协作。

（一）以产品碳足迹核算与评价助力全产业链绿色低碳发展的迫切性

实现碳中和目标，不仅仅是实现能源转型、大力发展新能源的问题，它还涉及着力解决整个经济领域的碳排放问题。在我国力争 2030 年前实现碳达峰、构建新发展格局的发展背景下，关注产品的绿色发展既需要关注产品生产环节的碳排放，更需要将供应链上下游的协同减碳、实现全产业链的碳减排纳入考量。因此，借助碳足迹核算，能够清楚准确地了解产品在每个关键阶段的碳排放情况，可以发挥供应链上下游协同减碳优势，帮助全产业链有的放矢地在核心减碳阶段采取减碳措施，以产业链协同降碳促进"全价值链"碳中和，为产业链或供应链绿色低碳高质量转型发展、形成整体协同减排的合力局面起到积极的促进作用。越来越多的企业在减碳行动中将目光放到产品的上下游供应链上。对具体产品碳足迹的要求，将影响整个产业链未来发展的方向。

以电池产业链为例，2020 年 12 月，欧盟发布了电池新规草案，根据该法规，未来的电动汽车电池和可充电工业电池，只有具备碳足迹声明和标签，以及数字电池护照才能进入欧盟市场（包括欧盟本土生产的电池)①。

---

① 刘力哲、李东、王攀：《欧盟新电池法修订进展及对国内企业应对的启示》，《时代汽车》2022 年第 20 期，第 104~106 页。

新法规对电池碳足迹的要求将分阶段实施，从强制披露到进行分级再到设定产品碳足迹最高限值，未满足法规相关要求将被禁止进入欧盟市场。该法规乍看只是针对电池行业提出的碳足迹有关规定，但其对电池产业链发展乃至新能源汽车产业链发展都有着不容忽视的影响。

欧盟应对气候变化一揽子计划提案提出，到2030年，欧盟温室气体净排放量比1990年的水平至少减少55%①，且规划在2035年彻底禁售燃油车，包括混合动力汽车。然而一个肉眼可见的事实是，全球约73%的锂电池产自中国，由于欧盟本土动力电池产能低，欧盟众多老牌车企较多依靠进口。鉴于汽车行业对欧盟经济的重要性（产值占欧盟GDP的7%以上），欧盟自然不愿意放弃电池产业发展的机遇。虽然欧盟在电池的生产和价格上没有优势，但欧盟通过制定标准，让进入欧盟市场的电池更环保、更低碳、更高效。电池新规草案的发布是欧盟保护环境、发展循环经济和实现碳中和的要求，会影响未来汽车产业发展阵营的重构。

欧盟电池新规草案采取"有基线—定级别—定限值"策略，无非就是想先掌握整个电池产业碳足迹的基础数据，再来分等级和定最高限值。由于电池是发展循环经济、实现交通碳中和重点关注的领域，减少交通领域的碳排放，禁售燃油汽车，都高度依赖低碳环保的动力电池产业的发展，动力电池产业的发展影响着未来汽车产业链的格局重构。我国电池产业在全球举足轻重，无论我们是否已经意识到，生产绿色、低碳、环保的产品，已经是大势所趋。

目前我国关于产品碳足迹已有一定的研究及实践基础，我国应增加政策、资金、技术、人才等方面的储备，通过制定和完善产品碳足迹评价标准体系，助推重点产品碳足迹核算和产业链精准降碳，推动供应链的绿色低碳转型，减少供应链对环境的影响，降低可持续发展风险。开展产品碳足迹管理可以帮助出口型制造企业应对绿色贸易壁垒带来的不利影响，跨过国际碳关税和碳政策门槛，提升国际贸易竞争力。

---

① 高荣伟：《欧盟将实施全球首个碳边境税》，《空运商务》2023年2月15日。

1. **市场层面，产品碳足迹核算有助于打造差异化产品，提高产品竞争力**

通过产品碳足迹核算可向用户展示产品各阶段碳排放情况，打造差异化品牌产品，有利于链接低碳用户，提升企业绿色低碳品牌价值，引导低碳消费，倡导低碳价值观。出口企业（尤其是电动汽车电池和可充电工业电池出口企业，水泥、电力、化肥、钢铁和铝出口企业，及其供应链行业企业）应紧跟国际、国内产品碳足迹相关标准或政策，提前布局，降低产品碳足迹。将产品碳足迹管理纳入科学碳减排目标体系并进一步与 ESG 体系整体性提升相结合，根据行业特征和企业实际情况以及所处的国际、国内环境进行通盘考虑，设定切实的科学碳减排目标、路径及方案。

一方面，气候变化使发展中国家面临越来越严峻的挑战。为减缓气候变化，越来越多的零售商开始询问产品生产商关于产品温室气体排放量的核算以及减排的问题。全球有多家零售企业，如沃尔玛、宜家等，将"低碳"作为其产品供应商的必备特质，部分终端产品生产企业还要求其原材料、半成品等供应商提供碳标签、产品碳足迹认证，以增强其产品或服务的竞争力，提升产品品牌形象。另一方面，近年来国内一些出口企业面临来自跨国公司客户提出的出具碳足迹报告以及产品碳足迹标签、标识等方面的压力。在国际社会上个别国家/地区（特别是欧盟）出现碳足迹相关的立法趋势以及中国"碳达峰、碳中和"目标设定的背景下，中国企业（尤其是出口企业和需要进行 ESG 披露和评级的企业）将在产品碳足迹和科学碳减排方面面临前所未有的新挑战。

2. **国际层面，降低产品碳足迹被逐渐纳入社会自治组织或监管考量**

欧盟发布的电池新规草案、碳边境调节机制（CBAM）草案的修正案，美国参议院金融委员会提交的《清洁竞争法案》（Clean Competition Act, CCA）都是在探索建立监测、评估和报告产品碳足迹、碳成本、碳定价的制度体系、标准体系和数据平台体系，因此我国开展产品生命周期碳足迹管理，探索产品低碳认证等迫在眉睫。

3. **国内层面，我国也在加紧对现行国际碳排放标准开展跟踪研究**

《国家标准化体系建设发展规划（2016—2020 年）》针对碳足迹标准提

出了要求。2021 年 2 月，工信部已在 2021 年 3 月生效的《光伏制造行业规范条件（2021 年本）》中鼓励光伏企业通过 PAS 2050 和 ISO 14067 标准进行光伏产品碳足迹认证。2021 年 6 月，北京市率先发布地方推荐性标准 DB11/T 1860-2021《电子信息产品碳足迹核算指南》。2021 年 11 月 24 日，商务部《"十四五"对外贸易高质量发展规划》提出建立绿色贸易标准和认证体系，鼓励引导外贸企业推进产品绿色环保转型。2022 年 9 月 14 日，工业和信息化部办公厅、国务院国有资产监督管理委员会办公厅、国家市场监督管理总局办公厅、国家知识产权局办公室联合发布《关于印发原材料工业"三品"实施方案的通知》，提出发展绿色低碳产品，探索将原材料产品碳足迹指标纳入评价体系。

（二）以产品碳足迹核算与评价推动全产业链绿色低碳发展面临的挑战和相关建议

随着社会经济水平的提高，消费者对环境问题和经济社会的可持续发展日益重视，社会更多资金流向更加环保的行业、企业和产品，绿色产品享受更高溢价。但目前市场上低碳技术成熟度和经济合理性水平等较低，满足企业要求的节能、环保、可持续的减碳脱碳技术供应不足。有些企业不通过自身努力来实现产品碳中和，反而过度依赖碳信用抵消；部分企业将减碳作为噱头，存在非理性或运动式减碳行为；也有一些企业将碳中和作为宣传噱头，并没有真正地投入减碳行动中。以上行为阻碍了产业间的统筹协同，难以发挥产业链合力优势，阻碍了以行业为纽带的绿色价值链的形成。因此，要利用好产品碳足迹工具推动全产业链绿色低碳发展，除前文提到的加快建立健全碳足迹核算标准体系、推动碳足迹数据库建设和排放因子更新之外，还需要从以下几方面发力。

1. 鼓励科技创新，增加先进适用的绿色低碳技术供给

以钢铁、建材、水泥、铝制品等产业链辐射范围广、上下游间相关性强、面临较大绿色低碳转型压力的行业为突破点，加大绿色低碳先进技术创新支持力度和示范推广力度。以全产业链降碳为核心，通过对重点领域、重

点行业的终端产品从"摇篮到坟墓"的碳足迹进行深入研究，针对关键环节、核心环节挖掘绿色低碳先进适用技术需求，加大对相应绿色低碳先进技术创新的支持力度，加快绿色低碳适用技术的应用推广，完善支持新产业新业态发展的政策环境，推动形成相关产业竞争新优势，加速推动绿色低碳先进技术从"实验室"走向"市场"，激发市场活力和社会创造力。

2. 发挥央企"链主"作用，加强产业链上下游合作伙伴之间的协作

作为产业链"链主"和"领头羊"，央企肩负着带领上下游中小企业实现绿色低碳高质量发展的责任。通过鼓励大型央企利用自身在产业链中的影响力，协调上下游的合作伙伴加强合作，实现全生命周期的绿色生产责任的延伸。在为央企带动产业链绿色发展建设提供制度支撑的同时，还要建立监督和激励机制，把环保和绿色发展与央企的绩效考核有机结合起来，鼓励央企充分发挥"链主"作用。由央企向供应商分享企业文化、管理理念和环保经验，并在不断的分享和合作中，实现央企与供应商的彼此认同，推动产业链上下游进行产品及服务的持续改进和完善，在确保企业本身和行业盈利的同时，履行企业环保责任。

3. 加快形成相关的监管制度以及第三方验证制度

在碳中和等绿色议题的引领下，企业为了迎合国家政策规定、公众价值取向，开始热衷于标榜自己的环保形象，宣传自己的绿色属性，以期获得消费者的好感，在获得好名声的同时又能在市场竞争方面获得优势。这在一定程度上导致了部分企业的"漂绿"行为，主要表现为虚假的绿色营销等。因此，需要加快形成相关的监管制度以及第三方验证制度，以提升企业在环境实践中的透明度和问责力度。比如通过精准的核算和披露、完善的监管规定和约束机制以及权威的第三方验证来显示企业的真实情况。目前，国内尚未形成规范的约束机制，"漂绿"行为近年屡见不鲜，建议强化碳排放信息披露制度，为消费者提供更多科学、客观、易懂的低碳信息。

4. 推动碳足迹核算结果国际互认

无论是欧盟发布的电池新规草案、碳边境调节机制（CBAM）草案的修正案，还是美国参议院金融委员会提交的《清洁竞争法案》，都在探索建立

监测、评估和报告产品碳足迹、碳成本、碳定价的制度体系、标准体系和数据平台体系。我国中小型企业主体在国际贸易洽谈中无法掌握碳领域的主动权，进入有关区域或者国家需按照它们的相应要求定制化提供碳足迹报告，无形中推高了产品的出口成本。因此，我国开展产品生命周期碳足迹管理，建立统一规范的数据库，提高我国数据库的权威性，及时更新符合我国实际的排放因子，提高我国在国际核算标准体系方面的国际影响力和认可度，鼓励相关主管部门、第三方机构及有关行业企业积极掌握绿色标准制定的主动权、参与国际标准的制定、在国际舞台为中国企业发声，推动碳足迹核算结果的国际互认迫在眉睫。

目前市场上绿色低碳产品缺乏是阻碍消费者做出更环保的消费选择的主要因素。发展并推行一个健全可靠的绿色低碳产品标识体系不仅符合消费者的需求，更有助于国家低碳发展目标的实现。中共中央、国务院于2021年10月发布的《关于完整准确全面贯彻新发展理念做好碳达峰碳中和工作的意见》指出，国家将致力于"扩大绿色低碳产品供给和消费，倡导绿色低碳生活方式"。建立国际公认的绿色低碳产品标识体系，有助于推动我国实现"双碳"目标，防止市场在绿色低碳转型中出现"漂绿"现象。中国首份产品碳排放系数集的公布，让我国消费者距离拥有可靠的产品碳足迹信息的绿色消费场景更近了一步。

四　结论

在当今全球资源环境问题日益突出的背景下，产品碳足迹核算与评价作为一种有效的环境管理工具，在应对全球气候变化、促进绿色消费、增强企业的碳减排意识，为产品赢得更多机会和发展空间等方面发挥着重要作用。投入产出生命周期评价法已逐渐成为世界范围内核算产品碳足迹的主导方法。总的来看，国外产品碳足迹标准建设起步较早，标准的应用范围更广，评价产品种类比较丰富。

目前我国产品碳足迹评价仍以援引国际标准为主，我国并没有建立属于自己的标准体系。国内由于 LCA 起步晚，产品碳足迹标准数量少、不完善、应用少，碳足迹评价工作机制不成熟等问题，仅少数企业开展过产品碳足迹评价工作。另外，笔者通过搜索，目前可搜寻到 80 多份公开的产品碳足迹评价报告，大部分报告仍以引用国外数据库数据为主，大部分物料的区域排放因子核算工作国内尚未真正开展，评价所用的碳足迹核算工具专业性仍需加强。随着评价产品种类的增多与细化，产品碳足迹评价细分标准急需得到补充和完善，确立适合本土发展需要的碳足迹评价产品种类规则，是我国客观、准确核算产品碳足迹的第一步。

我国作为世界上最大的发展中国家，在全球气候变化与碳贸易壁垒兴起的背景下，推行碳标识、碳标签制度势在必行。但我国在制定完善的产品碳足迹标准与建立碳标签制度方面仍有很长的路要走。我国应从系统化、全局化角度，聚焦产业全生命周期高质量低碳发展，关注政府、企业、消费者等相关方对碳足迹标准的需求，借鉴参考国际社会产品碳足迹评价标准的应用经验以及中国部分产品碳足迹评价标准的相关应用实践，进一步完善各行业产品生命周期评价方法，为持续性的碳足迹标准建设提供依据，尽快建立碳标签制度，并与国外碳标签体系实现互认，掌握国际话语权，积极应对绿色贸易壁垒。

G.13

新发展阶段我国农村居住建筑绿色低碳发展技术与政策体系研究

贺旺　王野*

摘　要: 本文系统梳理了我国农村居住建筑能耗和碳排放现状,回顾了不同历史时期农村居住建筑节能的法规政策与实践,对照城乡建设领域碳达峰、碳中和目标,分析了目前农村居住建筑节能存在的问题,并提出新发展阶段促进农村居住建筑绿色低碳发展的策略:健全完善我国农村居住建筑绿色发展政策体系,建立适应农村特点的绿色低碳建筑技术体系,建设绿色低碳农房和农村低碳社区,系统推进既有农房节能改造,积极推广可再生能源。

关键词: 绿色低碳农房　节能改造　低碳发展

一　引言

党的二十大报告中提出"以中国式现代化全面推进中华民族伟大复兴"。在新的发展阶段,我国一方面在推动农业农村现代化、促进乡村全面振兴,另一方面在乡村建设中满足国家碳达峰、碳中和工作要求,推进乡村绿色低碳发展,因此,有必要深入研究农村建筑领域特别是农村居住建筑绿色低碳发展的技术路径和政策体系,在建设宜居宜业和美乡村、提高农民居

* 贺旺,住房城乡建设部村镇建设司农房处处长,研究领域为农村房屋建设管理;王野,中国建筑节能协会行业发展与咨询部工程师,研究领域为农村绿色低碳建筑技术。

住品质、促进农村基本具备现代生活条件的同时，合理管控农村居住建筑碳排放，提高绿色、节能、降碳水平，不断增强农民群众获得感、幸福感、安全感。

2021 年中共中央、国务院出台《关于完整准确全面贯彻新发展理念做好碳达峰碳中和工作的意见》，正式提出"双碳"目标，明确要求推进城乡建设和管理模式低碳转型、大力发展节能低碳建筑、加快优化建筑用能结构。国务院《2030 年前碳达峰行动方案》也进一步提出，"推进农村建设和用能低碳转型。推进绿色农房建设，加快农房节能改造。持续推进农村地区清洁取暖，因地制宜选择适宜取暖方式"。中国超过 1/3 的民用建筑是农村建筑，农村建筑绿色低碳发展是建筑领域实现"双碳"目标的重要阵地。2022 年，全国农村居民人均可支配收入为 2.01 万元，相较城镇居民人均可支配收入 4.93 万元仍有不小差距。随着农村居民人均可支配收入增加，能源需求从满足基本生活型需求升级为发展型或享受型需求，人均能源需求仍将进一步增长。

长期以来我国大多数农村居住建筑以自建、自用、自管为主，缺乏相应的规划和设计基础，建筑节能水平较低且能源供给以化石能源为主，已经无法适应新时代绿色低碳发展的要求。为此，针对我国农村居住建筑，迫切需要推广应用绿色低碳技术，实施绿色节能改造，提升建筑整体效能，逐步优化农村用能结构，以助力实现"双碳"目标，同时提升农村居民生活品质。

二 我国农村居住建筑节能发展态势

（一）我国农村居住建筑能耗与能耗强度现状

1. 农村居住建筑能耗现状

2020 年我国建筑运行能耗[①]总量约为 10.6 亿 tce，其中农村居住建筑运

---

① 建筑运行能耗是指建筑使用过程中的采暖、空调、照明、热水、家用电器、炊事和其他动力能耗。

行能耗约 2.3 亿 tce，约占全国建筑运行能耗总量的 21.7%①。2000 年以来，我国农村居住建筑运行能耗从 0.6 亿 tce 增长到 2.3 亿 tce，增长了 283%（见图 1）。2020 年末，全国常住人口城镇化率为 63.89%，较 2000 年的 36.22% 增长 27.67 个百分点。在城镇化率大幅增长的背景下，农村居住建筑运行能耗依旧呈现快速增长态势。

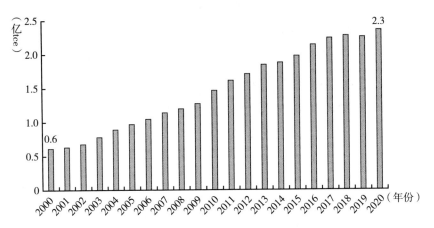

图 1　2000~2020 年中国农村居住建筑运行能耗变化

资料来源：中国建筑节能协会建筑能耗与碳排放数据库，www.cbeed.cn。

2. 农村居住建筑能耗强度现状

2000~2020 年，我国农村居住建筑能耗强度从 3.1kgce/（m² · a）增长到 10.1kgce/（m² · a），增长了 226%（见图 2）。2020 年城镇居住建筑能耗强度为 12.8kgce/（m² · a）。随着农民生活水平的提高，农村居住建筑能耗强度将逐渐逼近城镇居住建筑能耗强度，这为农村绿色低碳发展带来新的挑战。

通过对不同建筑气候区农村居住建筑面积和能耗进行分析，可以发现2020 年中国不同气候区农村居住建筑能耗强度差异较大，冬季采暖和夏季

---

① 中国建筑节能协会能耗统计专业委员会：《2022 中国建筑能耗与碳排放研究报告》，https：//www.cabee.org，2022。

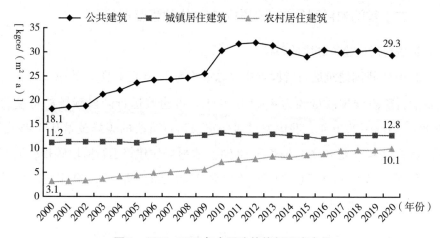

图2　2000~2020年中国建筑能耗强度变化

资料来源：中国建筑节能协会建筑能耗与碳排放数据库，www.cbeed.cn。

空调需求对于全年能耗有直接影响（见表1）。我们可以发现，严寒和寒冷地区冬季采暖需求量大，农村居住建筑单位面积能耗强度为 10.99kgce/（m²·a）；夏热冬暖和温和地区夏季空调需求量大，农村居住建筑单位面积能耗强度为 9.86kgce/（m²·a）；夏热冬冷地区相对夏热冬暖和温和地区夏季空调需求量较小，且冬季采暖覆盖率低，农村居住建筑单位面积能耗强度只有 7.45kgce/（m²·a）。随着人们对生活品质的要求提高，未来夏热冬冷地区的冬季采暖需求会进一步提高。

表1　2020年中国不同气候区农村居住建筑单位面积能耗强度
与农村人均能耗强度

地区	农村居住建筑单位面积能耗强度 [kgce/(m²·a)]	农村人均能耗强度 [kgce/(人·年)]
严寒和寒冷地区	10.99	433
夏热冬冷地区	7.45	309
夏热冬暖和温和地区	9.86	424
全国平均值	9.16	422

资料来源：中国建筑节能协会建筑能耗与碳排放数据库，www.cbeed.cn。

（二）我国农村居住建筑碳排放与碳排放强度现状

1. 农村居住建筑碳排放现状

2020年我国建筑运行阶段碳排放总量约为21.6亿tCO_2，其中农村居住建筑运行阶段碳排放量约为4.27亿tCO_2，占建筑运行阶段碳排放总量的19.8%。2000~2020年，我国农村居住建筑运行阶段的碳排放量从1.49亿tCO_2增长到4.27亿tCO_2，增长了187%。农村居住建筑运行阶段碳排放量占比变化不大，从2000年的24.3%下降到2020年的19.8%，20年间降低了4.5个百分点（见图3）。

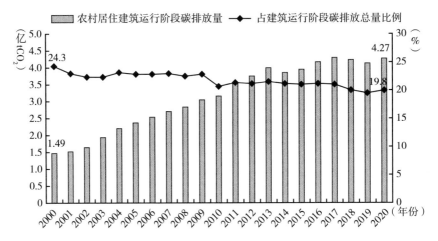

图3 2000~2020年中国农村建筑运行阶段碳排放量及占比变化

资料来源：中国建筑节能协会建筑能耗与碳排放数据库，www.cbeed.cn。

2. 农村居住建筑碳排放强度现状

农村居住建筑碳排放强度从2000年的7.4$kgCO_2$／（$m^2 \cdot a$）增长到2020年的18.3$kgCO_2$／（$m^2 \cdot a$），增长幅度达到147%，与城镇居住建筑碳排放强度28.1$kgCO_2$／（$m^2 \cdot a$）的差距在不断缩小（见图4）。

（三）农村居住建筑能耗及碳排放未来趋势预测

随着未来广大农村地区居民生活水平的提高，人均建筑用能势必会不断

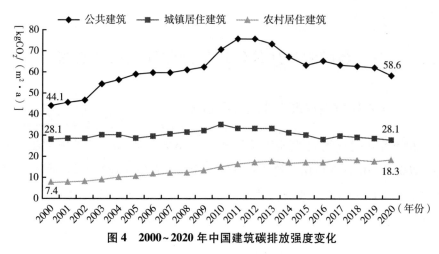

图4 2000~2020年中国建筑碳排放强度变化

资料来源：中国建筑节能协会建筑能耗与碳排放数据库，www.cbeed.cn。

上升，预计2030年和2050年农村居住建筑能耗强度水平将分别较2015年上升40%和50%。有国内学者采用情景分析法和蒙特卡洛模型对中国农村居住建筑运行碳排放与能耗进行模拟研究，在保守方案、均值方案、积极方案三种不同情境下，提出了农村居住建筑碳排放峰值以及碳达峰时间、能耗峰值、能耗强度、碳排放强度（见表2）。为实现在2027（±2）年碳达峰目标，应积极推动农村建筑领域从能耗双控向碳排放双控转变，建立碳排放总量控制和碳排放强度控制目标体系，加快新建和既有农房保温隔热性能提升，提高可再生能源在农村能源结构中的比例，提升终端用能设备的高效化和电气化水平，建立以清洁低碳电力为核心的建筑能源消费体系。

表2 不同情景下农村居住建筑碳排放与能耗预测

情景	碳排放峰值（亿吨 CO_2）	能耗峰值（亿 tce）	碳达峰时间（年）	能耗强度 [kgce/($m^2 \cdot a$)]	碳排放强度 [$kgCO_2$/($m^2 \cdot a$)]
保守方案	4.48(±0.22)	2.46(±0.12)	2029(±2)	12.29(±0.68)	22.24(±1.23)
均值方案	4.28(±0.22)	2.33(±0.12)	2027(±2)	11.60(±0.68)	21.00(±1.23)
积极方案	4.06(±0.22)	2.23(±0.12)	2025(±2)	10.93(±0.68)	19.78(±1.23)

资料来源：马敏达：《中国建筑运行碳排放的影响因素与达峰模拟研究》，博士学位论文，重庆大学，2020。

三 我国农村居住建筑节能法规政策与实践

（一）农村居住建筑节能的法规回顾

2006年1月《可再生能源法》颁布；2008年4月《节约能源法》颁布；2008年10月《民用建筑节能条例》颁布。在农村建筑节能领域，各地积极制定本地区的建筑节能行政法规，初步形成了以《节约能源法》为上位法，地方法律法规为配套的建筑节能法律法规体系[①]。

（二）农村居住建筑节能的政策回顾

2009年以来，住房城乡建设部、国家发展改革委、生态环境部、农业农村部、工业和信息化部、财政部、国家能源局等多个部门围绕现代宜居农房建设、北方地区冬季清洁取暖、城乡建设绿色发展等发布了若干政策文件（见表3），推进了我国农村绿色低碳发展的进程。2022年，住房城乡建设部印发《"十四五"建筑节能与绿色建筑发展规划》，对新发展阶段农村建筑节能与绿色发展提出新的要求，明确提出推动农房和农村公共建筑执行有关标准，积极推广被动式太阳能房等适宜技术，建成一批超低能耗农房试点示范项目，提升农村建筑能源利用效率，改善室内热舒适环境。近年来，农村居住建筑绿色低碳领域主要开展了以下三方面工作。

表3 部分农村居住建筑节能相关政策梳理

领域	政策文件	发文单位	发文时间
现代宜居农房建设相关政策	《关于开展绿色农房建设的通知》	住房城乡建设部、工业和信息化部	2013年
	《关于开展农村住房建设试点工作的通知》	住房城乡建设部	2019年

---

① 孙晓冰：《新农村建筑节能法律政策研究》，《中国人口·资源与环境》2013年第2期。

续表

领域	政策文件	发文单位	发文时间
	《关于加快农房和村庄建设现代化的指导意见》	住房城乡建设部、农业农村部、国家乡村振兴局	2021 年
	《中华人民共和国乡村振兴促进法》	第十三届全国人民代表大会常务委员会第二十八次会议	2021 年
农村危房改造相关政策	《关于 2009 年扩大农村危房改造试点的指导意见》	住房城乡建设部、国家发展改革委、财政部	2009 年
	《关于加强和完善建档立卡贫困户等重点对象农村危房改造若干问题的通知》	住房城乡建设部、财政部、国务院扶贫办	2017 年
城乡建设绿色发展相关政策	《关于推动城乡建设绿色发展的意见》	国务院	2021 年
	《关于加快建立健全绿色低碳循环发展经济体系的指导意见》	国务院	2021 年
	《"十四五"建筑节能与绿色建筑发展规划》	住房城乡建设部	2022 年
北方地区冬季清洁取暖相关政策	《关于开展中央财政支持北方地区冬季清洁取暖试点工作的通知》	财政部、住房城乡建设部、环境保护部、国家能源局	2017 年
	《北方地区冬季清洁取暖规划（2017—2021 年）》	国家发展改革委、国家能源局、财政部、环境保护部、住房城乡建设部等 10 部门	2017 年
	《关于扩大中央财政支持北方地区冬季清洁取暖城市试点的通知》	财政部、生态环境部、住房城乡建设部、国家能源局	2018 年
城乡建设领域碳达峰相关政策	《关于完整准确全面贯彻新发展理念做好碳达峰碳中和工作的意见》	国务院	2021 年
	《关于印发 2030 年前碳达峰行动方案的通知》	国务院	2021 年
	《城乡建设领域碳达峰实施方案》	住房城乡建设部	2022 年

资料来源：国务院、国家发展改革委、住房城乡建设部等官方网站。

第一，结合农村危房改造推进农房节能改造。2008 年，国家率先在贵州开展农村危房改造试点。2009 年开始扩大农村危房改造政策范围，对农村困难群体危险住房实施改造，中央和地方财政给予相应补助，并结合农村危房改造同步实施农房节能改造，提升建筑结构、墙体、门窗、

屋面、地面的安全性和节能性，在改善农房的热舒适性的同时提升居住
环境质量。2009~2015年，中央财政在农村危房改造任务中单列建筑节
能示范任务，对建筑节能示范户每户增加2000元（2012年起提高到
2500元）补助资金。2021年，住房城乡建设部、财政部、民政部、国家
乡村振兴局联合印发《关于做好农村低收入群体等重点对象住房安全保
障工作的实施意见》，提出鼓励北方地区继续在农村危房改造中同步实施
建筑节能改造，在保障住房安全性的同时降低能耗和农户采暖支出，提
高农房节能水平。

第二，开展绿色低碳农房建设试点示范。2013年住房城乡建设部开展
绿色农房试点示范建设，与工业和信息化部联合发布《绿色农房建设导则
（试行）》，引导各地建成一批绿色农房试点示范，提升建筑节能水平。
2019年住房城乡建设部印发《关于开展农村住房建设试点工作的通知》，提
出建设宜居型示范农房，应用绿色节能的新技术、新产品、新工艺，探索装
配式建筑、被动式阳光房等建筑应用技术，注重绿色节能技术设施与农房的
一体化设计。2021年，住房城乡建设部、农业农村部、国家乡村振兴局联
合出台《关于加快农房和村庄建设现代化的指导意见》，推进农房建设现代
化，提出推动农村用能革新，推广应用太阳能光热、光伏等技术和产品，推
动村民日常照明、炊事、采暖、制冷等用能绿色低碳转型，推动既有农房节
能改造。2022年，中共中央办公厅、国务院办公厅印发的《乡村建设行动
实施方案》中提出建设"功能现代、结构安全、成本经济、绿色环保、风
貌协调"的现代宜居农房，其中绿色环保是现代宜居农房建设的应有之义。
绿色低碳农房就是现代宜居农房在绿色环保方向上的一种探索实践。2023
年中央一号文件《中共中央 国务院关于做好2023年全面推进乡村振兴重点
工作的意见》提出开展现代宜居农房建设示范。

第三，开展北方地区冬季清洁取暖行动。为贯彻落实中央财经领导小组
第14次会议关于"推进北方地区冬季清洁取暖"重要精神和"坚决打好蓝
天保卫战"重点工作任务，2017年5月，财政部、住房城乡建设部、环境
保护部、国家能源局印发了《关于开展中央财政支持北方地区冬季清洁取

暖试点工作的通知》，启动了北方地区冬季清洁取暖试点工作，以清洁取暖方式替代散煤燃烧取暖方式，俗称"煤改气、煤改电"，并同步开展既有建筑节能改造。同年12月，国家发展改革委等10部门联合发布《北方地区冬季清洁取暖规划（2017—2021年）》。截至2022年底，在中央财政的支持下，我国北方地区先后共5批累计88个城市开展了清洁取暖示范工作。试点城市在实施清洁能源替代的同时，推动既有农房节能改造，在降低能耗和碳排放的同时提升了室内热环境舒适度。

（三）农村居住建筑节能的技术实践回顾

农村建筑节能技术标准体系相对于城市来说较为薄弱，但我国针对农村建筑节能技术也发布了一系列标准（见表4）。为尽快推动农村建筑绿色低碳发展，国家层面出台了《农村居住建筑节能设计标准》（GB/T 50824-2013）；行业层面出台了《严寒和寒冷地区农村居住建筑节能改造技术规程》（T/CECS 741-2020）、《超低能耗农宅技术规程》（T/CECS 739-2020）等标准，《近零能耗农房评价标准》、《装配式绿色农房技术规程》已经提交审查；地方也在积极推动农村建筑节能，出台了一系列技术文件，如山东《绿色农房建设技术标准》、《山东省农村既有居住建筑围护结构节能改造技术导则（试行）》、《河北省绿色农房建设与节能改造技术指南》及《河南省既有农房能效提升技术导则（试行）》等。

表4 农村建筑节能技术相关标准

序号	标准名称	标准编号
1	《农村居住建筑节能设计标准》	GB/T 50824-2013
2	《严寒和寒冷地区农村居住建筑节能改造技术规程》	T/CECS 741-2020
3	《超低能耗农宅技术规程》	T/CECS 739-2020
4	《农村地区被动式太阳能暖房图集(试行)》	
5	《户式空气源热泵供暖应用技术导则(试行)》	
6	《镇规划标准》	GB50188-2007
7	《绿色农房建设导则(试行)》	

续表

序号	标准名称	标准编号
8	《农村住宅典型屋面材料应用技术规程》	
9	《农村住宅门窗应用技术规程》	
10	《农村住宅典型墙体材料应用技术规程》	
11	《农村户厕评价标准》	T/CECS 1058-2022
12	《农村居家养老服务设施设计标准》	T/CECS 1279-2023
13	《农村危房改造抗震安全基本要求(试行)》	
14	《美丽乡村建设指南》	GBT32000-2015
15	《装配式绿色农房技术规程》	
16	《村镇建筑清洁供暖技术规程》	T/CECS 614-2019
17	《户用清洁供暖集中监管及运维平台技术规程》	T/CECS 924-2021
18	《可再生能源建筑应用工程评价标准》	GB/T 50801-2013

资料来源:全国标准信息公共服务平台,https://std.samr.gov.cn。

四 我国农村居住建筑节能存在的问题

(一)农村地区居住建筑节能水平较低

长期以来,我国农村住宅以村民自建、自用、自管为主,建设质量水平总体不高,建筑节能相关标准规范执行不到位。北方地区农村居住建筑采取保温措施比例普遍偏低,农户对于室内热舒适情况的满意度较低。[1] 在北方严寒和寒冷地区农村房屋建设过程中,虽然当地群众非常注重建筑保温,但是采用有效保温材料和完整节能措施的农房仍然很少;夏热冬冷地区群众往往不重视围护结构的保温,围护结构的气密性普遍较差,冬季室内平均温度不高。随着生活水平的提高,人们开始追求更高品质的室内环境,如果不采

---

[1] 清华大学建筑节能研究中心:《中国建筑节能年度发展研究报告2020》,中国建筑工业出版社,2020。

取有效节能措施，能耗水平和能耗强度将大幅提升，居民用能支出将大幅攀升，碳排放将大幅增加，与国家倡导的绿色低碳发展要求以及碳达峰、碳中和目标不相适应。

表5　不同气候区冬季农村室内热舒适情况

气候区	代表地区	满意度(%)	冬季室内平均温度(℃)
严寒地区	哈尔滨	92.0	14.4
	黑龙江	80.0	14.7
寒冷地区	西安	50	11.7
	其他代表性地区	—	15.3
夏热冬冷地区	湖南	80.0	15.7
	湘西	92.5	11.5
	其他代表性地区	—	17.7
夏热冬暖地区	广东	100	—
	北海	86.5	25.0

资料来源：方赵嵩、李大伟、唐天巍：《我国农村居住建筑冬季采暖热舒适性分析》，《建筑热能通风空调》2022年第9期。

（二）农村地区清洁能源消耗占比仍然偏低

2020年农村地区居住建筑用能消耗包括煤炭、天然气、液化石油气、电力、秸秆和薪柴等。北方农村地区传统高碳能源——煤炭、天然气、液化石油气消耗占比约42%，电能消耗占比约40%，秸秆和薪柴等生物质能消耗占比18%。截至2021年底，北方农村地区实施煤改电户数累计约1070万户，煤改气户数累计约652万户，"煤改电"和"煤改气"等清洁取暖工程，一定程度上降低了高碳能源的消耗与碳排放，但清洁能源能耗占比偏低仍然是突出问题。农村地区具有丰富的太阳能、风能等资源，但由于农村地区人口分布分散，新能源技术开发成本较高、开发利用水平较低，受思想观念、经济条件等限制，农民使用新能源的积极性不高。

（三）农村地区建筑节能技术路径尚不清晰

农村建筑领域节能、降碳、减排潜力巨大，但是在国家碳达峰、碳中和"1+N"政策体系中，村镇建设领域实现碳达峰仍缺乏清晰明确的技术路径和配套政策；缺乏整体性、系统性的科学规划，尚未形成系统的政策体系和制度机制；缺乏农村建筑节能和绿色低碳农房建设总体工作目标、技术路线和分区指引；缺乏有效的技术支撑和有力的政策保障。

五　新发展阶段促进农村居住建筑绿色低碳发展的思考

在推动我国农村现代化的进程中，若想要农村建筑走向高舒适度的同时有效管控能耗和排放水平，就必须推动农村建筑绿色低碳转型，建立适应我国农村特点的建筑节能技术体系和政策体系。

（一）健全完善我国农村居住建筑绿色低碳发展政策体系

在实施乡村振兴战略、促进农业农村现代化的过程中，要有序控制化石能源使用，逐步推广清洁能源替代，摆脱"先污染、后治理"的老路，实现用能需求、清洁能源供应和化石燃料使用、碳排放的"双增双减"。发挥农村的资源优势，挖掘绿色低碳节能减排的潜力，走出一条具有中国特色、适应农村特点的建筑绿色低碳发展路径。有必要在《城乡建设领域碳达峰实施方案》的基础上，进一步制定农村地区建筑节能的总体目标、时间表和路线图。健全完善农村建筑绿色低碳发展顶层设计，明确技术路径和分区指引。

（二）建立适应农村特点的绿色低碳建筑技术体系

我国农村的资源禀赋、气候条件、经济发展状况以及农民生活习惯等具有较大的地区差异。在农村绿色低碳技术的选择上要充分考虑各地区的实际条件，采用低成本、易维护的技术措施。将绿色低碳新技术、新工艺与传统绿色智慧相结合，探索适应农村特点和符合农民群众实际情况的绿色低碳技术路径。一是制定绿色低碳农房技术标准和技术导则，建立绿色低碳农房评价指标体系；二是发布适用于不同气候区的农村绿色低碳农房分区指引和技术推广目录，推广适宜的绿色低碳技术；三是因地制宜探索超低和近零能耗农宅，推动一体化装配式建造、高性能低成本保温、光储直柔微网等高新技术在农村中的应用。

（三）建设绿色低碳农房和农村低碳社区

当前，人民群众对居住环境的要求从"有没有"转向"好不好"①，这个"好"涵盖了绿色低碳理念。结合现代宜居农房建设推广绿色低碳农房，制定出台适合农村特点的绿色低碳农房技术标准和建设指南，分不同气候区因地制宜制定绿色低碳技术策略，进一步提高农房室内舒适性，降低能耗和碳排放水平。引导新建农房和既有农房改造普遍执行《农村居住建筑节能设计标准》，推动《建筑节能与可再生能源利用通用规范》在农村地区落地实施。开展低能耗、超低能耗、近零能耗建筑示范与推广。

在推广现代宜居农房的基础上，还应当发展农村新型社区。农村新型社区主要是指相对集聚、公共服务和基础设施完备，具备现代生活条件、居住环境优美治理完善的农村社区。提升乡村绿色低碳发展水平，不仅要在建筑单体层面提高节能降碳水平，更要从社区层面集成化利用绿色低碳技术，在空间布局上顺应自然地形地貌，吸收传统村落和传统民居的绿色低碳智慧。提供绿色清洁能源的多元应用场景。一些地方在农村新型社区建设方面积累了丰富的实践经验。例如，江苏在实施农房改善行动和特色田园乡村建设的过程中涌现出一批基础设施和公共服务设施配套完善、乡村风貌特色鲜明、既承载乡愁记忆又体现现代文明的农村新型社区典型案例。

---

① 倪虹：《谱写住房和城乡建设舍业高质量发展新篇章》，《学习时报》2023 年 6 月 28 日。

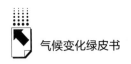

（四）系统推进既有农房节能改造

继续结合北方地区冬季清洁取暖、农村危房改造和农房抗震改造同步推进农房节能改造。在提高房间室内舒适性的同时，实现改造后的整体能效提升。充分借鉴地方系统性推进农房节能改造的经验做法。例如，北京市持续推进农房抗震节能综合改造工程，市级财政给予户均 2 万元的补助资金，改造后的农房舒适度得到提升，群众采暖支出降低，该工程被群众称为"暖心暖居的惠民工程"。天津市结合农村困难群众危房改造积极开展农房节能改造，对采取节能保温措施的"危改户"给予每户最高 1 万元的补助资金，推进农村地区房屋建筑能效提升。青海省推进全省农牧民居住条件改善工程，持续开展农房节能改造示范，推广被动式太阳房技术，取得了很好的效果。一些地方在探索实践过程中，形成了低成本、小规模、适宜性的农房节能微改造策略，形成了菜单式的工具箱，户均成本控制在 5000～8000 元，较好地改善了农房的保温性能，起到了事半功倍的效果。济南市商河县采用"屋顶吊顶保温+北墙内保温壁贴+外窗保温窗帘+外门保温帘"方式，户均投资不到 5000 元，使得农宅综合能效提升 30%；采暖系统应用"生物质颗粒燃料+热风采暖炉"组合，采暖系统改造投资 1075 元，整个采暖季燃料费用在 1000～1500 元，年采暖运行费用大幅降低，但室内温度提高 3℃～5℃。

（五）积极推广使用可再生能源

结合地区资源特点及建筑需求，着力开发使用可再生能源，逐步优化改善农村能源结构，促进农村能源绿色低碳转型。重点推广建筑光伏一体化、空气源地源热泵、生物质能等技术应用。根据清华大学江亿院士团队的测算数据，如果在农村闲置屋顶安装光伏系统，能实现年产电量 2.95 万亿 kW·h，2020 年农村年用电量约 0.97 万亿 kW·h，理论上完全能够实现农村用电自给自足[①]。

---

① 江亿、胡姗：《屋顶光伏为基础的农村新型能源系统战略研究》，《气候变化研究进展》2022 年第 3 期。

但应因地制宜，结合农房综合改造提升，一体化安装光伏系统。针对目前光伏建筑一体化（BIPV）① 和建筑表面附着光伏（BAPV）② 两种形式的户用建筑光伏系统，加强对 BAPV 的管控和引导，重点推动 BIPV 在农村建筑中的应用。鼓励各地根据地热能资源因地制宜推广热泵技术。加快建立生物质能源综合利用体系，加大对国内生物质能装备体系研发和规模化生产的支持力度，引导社会资本参与可再生能源使用与推广，积极探索适宜技术路线和商业模式，形成可复制、可推广的经验。

---

① BIPV 指的是与建筑物充分结合，可取代传统建筑材料或建筑构件的太阳能发电系统。
② BAPV 指的是附着安装在建筑物表面上的太阳能发电系统。

G.14

我国巩固提升陆地生态系统
碳汇能力的政策与行动

郭青俊　张国斌*

摘　要： 陆地生态系统碳库在应对气候变化中发挥着重要作用，保护修复森林、草地、湿地生态系统能够增加碳储量，增强温室气体清除（碳汇）能力。我国森林、草地、湿地面积位居世界前列，中国政府高度重视森林、草地、湿地在应对气候变化中的重要作用，部署实施了一系列固碳增汇的政策与行动。重点以巩固提升森林、草地、湿地碳汇能力为核心，系统提出固碳增汇方案、措施，不断完善碳汇计量监测体系，探索推进碳汇价值实现路径，积极落实相关政策，为应对全球气候变化做出积极贡献。

关键词： 陆地生态系统　碳汇能力　气候变化　固碳增汇

陆地生态系统是重要的碳储存库，森林是陆地生态系统的主体。《联合国气候变化框架公约》将"保护和增强温室气体库和汇"作为重要的减缓方式。IPCC 将土地利用、土地利用变化与林业（Land Use, Land-use Change and Forestry, LULUCF）作为重要的排放部门，包括林地、农地、草地、湿地、聚居地和其他土地利用及其变化，而森林是该部门最受关注的减

---

* 郭青俊，经济学博士，国家林业和草原局生态保护修复司高级工程师，研究领域为林草应对气候变化政策与管理、生态产品价值实现；张国斌，理学博士，国家林业和草原局生态保护修复司教授级高级工程师，研究领域为林草应对气候变化政策、技术与管理、碳汇项目方法学及开发交易等。

排领域。《京都议定书》将 LULUCF 方面的行动通过市场机制纳入国际气候治理中，在《巴黎协定》的合作方法和可持续发展机制下也将继续开展相关行动。2022 年，《联合国气候变化框架公约》第 27 次缔约方大会达成的《沙姆沙伊赫实施方案》和《生物多样性公约》第 15 次缔约方大会通过的《昆明—蒙特利尔全球生物多样性框架》，都将基于自然的解决方案写入文件中，强调保护、养护和恢复自然生态系统对实现《巴黎协定》温控目标的重要性。中国政府高度重视陆地生态系统在应对气候变化中的重要作用，将巩固提升生态系统碳汇能力作为实现我国"双碳"目标的重要途径。

一　陆地生态系统与气候变化

（一）陆地生态系统的减缓作用

陆地生态系统在全球碳循环过程中起着关键作用，增加陆地生态系统的碳储量能有效降低大气 CO_2 浓度。陆地生态系统在缓解气候变化中发挥着不可替代的重要作用。森林、草地和湿地具有非常高的固碳速率和潜力。世界森林和草地面积占陆地总面积的一半以上，湿地是陆地生态系统中单位面积碳储量最高的生态系统。生态系统固碳是当前国际社会公认的最经济可行和环境友好的减缓大气 CO_2 浓度升高的重要途径之一。

森林在陆地生态系统碳储量中占据主导地位。《全球森林资源评估2020》表明，全球森林面积为 40.6 亿公顷，总碳储量为 6620 亿吨。其中，44%储存在森林植被中，森林植被碳储量约占全球植被碳储量的 77%；45%储存在森林土壤中，森林土壤碳储量约占全球土壤碳储量的 39%；枯死木和凋落物碳储量占 10%[①]。如此庞大的森林碳库一旦遭到破坏，便将对气候系统带来巨大扰动。1990~2020 年，全球森林碳储量从 6680 亿吨下降到

[①] Food and Agriculture Organization of the United Nations, Global Forest Resources Assessment 2020, 2020.

6620 亿吨，森林碳储量的下降可能增加大气中 CO_2 浓度上升的风险，维持森林碳储量稳定是发挥森林气候变化减缓作用的根本前提。

草地储存了全球陆地生态系统有机碳总量的 34%，其中约 90% 的碳储存在植物根系和土壤中[①]。草地生态系统的可持续管理利用对于巩固提升草地碳汇能力具有重要意义。全球湿地面积仅占陆地面积的 4%~6%，但湿地碳储量占陆地生态系统总碳储量的比例达到 12%~24%[②]，其中绝大部分储存在泥炭地中，农业排水和开垦等不合理的开发利用会导致湿地温室气体排放量增加，湿地保护修复和重建是增加陆地生态系统碳储量的重要途径。

（二）生态系统管理活动与气候变化

陆地生态系统碳源/汇变化与人类活动密切相关。IPCC 国家温室气体清单指南要求，通过获取人为活动水平数据和排放因子，计算并报告相应活动类型所导致的温室气体源/汇变化。1996 年、2003 年、2006 年和 2019 年发布的 IPCC 国家温室气体清单指南都将土地利用及其变化与林业碳源/汇作为国家温室气体清单重点关注内容。

1. 森林管理

森林是陆地生态系统中人为经营管理的主体之一，保护和管理好森林植被，保持其覆盖面积不减少，是巩固和提升森林碳汇功能的核心任务。《巴黎协定》第 5 条强调，通过加强森林保护和可持续经营，增加森林碳储量。

在加强保护方面，如何防止毁林已成为当前全球应对气候变化的热点问题。2021 年，在《联合国气候变化框架公约》第 26 次缔约方大会领导人峰会上，包括中国在内的 130 多个国家加入《关于森林和土地利用的格拉斯哥领导人宣言》，承诺"共同努力，到 2030 年制止和扭转森林流失和土地退化"。

在加强森林管理方面，一是要持续增加林地面积和提高森林覆盖率，增

---

① Bai, Yongfei, Cotrufo M. Francesca, "Grassland Soil Carbon Sequestration: Current Understanding, Challenges, and Solutions", *Science*, 377 (6606), 2022: 603-608.

② 刘子刚：《湿地生态系统碳储存和温室气体排放研究》，《地理科学》2004 年第 5 期，第 634~639 页。

加森林总碳储量；二是要科学开展森林可持续经营管理，提高单位面积碳密度；三是严格控制或避免各种占用林地开发活动和非法毁林行为的发生，同时降低各种灾害导致的碳库损失；四是发挥森林可再生资源优势，将生态系统木质生物质碳转移替代高碳排放的材料；五是加强林地管理的制度建设和科技支撑，发挥制度管理效应，提升林地科技固碳效率。

2. 草地管理

草地具有极其重要的生态功能和生产功能。世界草地总面积 52.5 亿公顷，占地球陆地总面积（不包括格陵兰岛和南极）的 40.5%。草地管理对于保障全球生态安全和食物安全，实现碳中和目标具有重要意义。一是恢复各类退化草地，改进放牧地管理；二是合理配置草地的生态—生产功能，保护草地生物多样性；三是在牧场和人工草地中种植豆科植物，改善草地施肥管理；四是避免草地转化为农田、林地和其他用地[①]。加强草地管理，揭示不同管理措施的固碳潜力及不确定性，为草地生态系统应对气候变化及草地生态系统与生物多样性和生产发展的协同提供科学依据。

3. 湿地管理

湿地的碳源/汇过程，与湿地生态系统所特有的水湿环境条件直接相关。保持原有湿地管理类型的自然状态或完整生态系统结构特征，可使湿地维持较强的碳汇功能。同时，湿地又是甲烷排放源。如果湿地转为其他利用类型或排干，都将改变温室气体的排放过程。保护和维持湿地主要活动类型，包括湿地保护、湿地恢复、湿地还湿等，将促进湿地碳储量的增加和生态系统稳定性提升。

（三）气候谈判中与森林相关的问题

1. 温室气体清单报告

根据《联合国气候变化框架公约》关于所有缔约方的义务第 4.1 条，

---

① Jandl R., Spathelf P., Bolte A., Prescott C. E., "Forest Adaptation to Climate Change—Is Non-management an Option?", *Annals of Forest Science*, 76 (2), 2019.

所有缔约方均须使用缔约方会议认可的方法，定期编制、更新国家温室气体清单。发达国家应根据 IPCC 2006 年国家温室气体清单指南，编制国家温室气体清单。发展中国家应依据 IPCC 1996 年国家温室气体清单指南和良好做法指南，编制国家温室气体清单。根据《巴黎协定》条款，自 2024 年起所有缔约方都将根据 IPCC 2006 年国家温室气体清单指南及相关指南编制国家温室气体清单，未来各国 LULUCF 的报告方法将趋同，但发展国家可根据其国情而定，仍有一定的灵活性。

2. 关于减少碳排放和增加森林碳储量行动的激励机制

"REDD+"指减少毁林和森林退化所致碳排放，以及加强森林保护、可持续管理和增加森林碳储量，是减缓气候变化的重要组成部分。《联合国气候变化框架公约》（以下简称《公约》）缔约方就"REDD+"议题达成以下共识：发达国家同意根据"REDD+"行动的结果，通过公共部门和私人部门、双边和多边等渠道提供资金支持；《公约》下新成立的"绿色气候基金"为发展中国家实施"REDD+"行动提供资金支持；在获得活动资金和技术支持后，发展中国家可分阶段组织制定并实施"REDD+"国家战略，开展相关能力建设，开展示范项目；确定国家层面计算减少森林碳排放量或稳定和增加的森林碳储量的参照水平，建立国家森林监测体系，并由试点阶段逐步过渡到全面实施阶段；实施"REDD+"行动的结果要符合"可测量、可报告、可核实"要求。

（四）适应气候变化有关进程

持续的气候变化将对森林结构功能的维持及稳定性带来巨大的挑战。避免发生森林系统突然的状态变化[①]及其可能导致的功能损失，对森林的气候适应性管理提出了新的要求，如何促进森林的气候变化减缓与适应性管理的协同是当前重要的全球议题。

---

① Jandl R., Spathelf P., Bolte A., Prescott C. E., "Forest Adaptation to Climate Change—Is Non-management an Option?", *Annals of Forest Science*, 76（2），2019.

森林适应性管理是在符合自然规律的基础上，采取可以预见的积极管理措施，加快适应的进程，缩短或避开从不适应到适应的气候风险期，降低气候变化的不利影响，增强森林的气候韧性，实现森林系统的平稳过渡和状态跃迁。森林适应性管理以气候变化对天然森林生态系统的影响为参照，以能量平衡和可持续为原则，保证森林的自然和社会服务功能，维持系统稳定性，使得既得利益方获利最大化。气候变化缩短了森林干扰事件的发生周期，且在一定程度上放大了森林灾害的影响，积极的气候适应性管理能够显著降低气候事件本身及其相应的次生事件对森林生态系统的破坏性。

我国始终坚持减缓和适应并重，实施积极应对气候变化的国家战略。IPCC 气候变化评估报告为中国应对气候变化重要决策和中国参与构建全球气候治理体系提供了科学依据和数据支持。根据《国家适应气候变化战略2035》① 主要目标，我国将统筹推进山水林田湖草沙一体化保护和系统治理，在重点区域开展生态恢复工作，实施生态保护和修复重大工程规划与建设，提高生态系统质量和稳定性。

二　陆地生态系统固碳贡献与潜力

（一）我国林草资源现状

《2021 中国林草资源及生态状况》显示，2021 年我国林地、草地、湿地总面积 6.05 亿公顷。林草覆盖面积 5.29 亿公顷，林草覆盖率 55.11%。森林面积 2.31 亿公顷，居世界第五位，森林覆盖率 24.02%。天然林面积 1.43 亿公顷，居世界第五位；人工林面积 0.88 亿公顷，居世界第一位。草地面积 2.65 亿公顷，居世界第二位。湿地面积 0.56 亿公顷，居世界第四位。

---

① 《国家适应气候变化战略 2035》，中华人民共和国生态环境部，2022 年 6 月 7 日，https：// www.mee.gov.cn/xxgk2018/xxgk/xxgk03/202206/t20220613_ 985261.html。

（二）国家温室气体清单及 LULUCF 贡献

我国已完成了 5 次国家温室气体清单中 LULUCF 温室气体清单编制工作，2023 年完成了 2017 年和 2018 年 LULUCF 温室气体清单编制。

2014 年的国家温室气体清单显示，中国森林温室气体清除量（碳汇量）达到 8.40 亿吨二氧化碳当量，占 LULUCF 领域温室气体清除量的 72.96%，其中，收获木产品的碳汇量约 1.11 亿吨二氧化碳当量，占 LULUCF 领域温室气体净吸收量的 9.61%。草地温室气体清除量约 1.09 亿吨二氧化碳当量，约占 LULUCF 领域温室气体清除量的 9.47%。湿地碳库温室气体清除量约 0.45 亿吨二氧化碳，占 LULUCF 领域温室气体清除量的 3.87%。

2021 年全国林草碳计量体系建设结果表明，全国林草碳汇量超过 12 亿吨二氧化碳当量。

（三）"双碳"目标与生态系统固碳潜力

2020 年 9 月，中国宣布了碳达峰、碳中和目标愿景。巩固和提升我国森林、草地和湿地等生态系统的碳汇能力，对确保实现国家"双碳"目标具有重大战略意义。

植树造林是减缓全球气候变化的一种成本效益较高和基于自然的解决方案[1]。《全国重要生态系统保护和修复重大工程总体规划（2021—2035 年）》提出"到 2035 年，森林覆盖率达到 26%，森林蓄积量达到 210 亿立方米、草原综合植被盖度达到 60%"的目标，目前还有很大的扩绿增汇空间。我国现有乔木林中，63% 为幼中龄林，林木生长增加碳储量的潜力大。据预测，通过新造林和现有乔木林生长，到 2050 年，中国森林总碳储量将

---

[1] Weixiang Cai, Nianpeng He, Mingxu Li, et al., "Carbon Sequestration of Chinese Forests from 2010 to 2060: Spatiotemporal Dynamics and Its Regulatory Strategies", *Science Bulletin*, 67 (8), 2022: 836-843.

比 2010 年增加 81%①。2018~2060 年，中国森林平均增汇 1.59 亿~3.12 亿 tC/a②，通过实施国土绿化、植树造林等有效的森林管理战略，可以为实现 2060 年碳中和目标做出重大贡献。

经过保护修复和管理后的草地固碳潜力巨大。受过去过度放牧、不合理地开发利用和气候变化等因素的影响，全国 90%的天然草地发生不同程度的退化，其中 60%以上发生中度和重度退化③。实施草地保护修复和种草等措施后，草地的固碳潜力会大幅提升④。在典型区域开展固碳增汇技术体系建设及示范，可显著提高生态系统固碳能力。

三 林草部门应对气候变化的政策与行动

（一）国家战略部署与制度建设

2022 年，习近平总书记在参加首都义务植树时强调森林是碳库，深刻地阐明了森林具有固碳增汇功能，明确了森林在实现"双碳"目标中的基础性、战略性地位与作用。国家出台了《中共中央国务院关于完整准确全面贯彻新发展理念做好碳达峰碳中和工作的意见》《2030 年前碳达峰行动方案》等文件，明确了巩固提升生态系统碳汇能力。

我国积极推进制度建设。国务院办公厅出台了《关于科学绿化的指导意见》，明确了科学绿化的指导思想、工作原则、主要工作和保障措施。国务院办公厅印发了《关于加强草原保护修复的若干意见》，聚焦保护修复提升草原

---

① 李奇、朱建华、冯源等：《中国森林乔木林碳储量及其固碳潜力预测》，《气候变化研究进展》2018 年第 3 期，第 287~294 页。

② 张颖、李晓格、温亚利：《碳达峰碳中和背景下中国森林碳汇潜力分析研究》，《北京林业大学学报》2022 年第 1 期，第 38~47 页。

③ 白永飞、潘庆民、邢旗：《草地生产与生态功能合理配置的理论基础与关键技术》，《科学通报》2016 年第 2 期，第 201~212 页。

④ 何念鹏、王秋凤、刘颖慧等：《区域尺度陆地生态系统碳增汇途径及其可行性分析》，《地理科学进展》2011 年第 7 期，第 788~794 页。

生态系统质量和稳定性,提出了可操作、能落地的具体举措,促进林草融合高质量发展。国家林草局会同自然资源部、国家发展改革委、财政部印发了《生态系统碳汇能力巩固提升实施方案》,聚焦巩固和提升两个关键行动,强调采取有力措施持续提升我国生态系统的碳汇能力,突出森林在陆地生态系统碳汇中的主体作用,提升生态系统固碳增汇能力。全国绿化委员会编制印发了《全国国土绿化规划纲要(2022—2030年)》,全面部署了当前和今后一个时期我国国土绿化工作,为科学推进国土绿化事业高质量发展制定了时间表、路线图。国家林草局、自然资源部印发了《全国湿地保护规划(2022—2030年)》,将对应对气候变化作用巨大的泥炭沼泽湿地、红树林等纳入规划范围。国家林草局联合国家发改委印发了《"十四五"林业草原保护发展规划纲要》,明确了"十四五"期间我国林业草原保护发展的总体思路、目标要求和重点任务。国家林草局牵头编制《东北森林带生态保护和修复重大工程建设规划(2021—2035年)》《北方防沙带生态保护和修复重大工程建设规划(2021—2035年)》《南方丘陵山地带生态保护和修复重大工程建设规划(2021—2035年)》《国家公园等自然保护地建设及野生动植物保护重大工程建设规划(2021—2035年)》4个"双重"专项规划,推动建立以林草"十四五"规划为统领,以"双重"规划为基础,以林草专项规划为支撑的林业、草原、国家公园"三位一体"融合发展规划体系。

(二)主要行动和措施

1. 扩大林草资源面积,提升碳汇增量

科学开展国土绿化。推进森林城市建设和乡村绿化美化,全面推进"互联网+全民义务植树",坚持扩绿增汇一体推进。2022年全年完成造林383万公顷,种草改良草原321.4万公顷,治理沙化石漠化土地184.73万公顷。

开展造林绿化空间适宜性评估。造林绿化任务首次实现带位置上报、带图斑下达,推进造林种草改良、防沙治沙等任务落地上图;在重点区域实施72个生态保护修复工程项目,组织实施了20个国土绿化试点示范项目。

2.提高林草资源质量,增强碳汇能力

强化森林质量提升。启动森林可持续经营试点,建立 220 种森林经营模式,完成退化林修复 142 万公顷,完成国家储备林建设任务 46.2 万公顷。林草生态系统呈现健康状况向好、质量逐步提升、功能稳步增强的发展态势。

推进国家草原、湿地、荒漠等公园建设。启动首批 18 处国有草场建设试点,新增 18 处国际重要湿地和 4 处国家湿地公园,新增 7 个国际湿地城市,新建、续建 6 个国家沙化土地封禁保护区,新建 3 个国家沙漠公园。

3.加强林草资源保护,减少碳库损失

全面建立林长制。初步建立起党委领导、党政同责、属地负责、部门协同、源头治理、全域覆盖的长效机制。首次发布统一标准、统一底图、统一时点的林草生态综合监测成果,林草生态网络感知系统建设和应用持续深化。

着力加强以国家公园为主体的自然保护地体系建设。正式设立三江源、大熊猫、东北虎豹、海南热带雨林、武夷山第一批五个国家公园。截至 2022 年底,已建成国家公园、自然保护区、自然公园等自然保护地 9000 多个。

全面保护林草资源,构建林地保护利用发展新格局。2021 年首次实行年度造林任务直达到县,造林落地上图率达 91.8%;坚持和完善林地定额管理制度;严格执行限额采伐和凭证采伐的管理制度;全面落实天然林管护责任。

着力加强森林草原火灾和林草有害生物防控。全年森林草原火灾受害率持续保持历史低位;重点林区雷击火预警防控取得技术突破,实现精准监测雷击火。2022 年,首次实现县级疫区和乡镇疫点数量净下降;加强美国白蛾防治,危害程度整体减轻,未发生重大灾情和舆情;继续推进草原有害生物普查工作。

（三）探索碳汇生态产品价值实现机制

组织开展国家林草生态综合监测评价工作,构建国家公园资源基础数据

库和统计分析平台。

完善森林、草地、湿地等自然资源资产收益管理制度和占用补偿制度改革方案。探索建立草原生态环境损害赔偿工作机制，逐步形成体现碳汇价值的生态保护补偿机制。

以科学组织实施林草固碳增汇技术，提升林草碳汇能力为目标，破解碳汇价值实现机制与路径方面的瓶颈问题，在全国选出 18 个县（市）和 21 个国有林场作为全国首批碳汇试点单位。

四 问题与挑战

（一）碳汇基本认知不足

目前，大众对陆地生态系统的碳汇认知存在不足，对生态系统碳储量、碳源/汇概念以及其时空变化的认知不严谨；对生态系统固碳增汇潜力缺乏系统性了解，固碳增汇的机制建设方面存在误区。碳汇调查、计量估算缺少统一的方法和标准，生态系统碳源/汇变化及其过程相关知识亟待普及。

（二）缺乏巩固提升生态系统碳汇能力的关键技术

多年来，我国植树造林和生态保护修复成效显著，成为陆地生态系统碳汇能力增强的重要原因。但我国生态系统总体碳汇功能仍较脆弱，空间异质性强，碳汇能力提升的关键技术研发应用周期长，区域差异大，仅在小范围内取得关键技术突破；由于环境要素存在差异，技术与资金布局不均衡，全面整体提升碳汇能力难度大，关键技术的认证评估标准有待统一。因此，应加大基础研究投入力度并在重点生态功能区开展技术示范和模式试点，突破技术瓶颈。

（三）生态系统碳汇计量评估体系不完备

我国生态系统复杂多样，每个生态系统都涉及多个碳库的数据获取、计算模型等，从编制温室气体清单和项目方法学角度来看，都需要建立活动水平数据获取方法、完整的模型参数库。目前森林生态系统已有相对完备的数据获取和模型模拟方法，但利用各种方法获得的结果之间差异比较大，这些方法有待进一步修正和融合。草地、湿地等在碳库数据获取、核算方法、模型参数方面还有待完善。

（四）碳汇价值多元化、市场化补偿机制未建立

碳汇项目开发和交易的市场化建设滞后，交易体系不完善、市场参与度不足，缺乏统一的碳汇交易平台；碳汇产品价值实现缺乏有效途径，收益和风险难以匹配，尚未建立统一的市场定价机制，本底不清、评估机制不健全；金融、财政、税收、产权等碳汇发展的相关政策体系不完备，金融资本供给、企业和社会资本进入意愿不强。

五　政策建议

（一）充分发挥陆地生态系统固碳功能

第一，统筹顶层设计，完善政策和机制保障。推进山水林田湖草沙一体化保护和系统治理，深入推进大规模国土绿化行动，统筹布局和实施重大生态工程，建设碳汇能力巩固提升试点示范。

第二，加强保护修复，提升固碳增汇能力。科学推进生态保护修复，增强生态系统质量和稳定性，持续提升重要生态功能区碳汇增量，通过技术创新增强固碳潜力。

（二）持续加强科研支撑和关键技术攻关

第一，增强在生态系统碳源/汇计量、核算和报告方面的创新能力。持续开展国家生态系统综合监测评价，建立生态系统固碳评估、预测模型，定量评估和准确预测森林生物量和碳汇功能，加强方法学研究，构建国际认可

的生态系统碳汇调查监测评估与计量核算体系。

第二，加强生态系统功能维持提升机制研究和固碳增汇关键技术攻关。设立科学研究专项，系统评估人为管理活动对生态系统碳汇变化的影响及生态—生产协同效应，发展生物减排固碳，推进生物质能源和木竹替代，开展固碳增汇的有效途径探索及关键技术攻关，提高我国在气候变化谈判中的科技影响力和国际话语权。

（三）建立健全碳汇产品价值实现机制

第一，发挥政府和市场作用，探索建立生态碳汇市场。将碳汇生态产品转化为经济价值，推进碳汇产品市场交易，建立体现碳汇价值的生态保护补偿机制，为生态碳汇价值实现提供强有力的保障支持和市场资源。

第二，巩固提升林草碳汇能力。完善开发碳汇产品制度，引导社会资本参与巩固提升林草碳汇行动，科学有序开发碳汇产品，强化碳汇产权管理，坚持"谁投资、谁收益"的原则，合理分配碳汇收益。

G.15
数字技术助力低碳转型

腾讯碳中和团队　腾讯研究院团队　腾讯云团队*

摘　要： 本文以数字技术助力低碳转型为切入点，聚焦低碳转型的重点行业和应用领域，介绍了以云计算、人工智能、物联网、大数据、数字孪生等为代表的数字技术如何在产业端帮助提升能源使用效率和工业生产效率、减少信息流通障碍、优化碳治理能力；如何在消费端使消费者更积极主动地参与减排行动。另外，本文还讨论了未来数字技术促进低碳转型面临的挑战和机遇，展望了中国数字科技企业在未来全球绿色转型与技术变革中发挥的重要作用。

关键词： 数字技术　低碳转型　碳管理　碳普惠

引　言

面对愈加严峻的气候变化带来的挑战，世界各国都采取了切实的行动，特别是在能源、工业、交通、建筑等重点领域加速碳减排进程，积极研究探

---

* 本文由腾讯三个团队的人员联合执笔。腾讯碳中和团队：许浩，腾讯可持续社会价值事业部副总裁、腾讯碳中和实验室负责人；王伟康，腾讯碳中和实验室行业专家；王闻昊，腾讯碳中和实验室行业专家；全玉娟，腾讯碳中和实验室行业专家；戴青，腾讯碳中和实验室行业专家；周滢垭，腾讯碳中和实验室产品专家；杨沁菲，腾讯战略发展部商业分析高级经理；于冰清，腾讯战略发展部商业分析高级经理；吕学都，腾讯碳中和高级顾问；杨舒雯，腾讯碳中和实习生。腾讯研究院团队：张雪琴，腾讯研究院副秘书长、公共政策研究中心主任、高级研究员；李瑞龙，腾讯研究院高级研究员。腾讯云团队：吴杰，腾讯智慧能源解决方案副总经理；王德喜，腾讯云能源和资源行业技术专家；宋河山，腾讯云能源行业架构师。

索负碳技术解决方案。但现有政策和措施仍远远无法实现联合国确定的全球温控目标①。更有效的全球应对气候变化行动，高度依赖于新兴技术的研发和广泛应用。数字化技术和人工智能的迅速发展和广泛应用，势必会成为应对气候变化不可或缺的重大推动力。

一　数字技术在应对气候变化中的应用进展和成就

数字技术与实体行业的融合发展，已经在能源与电力结构调整、重点行业用能管理和碳管理、助力个人消费端碳减排等方面，有成功的尝试。在全球应对气候变化的大势下，数字技术能够极大地提升效率，减少能耗物耗和浪费、延长产品使用寿命，从而减少碳排放及废物排放等，对提升气候变化全球治理效率和水平，有着非同寻常的意义。

（一）数字技术助力能源与电力结构调整

能源生产和消费活动是我国最主要的二氧化碳排放源。大力推动能源结构调整、促进能源行业碳减排是加快构建现代清洁能源体系、实现"双碳"目标的重要举措。在此过程中，数字技术的应用将是核心手段。2023 年 3 月发布的《国家能源局关于加快推进能源数字化智能化发展的若干意见》②，明确提出推动数字技术与能源产业发展深度融合，加强传统能源与数字化智能化技术相融合的新型基础设施建设，针对电力、煤炭、油气等行业数字化智能化转型发展需求，通过数字化智能化技术融合应用，为能源高质量发展提供有效支撑；发挥智能电网延伸拓展能源网络的潜能，推动形成能源智能调控体系，提升资源精准高效配置水平；推动数字化智能化技术在煤炭和油气产供储销体系全链条和各环节的覆盖应用；到 2030 年初步构筑能源系统

---

① 《2022 年排放差距报告》，联合国环境规划署，https：//www. unep. org/resources/emissions-gap-report-2022。
② 《国家能源局关于加快推进能源数字化智能化发展的若干意见》（国能发科技〔2023〕27号），http：//zfxxgk. nea. gov. cn/2023-03/28/c_ 1310707122. htm。

各环节数字化智能化创新应用体系并实现关键技术突破。

1. 数字技术支持化石能源行业转型

数字技术目前已在化石能源资源开发环节得到广泛应用。[①] 利用虚拟地球物理、勘探智能化解释、数字化工程建设与勘探开发一体化等技术，可以实现数字化资源开采，提高勘探效率和质量，提高过程的可视化水平，消除不确定性。运用红外成像、传感器、远程监控、自动化防泄漏预警等数字技术，生产企业可实时监控排放控制区域内的多种排放物浓度及排放频率，实现云端可视化、量化碳排放强度、制定碳减排方案、减少产品全生命周期碳足迹，并可拓展至温室气体的捕捉及储存应用领域。

在化石能源储运环节，企业运用数字技术可提高储运设备自动化及智能化程度，提高管理效率。基于国家公共空间数据，结合航空摄影测量、卫星遥感等技术，实现长距离油气管道的自动化管理及动态监测，可减少资源投入、获得精确数据，提高长距离能源储运管控能力，大幅度降低管道损坏率和能源损耗率。

炼油化工是技术密集型规模生产活动。运用云计算、大数据分析、深度学习等技术，可重构炼化一体化模型，优化催化模型，合理制订企业生产计划。基于化学及热能机理，可运用大数据模型链接工艺，建立动态生产运行模型，并通过数字算力，迭代优化生产过程，实时掌控和调节各环节物料投放及回收利用情况。通过数字技术监测碳排放强度高的环节，开展能耗核算及定额管理，循环回收利用资源，实现能源消耗全局优化，促进炼油化工环节的绿色低碳发展。

2. 数字技术支持电力系统智能升级

数字技术在新型电力系统建设中发挥着至关重要的作用。"源网荷储"各环节相连接，为智能感知、网络通信、平台建设、应用服务、安全保障等领域提供数字化支持，可推动电力系统智能升级。数字技术有助于解决电力系统在清洁能源比例快速提升、电力电子设备大量接入和用电精细化管理等方

---

① IDC、石化盈科：《数字化转型智造未来——石油石化行业数字化转型白皮书》，2022。

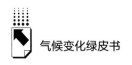
面面临的新挑战,推动传统电力系统向清洁低碳、安全高效、源荷互动的先进基础性平台转型,保障能源生产、运输、消费的统一调配和协同发展①。

在电源侧,当前典型的数字技术应用是构建智慧电厂技术体系。将数字技术与传统电力生产深度融合,解决发电厂在信息通信、数据质量等方面的问题。传统发电厂可利用智能监控、大数据分析、机理和数学模型、数字孪生、自动拟合等方法,确定电厂最优运行模式,降低电厂单位能耗,对生产全生命周期排放数据进行监测分析,对高排放生产环节进行智能控制及优化,帮助传统发电厂逐步向智慧电厂发展。通过智慧电厂、智慧气象分析、智链物流中心一体化管控,整合电力、气候、煤炭、交通运输、金融等相关数据,针对清洁能源发电的间断性、波动性、随机性问题进行预测与反馈调节,实现多电源的协同计划、规划、调度、预测、优化、决策和控制,建立"云边协同"先进管理体系,最终达到更加高效、清洁、经济、安全、可持续的电力生产目标。

在电网侧,以数据模型算法为核心,建成一体化电网运行智能系统,形成强大的"电力+算力"分析能力,增强电网的灵活性、开放性、交互性、经济性、共享性,驱动大规模可再生能源协同优化调度,形成停电计划智能编排与电力交易辅助决策能力,自主分析电力市场运行数据,保证电网能源配置可以全景查看、全息研判、全程控制。

在负荷侧,以数字技术促进用能模式向多能互补、源荷互动发展。通过数据的广泛交互、充分共享和价值挖掘,打造以电为中心的综合用能服务平台,提升终端用能状态全面感知和智慧互动能力,推动各类用能设施和分布式发电设备的高效便捷接入,促进配电网从单一化、被动式、通用化的能源消费模式向融合多种需求、主动参与、定制化的双向交互模式转变。基于区块链的点对点创新能源交易机制,还可为客户提供更低成本、更优质高效的平台服务。

在储能侧,新型智能储能方案可以平抑大规模可再生能源接入带来的电

---

① 全球能源互联网发展合作组织:《电力数字智能技术发展与展望》,中国电力出版社,2021。

网波动性，提高多元能源系统的灵活性和可调性，以及保障能源交易的自由。数字技术的应用可以优化电池储能系统管理功能，通过传感器可以实时检测电池的电压、电流和温度，进行漏电检测、热管理、电池均衡管理和报警提醒，计算剩余容量、放电功率和电池健康度等。根据电池的电压、电流和温度，可以使用算法控制最大输出功率和最佳充电模式，以实现电池能量的最大化利用并延长电池使用寿命。此外，在储能产业领域，区块链技术正在推动"共享储能"新模式的发展和新业态建设，以使储能在智能能源体系中发挥更重要的调节作用。

（二）数字技术助力重点行业用能管理及碳管理

2022 年 6 月 23 日，国务院发布《关于加强数字政府建设的指导意见》，提出加快构建碳排放智能监测和动态核算体系。同年 8 月 18 日，科技部等九部门联合印发了《科技支撑碳达峰碳中和实施方案（2022—2030 年）》，提出深度融合大数据、第五代移动通信等新兴技术，引领高碳工业流程的零碳和低碳再造及数字化转型。中国信息通信研究院在《数字碳中和白皮书》中指出，"数字化对环境影响的一个重要方面就是赋能效应"[1]。

综合来看，数字技术对碳管理最显著的影响可归纳为三个方面——生产力提升、用能管理和碳治理优化和碳交易便利化。

1. 数字技术提升工业行业整体生产力

自 18 世纪工业革命以来，制造业、矿业和公共事业（Public Utilities）等工业行业的生产活动带动了空前的社会发展和经济繁荣，但同时也带来了大量的污染物排放。大数据、云计算、数字孪生、人工智能等数字化技术的应用，有望彻底颠覆工业重污染高碳排放的形象，在继续推动提升人类生活水平、促进经济和社会发展的同时，实现绿色低碳发展目标。目前已取得一些成果。例如，工业仿真模型在产品设计和材料研发领域、数字孪生技术在

---

[1] 中国信息通信研究院：《数字碳中和白皮书》，http://www.caict.ac.cn/kxyj/qwfb/bps/202112/P020211220632111694171.pdf。

全流程管理领域等都已逐步成为重要的提效降能工具。海量监测数据和机器学习算法的应用，有望进一步减少材料浪费、提升物资流通效率、优化生产调度排程排产，实现碳效率最大化。

值得一提的是，工业仿真算力需求具有峰谷波动特点，峰谷差值可达数倍。传统自建数据中心机房造成固定资产投入和运营资源浪费，而云计算允许按需弹性购买相应的服务，可提高算力资源利用率，统筹规划确保算力在用电、散热、软硬件效率等指标方面处于相对较优的水平，确保碳排放指标得到优化，助力实现减碳目标。

2. 数字技术优化工业行业用能管理及碳治理

"双碳"目标下各个行业均面临不同程度的碳减排约束压力，数字技术将助力优化碳减排管理。通过接入智能传感器的物联网，大数据、数字孪生、人工智能等数字技术能够帮助产品、机构、行业、地区实现碳排放数据的实时监测、溯源、分析和预测，为评价产品全生命周期碳足迹、降低生产流程碳排放、量化不同环节和区域的碳排放分布、识别并改善碳减排薄弱环节和区域提供依据。对企业而言，建立精细化碳排放台账能够帮助企业主动应对碳约束监管要求，有序实现低碳转型。对政府主管部门而言，碳排放数据监管基础设施的构建能帮助政府主管部门实现多维度数据交叉核验，评估辖区内各主体的减排进展。利用算法模型结合经济发展、季节变化、气温等其他外部因素，可建立"经济—排放—环境"联结模型，更好地为决策调整提供平衡的路径建议。例如，2022年开发建设的碳Base平台，集成了不同应用场景下的多个碳排放核算方法学，为个人减排行为、企业排放核算、政府主管部门监管提供了数字化基础设施。

3. 数字技术帮助重点行业开展全流程管理推动碳交易便利化

监测、报告、核查（MRV）是碳交易机制的"生命线"，全流程、全供应链、全地区碳排放数据基础设施的构建，可实现MRV全流程的数字化管理。与其他市场一样，碳交易市场的核心也是可信度和价格发现。由密码学和共识机制构建的区块链技术作为一个共享、不可篡改的账本，可确保交易安全、可信。通过分析过往交易数据和其他影响因素，利用人工智能对碳价进行预测，不仅有助于交易直接参与方有效控制交易成本，还能帮助二级市场投资者优化投资组合，进一步提高市场活跃度，实现通过市场机制找到最低成本减排路径的目的。

中国是世界上森林资源最丰富的国家之一，森林碳汇对于中国实现碳中和目标具有不可替代的作用。传统森林碳汇计量是一个耗时耗力的人工测量过程，需要开展大量的地面测量和数据采集工作，同时其准确度也备受质疑。激光雷达技术可以通过发射激光束来扫描森林，测量出区域内树木单株高度、树冠覆盖面积等信息。卫星遥感技术则可以通过卫星图像获取森林的覆盖范围、植被类型和生长状况等信息。利用无人机等移动设备加载激光雷达，可以快速、准确、低成本地采集林木数据，并可系统、全面、高效、准确地计算森林的碳储量。2022年数字科技企业与国家林业和草原局碳汇研究院合作，采用机载激光雷达扫描手段获取林木数据，开发了人工林碳储量快速监测、碳汇核算和碳汇潜力评估的关键技术体系，建立了森林碳汇数字化监测计量平台。利用这套技术体系和计量平台，可大幅度减少碳汇项目野外监测工作量，提高森林碳汇监测评价的效率和精度，降低监测成本。

（三）数字技术助力个人消费端碳减排

联合国环境规划署《2020年排放差距报告》指出，家庭消费导致的温室气体排放量约占全球温室气体排放总量的2/3[1]；IPCC《气候变化2022：减缓气候变化》报告也提出，生活方式和行为的改变，到2050年可以使温室气体排放量减少40%~70%[2]；而我国二氧化碳排放总量中，消费端占比高达53%[3]。可见，在实现"双碳"目标过程中，消费端的碳减排极其重要，加快转变公众生活方式已成为减缓气候变化的重要组成部分甚至成为必

---

① 联合国环境规划署：《2020年排放差距报告》，https：//wedocs. unep. org/bitstream/handle/20. 500. 11822/34426/EGR20C. pdf？sequence＝5&isAllowed＝y。

② https：//www. ipcc. ch/site/assets/uploads/2023/03/IPCC_ AR6_ SYR_ PressRelease_ zh. pdf。

③ 《全民践行绿色低碳行动　助力实现碳达峰碳中和目标》，中华人民共和国国家发展和改革委员会官网，https：//www. ndrc. gov. cn/xxgk/jd/jd/202111/t20211109_ 1303530. html。

然选择。

消费端碳减排存在场景分散、难以定量、难以统计等问题。以互联网、大数据、区块链为代表的数字技术，因具有强大的链接能力、便捷的触达能力和精准的计算能力等，将有助于解决上述问题，在推动面向消费端碳减排的碳普惠机制发展、促进绿色消费等方面发挥重要作用。

1. 数字技术为碳普惠机制提供基础设施

碳普惠机制是基于互联网、大数据、区块链等数字技术，通过应用碳减排方法学对个人、家庭、社区和小微企业等的碳减排行为进行量化并赋予一定价值，运用商业激励、政策鼓励和核证减排量交易等正向引导机制实现碳减排价值，从而构建碳减排"可记录、可衡量、有收益、被认同"的机制①。近年来，随着我国互联网尤其是移动互联网技术的飞速发展，多家互联网企业推出了自己或与地方政府合作的碳普惠平台，如武汉的"武碳江湖"和深圳的"低碳星球"。这类平台多以轻量化的小程序形式呈现，通过为个人开设"碳账户"，基于平台自身或接入其他平台的互联网数据，如交通出行、节能家电、在线办公等场景数据，实时记录并量化用户的每一次低碳行为，用户所积累的减碳量或碳积分可以用来兑换礼品、优惠券或捐赠给公益项目，进而激励用户持续践行低碳行为，养成绿色生活习惯。碳普惠机制已成为当前推动消费端碳减排和形成低碳生活方式的主要手段。

2. 数字技术促进绿色消费

除支撑碳普惠机制之外，数字技术还可以直接或间接地促进绿色消费。一是数字技术让电子支付、移动支付等绿色支付方式成为可能，并得到普及。绿色支付既可以减少纸质货币和支票的使用，直接减少对纸张和印刷的需求；又可以通过区块链技术的应用，提高支付的安全性和可追溯性；还可以提升消费者的购物体验，提高购物效率。与绿色支付相伴相生的线上购物，更是直接省去了与线下购物相关的交通、餐饮等场景，避免了因此所产

---

① 胡晓玲、崔莹：《如何摆脱"小众狂欢"？碳普惠走向主流的四大建议》，《可持续发展经济导刊》2023 年第 4 期。

生的碳排放。二是数字技术让产品在生产制造和运输过程中的能源和资源利用变得更透明、可溯源，让消费者在选择商品时拥有更多决策依据。三是数字技术让家居、家电等物品变得更加智能化。数字技术将家居家电的使用情况直观地呈现出来，为消费者提供节水、节电等绿色消费建议，提醒消费者在日常生活中节约能源。随着越来越多的消费者优先选择绿色、节能产品，生产端也会被随之推向绿色化转型。

（四）数字技术催生下一代技术解决方案

数字技术能避免产生现有低碳领域的信息孤岛现象，实现资源高效整合利用，助力低碳和零碳技术的大规模研发、推广和应用，协助企业跨越创新低碳技术的"死亡之谷"，加速催生新一代低碳技术解决方案。

代表性案例之一是 2022 年数字技术企业联合低碳领域创新机构共同创建了低碳技术创新社区"碳 LIVE"。该社区利用"资源星球"模块连接应用场景的需求和低碳创新技术的供给，建立"碳 LIVE passport"，整合低碳社区参与者信息，简化信息传递过程，将不同机构的低碳工具及信息聚合到"工具实验室"并加速低碳领域不同平台之间的资源流通。不仅如此，"碳 LIVE"还可以一方面将过往低碳技术创新实践的经验根据不同需求进行数字化沉淀；另一方面促进低碳领域从业者进行交流与碰撞，互换并整合资源，并在过往工作基础上继续深入或拓展应用，为低碳领域提供一个开源的连接器，从而提升整个低碳技术创新生态的活力，加速和促进创新低碳技术进入市场。

二　数字技术助力低碳转型面临的挑战

如上所述，数字技术在应对气候变化尤其是在碳管理方面已经有很多很好的实践。但不难看出，数字技术在未来发展中仍然面临诸多挑战。

第一，数字技术在应对气候变化方面缺乏系统化的规划和政策支撑体系。推动数字技术创新应用于行业应对气候变化领域，需要得到行业部门的政策指导和激励。例如，数字技术支持用能侧管理，能为电力系统提供相应

的灵活性。如果电力管理政策允许系统灵活性响应资源接入电力市场交易，将可通过电价差实现成本最优解，从而推动相应解决方案在同行业、同地域迅速推广应用。

第二，数字技术的应用还需要不同行业、不同区域在政策和实践方面进行协调和配合。例如，当前地方政府部门都在积极推动城市的碳普惠平台建设、倡导低碳行动，市场上也有相应的服务商提供支持。但当前的情况是很多重复性的工作在不同地区进行，造成了不必要的资源浪费。同时，不同区域之间往往政策不同，某一地的碳减排效益无法与其他地区互认，导致每个地区的碳减排工作都因为体量小而难以规模化。

第三，数字化监测与 AI 模型等技术应用还需要获得政策支持和市场认可。我国的 CCER 方法学及核查等目前还没有将数字技术纳入其中。国际自愿减排交易市场已有市场主体（包括项目业主、开发及交易服务机构、企业买家等）利用数字技术提升项目透明度和准确度，并将数字技术应用于基于自然的解决方案和工业碳移除项目，不仅帮助项目实现了生态环境价值的商业回报，也加速推动了数字技术在碳减排管理方面的应用。

三　数字技术助力低碳转型发展展望

低碳转型是人类科学应对气候变化、实现可持续与绿色发展的必由之路。数字技术在助力实现低碳转型时往往有"乘数效应"，即通过引入成熟的数字技术，在减少人力、资金成本的前提下，给传统的低碳减排工作带来巨大的效率提升，进而活化行业的低碳减排生态，加速实现绿色可持续发展。

第一，数字技术将在应对气候变化领域发挥越来越重要的作用。当数据成为生产要素，数字化成为产业变革和商业模式创新的主要推动力时，世界经济格局从内容到形式都会发生巨大变化。随着数字技术和实体的融合、人工智能的发展，以及全社会低碳意识的不断提升，数字技术将在应对气候变化领域发挥越来越重要的作用。未来，在政府对国家、区域、园区、企业和个人的碳排放管理方面，在企业的碳减排策略和碳资产管理方面，在个人参与碳减排行动并获得激励方面，在对极端天气气候事件做出准确和及时预警并提供避险警告方面，数字技术都将发挥重要的基础性平台的支撑作用及作为不可替代的可广泛使用的工具的作用。因此，有必要进一步加速探索数字技术在应对气候变化方面的应用，大幅度提升国家、地方和企业应对气候变化的能力和水平。拥有雄厚数字技术实力的企业应该在这方面加强投资和战略性布局。

第二，数字技术将助力人类社会主动、综合和全面应对气候变化的挑战。当前极端天气的发生越来越频繁、强度也越来越大，粮食安全、水资源安全均面临越来越严峻的挑战。通过发展数字技术特别是人工智能技术，探索优化植物种植技术、最大限度地提升电网效率、节约用水、大规模开发利用可再生能源等，可主动、综合和全面地应对气候变化带来的挑战，满足人类社会对食物和能源的基本需求。例如，由我国发起的"食物、能源和水计划"（FEW 计划），将重点放在全球"智能技术促进食物、能源和水保障"（AI for FEW）计划上，强调全面直面粮食、能源和水面临的挑战的重要性，通过人工智能推动效率和生产力的提升，把人工智能作为"超级充电器"来应对气候变化带来的挑战。

第三，中小微企业、县域及农村地区、消费者个人和家庭，将是未来数字技术发挥重要作用、助力应对气候变化的重要对象。中小微企业无论是在碳减排方面还是在应对极端天气气候事件影响方面，都是"脆弱群体"，需要得到各方的帮助和扶持。数字技术可将千千万万的中小微企业聚合在一个平台上，为它们更好参与应对气候变化提供指导。县域及农村地区，将是未来中国发展潜力最大的区域，也是能源消费增长最快的区域，同时也是未来拥有巨大的发展零碳能源（如太阳能）空间的区域，其量大面广、高度分散、缺乏组织的特征，将会使其严重依赖数字技术来获得帮助和解决方案。消费者个人和家庭是终端能源消费的重要群体，数字技术将有助于个人和家庭管理好能源；千千万万的家庭甚至将可通过大规模发展户用光伏，成为零碳能源的重要贡献者。以上这些场景和愿景，唯有通过数字化技术平台才能实现。

G.16

"双碳"目标下气候变化
教育体系构建与实施

冯洪荣　王巧玲　李家成　张婧　马莉　王永庆　李曙东*

摘　要： 气候变化教育对于促进气候行动，帮助学习者形成适应气候变化所需的价值观、知识与技能、行为改变等至关重要。气候变化教育的最新国际进展聚焦绿色学校、绿色课程、绿色教师与绿色社区四个方面。而中国气候变化教育则在理念推进、政策推进、区域/学校推进、实训推进等方面形成中国方案和实践特色。在此基础上，面向"双碳"目标，中国气候变化教育正在逐步形成全民终身学习视野下的素养一体化、学校一体化、课程一体化的低碳发展国民教育体系，并拓展到社区教育、老年教育等领域。

关键词： 生态文明　"双碳"目标　气候变化教育　国民教育体系

气候变化是一个紧迫的全球性危机，气候变化教育有助于帮助学习者形

---

* 冯洪荣，北京教育科学研究院院长，研究领域为教育管理；王巧玲，北京教育科学研究院副研究员，研究领域为生态文明与可持续发展教育课程与教学论、生态文明与可持续发展教育测评等；李家成，华东师范大学上海终身教育研究院执行副院长，研究员，研究领域为终身学习；张婧，北京教育科学研究院副研究员，研究领域为生态文明与可持续发展教育、终身学习与国际比较等；马莉，北京教育科学研究院副研究员，研究领域为安全与毒品预防教育、绿色学校；王永庆，北京市大兴区教师进修学校副校长，正高级教师，研究领域为教育科研与管理；李曙东，北京市大兴区第八小学校长，研究领域为双碳教育与生态文明教育。

成适应气候变化所需要的价值观、核心知识、关键技能与行为转变，促进气候行动与《联合国 2030 年可持续发展议程》的实现。

一　气候变化教育的国际进展

（一）基本理念

气候变化教育促进社会变革。国际社会认识到教育和培训对于应对气候变化的重要性。《联合国气候变化框架公约》、《巴黎协定》和相关的增强气候权能的行动议程呼吁各国政府加大教育力度，授权所有利益相关方和主要群体实施与气候变化有关的政策和行动。正如联合国秘书长所言，应对气候危机是"为我们的生活而战"，因为我们仍在努力改造我们的社会，以达到《巴黎协定》所建议的温升不超过 1.5℃的目标。

使每个学习者适应气候变化。气候变化迫使我们生活的许多方面进行迅速和根本性的变革，教育是支持学习者加强社会适应的核心和有力手段。教育系统应创建安全和不受气候变化影响的学校，并调整学校的教学内容和方式，帮助学生提升学习能力并在生命早期积累人力资本，以增强未来世代的气候适应能力。[①] 联合国教育改革峰会强调，必须改变教育，以应对全球气候和环境危机。利用在教育促进可持续发展方面积累的知识和实践，构建绿色教育伙伴关系，促进更有力的协调与全面行动，提升可持续发展教育质量。

终身学习与全系统法。从学前教育到成人教育，教育促进可持续发展采取的是终身学习的方式，引导学习者理解气候变化的复杂性及其与可持续发展目标的关联性，提升学习者综合性解决问题、批判性思考、团队协作等方面的能力。气候变化教育需要借鉴教育促进可持续发展的整体学习方法，赋予学习者所需的相关知识与技能。在终身学习视角下，所有人都应关注可持

---

① 姚晓丹：《教育需要适应气候变化》，《中国社会科学报》2023 年第 2 期。

续发展所面临的挑战，如气候变化、物种灭绝与环境污染等，并作为负责任的社区成员积极参与到公共决策过程与实践行动中。①

（二）核心内容

绿色学校。绿色学校可被理解为提供知识、技能、价值观的教育机构，其在教学、设施和运作、学校治理和社区伙伴关系中促进社会、经济、环境和文化可持续发展。绿色学校的发展愿景是各国至少50%的中小学和大学成为绿色学校。

绿色课程。绿色课程的愿景是提高将气候变化教育纳入学前、中小学课程的国家数量。讨论如何将对绿色学校设施和运作、学校治理和社区参与的思考扩大到气候变化的课程与教学中，以确保整体的学习环境，使学习者能够"生活"在学习中。

绿色能力建设。绿色能力建设的目标是每所学校至少有一位领导和一位教师接受过培训，知道如何将气候变化教育融入教学。将气候变化教育纳入职前和在职教师培训，培育教育工作者的关键能力。

绿色社区。绿色社区的愿景是所有国家都能提供至少3种方式，为正规教育体系外的成人提供学习机会，发展技能、态度与行动能力，将气候变化教育融入终身学习与学习型城市建设。

（三）实施路径

气候变化教育系列网络研讨会。作为牵头机构，联合国教科文组织将于2023年组织举办"气候变化教育促进社会变革"系列研讨会，分别探讨"什么是绿色学校""不受气候变化影响和适应气候变化的学校是什么样子的""学校如何与社区协作""变革性学习环境如何塑造学习内容""绿色学校接下来要走向哪里"等。

---

① 张婧、王巧玲、史根东：《未来10年全球可持续发展教育：整体布局与推进路径》，《环境教育》2022年第11期，第52~55页。

绿色教育伙伴关系全球倡议。联合国教科文组织鼓励各国在 4 个行动领域加入绿色教育伙伴关系，且承诺在 2030 年之前实现至少 2 个设定目标，定期监测进展情况。全球网络"ESD-Net 2030"将提供一个交流经验和展示良好做法的平台。

融入全球可持续发展教育框架。将气候变化教育作为可持续发展教育优先主题事项，联合国教科文组织一直在努力使教育成为国际应对气候变化的一个更核心和更明显的部分。

二　气候变化教育的中国方案

（一）理念方案：人与自然和谐共生

建设生态文明社会是我国的基本国策，中国政府从政治、经济、社会、文化与生态文明五个方面确立了统筹推进"五位一体"的总体布局，提出"创新、协调、绿色、开放、共享"的"五大发展理念"，生态文明成为国家总体发展战略的核心构成。

在 2020 年 9 月召开的联合国大会上，习近平主席代表中国宣布力争于 2030 年前实现碳达峰、2060 年前实现碳中和的目标。党的二十大报告强调，中国式现代化是人与自然和谐共生的现代化，必须牢固树立和践行"绿水青山就是金山银山"的理念，站在人与自然和谐共生的高度谋划发展。在中国古代思想体系中，"天人合一"的基本内涵就是人与自然和谐共生。"人与自然和谐共生"的中国式现代化，既是中国气候变化教育的思想主线，也为推进世界可持续发展提供了中国智慧。

（二）政策方案：绿色低碳发展国民教育体系的构建与实施

2015 年发布的《中共中央　国务院关于加快推进生态文明建设的意见》提出，"使生态文明成为社会主流价值观，成为社会主义核心价值观的重要内容。从娃娃和青少年抓起，从家庭、学校教育抓起，引导全社会树立生态

文明意识。把生态文明作为素质教育的重要内容，纳入国民教育体系和干部教育培训体系"。2019 年发布的《中国教育现代化 2035》，提出紧紧围绕统筹推进"五位一体"总体布局，将生态文明与可持续发展教育融入教育现代化的全过程。

《国家应对气候变化规划（2014—2020 年）》提出，将应对气候变化教育纳入国民教育体系，并相应提出应对气候变化知识进学校、进课堂等行动计划。2022 年 6 月，我国 17 部门联合发布的《国家适应气候变化战略 2035》特别提出，"全方位多渠道开展适应气候变化相关培训和宣传教育""以自然保护区、动物园、植物园、森林公园等为依托，系统性开展生物多样性保护与适应气候变化宣传。积极开展学校、社区综合防灾减灾宣教活动，形成全社会广泛参与的良好局面"。《中国落实2030 年可持续发展议程进展报告》也提到，"加强应对气候变化资金、法制、人才保障""大力开展教育、培训和宣传，全社会应对气候变化和低碳意识进一步提升""逐步形成全社会共同关注、广泛参与的低碳发展格局"。

2020 年 4 月，教育部办公厅、国家发展改革委办公厅联合印发《绿色学校创建行动方案》，提出"到 2022 年，我国 60% 以上的学校达到绿色学校创建要求，有条件的地方要争取达到 70%"。2022 年 11 月，教育部发布《绿色低碳发展国民教育体系建设实施方案》，把绿色低碳发展理念纳入国民教育体系各个层面，培养践行绿色低碳理念的新一代青少年，发挥好教育系统人才培养、科学研究、社会服务、文化传承的功能，为实现碳达峰碳中和目标做出教育行业的特有贡献。这一政策文件对气候变化与"双碳"教育体系一体化构建与实施提出了时代要求。

（三）区域方案：各具特色的区域推进模式

联合国教科文组织中国可持续发展教育项目研制生态文明教育示范区评估标准并在全国各地建立多个生态文明教育示范区。在此基础上，又创建了气候变化教育示范区，带动示范区的学校与政府、机构、社会、企业等共同建立起气候变化教育特色推进模式。如北京市大兴区碳中和学校联盟推进、北京市石景山区一体化推进气候变化特色教育、北京市房山区乡村气候变化教育特色示范，河北省青龙满族自治县将劳动教育与气候变化教育融合的特色示范区，上海推进"气候变化教育"特别项目等。

案例1　北京市大兴区碳中和学校联盟推进[①]

在北京市大兴区区委、教委的支持下，2019~2023年，北京市大兴区第八小学（下文简称"大兴八小"）积极创建碳中和学校，在节能低碳环保领域开展了多样的探索性活动，试点校形成了丰硕的特色经验和成果。

在此基础上，大兴区以大兴八小作为碳中和学校龙头校，作为孵化器发挥辐射、带动作用，成立北京市大兴区碳中和学校联盟。大兴区教委主任赵建国宣读"北京市大兴区碳中和学校联盟"名单，涵盖大中小幼各个层面，共有29所学校，具有很强的代表性和试点价值。同时在大兴区进修学校设立北京教育科学研究院生态文明与可持续发展教育创新工作室（大兴分站）、北京市大兴区碳中和大中小幼一体化碳中和科教联盟、大兴八小碳中和青少年科技创新学院与大兴八小碳中和教师研修院。大兴区通过建设高质量碳中和学校联盟、高水平碳中和教师队伍、高标准碳中和合作交流平台等区域推进策略，为"双碳"目标的实现提供了具有示范性、可借鉴的区域教育范本。

案例2　上海推进"气候变化教育"特别项目[②]

浦东新区南汇新城镇社区（老年）学校与上海交通大学中英国际低碳学院、上海海事大学、上海海洋大学等密切合作，在长期开展针对社区居民、老年人的科普教育基础上，继续组织气候变化主题的"人文行走"活

---

① 资料来源：北京市大兴区教育委员会。
② 资料来源：华东师范大学上海终身教育研究院。

动，通过在海堤、海绵公园、主题场馆的体验式学习，开展气候变化教育专题的夏令营，持续增强社区居民对于气候变化的理解，改进社区居民生活习惯。

在华东师范大学上海终身教育研究院的推动下，"黄河口长江口联动开展可持续发展教育"项目成功确立，预计开展时间为三年，直接受益人约5万人，间接受益人约20万人。参与研究的两地教育工作者、研究者将在气候变化背景下，通过学校、家庭、社会协同，黄河口长江口联动，共同促进生态文明教育，创新开展可持续发展教育。

（四）一体化方案："生态文明素养+绿色学校+生态课程"一体化

以习近平生态文明思想为指导，深入贯彻"人与自然和谐共生"的中国式现代化的时代要求，聚焦气候变化教育融入国民教育体系各个层面的切入点和关键环节，构建特色鲜明的气候变化教育一体化管理体系，为实现碳达峰碳中和目标奠定坚实思想和行动基础。

1. 生态文明素养一体化构建与实施，回答低碳发展教育培养什么人的问题

以中国古代生态哲学与螺旋动力整体理论为理论基础，对接学生发展核心素养，借鉴现有测评框架成果，从文化特质、学生心理、表现场景三个维度整体性厘定生态文明素养关键指标，对标义务教育与普通高中教育育人目标，初步构建了包括"生态情怀、生存技能、生态智慧、生态审美、生态实践"五个关键素养的测评框架。

其中，生态情怀是生态文明素养的价值主线，生态智慧是生态文明素养的思维内核，生存技能是生态文明素养的行为落点，生态审美是生态文明素养的文化基因，生态实践是生态文明素养的责任体现。

同时，生态文明素养水平层级的决定性因素是潜藏在人"内在系统"中的那些价值模因与思维方式。而且青少年生态文明素养水平在生物—心理—社会—精神复杂性的不同层级中前进，是从关注"我"到关注"我们"的螺旋上升过程。据此，青少年生态文明素养可包括如下六个水平层级的螺

旋递进。其一，小学低段侧重自然亲近者培育，使学生意识到需求与欲望的差别，崇尚自然简朴的生活。其二，小学高段侧重生态守护者培育，使学生初步理解人与自然和谐共生关系，积极参与校内外生态保护活动与绿色社会建设。其三，初中阶段侧重生态乡民培育，使学生关注家乡和国家的环境与可持续发展问题，积极参与家乡生态行动。其四，高中阶段侧重生态战略家培育，使学生树立人地协调观，在反思个人行为和人类活动对环境影响的基础上，关注全球环境，共同制定和实施创新行动。其五，职业教育阶段侧重绿色技能培训，使学生掌握生活与生存中的相关绿色职业技能。其六，大学阶段侧重生态文明主导者培育，使学生具有基于全局系统进行研判与规划的能力；反思现行政策、技术进步可能带来的挑战与风险，并提出创新解决方案的能力；在参与碳达峰与碳中和等重大行动中发挥作用，担负起生态文明建设与全球可持续发展责任的能力。

2.生态文明教育绿色学校的一体化构建与实施，回答哪里培养人的问题

本文在对 100 名可持续发展教育实验学校学生进行访谈与问卷调查的基础上，从中国传统生态哲学的整体性视角，从"个体—群体"及"内—外"两个维度构建了生态文明教育绿色学校领导力"整体模型"，并深入探讨了其测评框架。该模型的核心是价值领导力，在绿色价值观驱动下，促进形成学校行为模式与行为系统，并逐步积淀为学校文化，最终实现学校组织系统发展变革。

绿色价值。绿色价值主要包括价值层级、价值愿景与价值共识三个关键指标。绿色价值观是专注于内部能力，尊重生命与健康、尊重资源与环境、尊重多样性与差异性、尊重当代人与后代人的生态价值观，有助于推动学校领导者创造共同利益。

低碳行为。低碳行为主要包括健康行为、低碳行为与适度消费行为三个关键指标。倡导健康生活方式与行为习惯，主要包括健康起居、健康饮食、健康运动、健康情志等。倡导低碳生活方式与行为习惯，主要包括低碳家居、低碳出行、低碳饮食、低碳服饰等。倡导适度消费行为习惯，主要包括购买绿色食品、适度消费等。鼓励校园低碳行为的核心是将低碳行

为进行量化并赋予一定的价值,依据相应的方法学核算低碳行为的碳排放量,量化并折算成"碳币"发放到相应师生账户中,达到提高师生低碳意识的目的。

绿色文化。绿色文化主要包括文化基因、地方认同与学校依恋等。中国传统生态文化的可持续发展思想与智慧,是绿色学校文化的根基,为绿色学校建设开启了智慧之门。传承中国传统生态文化基因,是建设绿色学校的内在价值驱动。地方是人的生活场景与环境,更是寄托情感之处。每个人的经历和记忆与地方之间存在着深厚的情感。学校依恋的形成一方面是师生与学校的相互作用,学校满足了师生的基本需求;另一方面是师生在与学校交互作用的过程中,对校园环境与文化氛围等产生的归属感和依恋情绪,它带给师生积极、愉悦、安全、放松等正性情感。

绿色管理。绿色管理包括办学理念、课程教学与校园环境三个关键指标。其一,办学理念。将生态文明教育纳入学校规划、办学理念与育人目标,使生态文明教育在学校各项工作中处于主导地位。其二,课程教学。将生态文明教育融入课程教学中,开展生态文明系统化主题式课程教学,开展系列主题教育活动。教师作为教育教学实践主体内嵌于学校组织,因此,对教师在课程与教学中的作用需要予以高度重视。其三,校园环境。体现绿色、循环、共享、示范的基本原则,使用节能减排设备设施,充分利用多种空间,实现"平面+立体"种植;实现校园内垃圾分类精细化、资源利用循环化、可再生能源使用常态化,使学校成为当地节能降碳减排示范单位。

3. 气候变化教育课程一体化的构建与实施,回答怎样培养人的问题

将碳达峰与碳中和以及气候变化主题融入国民教育课程建设中,针对不同年龄阶段青少年的心理特点和接受能力,研发相应课程,是将气候变化主题融入课程教学的基础工程。

高等教育阶段:气候变化与生态文明知识图谱构建。图谱构建能够针对复杂的问题连接零散的相关知识,促进形成知识网络。它是最上位、最核心和最本质的概念,能为学习者提供合理的生态文明认知结构。其概念

体系的内在逻辑在于：其一，气候变化与生态文明的逻辑起点是"生态危机"，是工业文明所带来的资源环境问题及其与经济、政治、文化、社会发展的关系问题；其二，气候变化与生态文明的逻辑中介是"绿色发展"，环境问题的本质是发展方式、经济结构与消费模式方面的问题，要从根本上解决环境问题，必须走绿色发展道路；其三，气候变化与生态文明的逻辑归宿是"生态福祉"，是生态带来的福利和幸福，是人民群众日益增长的对美好生活的向往；其四，气候变化与生态文明的逻辑终点是人类命运共同体，是人与自然生命共同体的共生共荣。"和谐共生"是人与自我的身心和谐、人与自然的和谐共生、人与社会经济的和合共荣、人与人类的和美与共的统一。

基础教育阶段：气候变化系统性主题式学习课程从内容范畴上统领综合性学习的方式，推动学习者从事实性知识学习走向概念性理解学习，是学生素养培育的重要实践样态。

气候变化系统性主题式学习课程设计模式，涵盖了气候变化与生态文明领域的事实和技能，更加注重对生态文明的概念性理解。它引导学习者对事实和技能进行加工，在概念层面将知识与技能进行迁移，通过激发个人智力而增加个人学习动力。以概念为本的气候变化教育课程是以观点为中心的，而非以知识为中心，其实现路径体现在以下方面。

其一，主题情境与目标分析。充分发挥生态纪念日的作用，在不同年度生态纪念日会有不同主题，而这个主题一定是综合多方观点而传达的一个重要理念，它为概念理解持续提供了特定的时间、特定的地点与特定的真实情境。充分把握与解读事实情境，既是让气候变化主题从抽象走向具象的一个载体，更是以概念为本的气候变化教育课程与教学目标设计的重要起点。

其二，概念图谱与意义概括。基于对生态纪念日历届主题的分析，构建气候变化教育主题的概念图谱，同时将其与各学科课程标准进行关联分析，并与学生个体的已有认知、兴趣与经验进行关联。如《湿地校园规划师》课程中，通过各种关联，构建气候变化教育概念图谱，大大拓

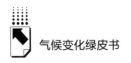

展了师生的认知范围，激发了课程创新的动力，形成了更有意义的概括与理解。

其三，问题识别与协同思考。气候变化议题式学习课程会利用三种问题——事实性问题、概念性问题、激发性问题，引导学习者思维朝概念性理解目标发展。事实性问题是关于事实性知识的问题，是学习者通过查询资料等方式可以自己解决的必要性问题。概念性问题是在概念关联过程中生成的有意义的观点并予以学习验证的问题。激发性问题是深层次、半开放式、争议式的复杂性问题等。开展教学时，教师要引导学习者进行协同思考与合作学习，促进更多观点互动碰撞。

其四，探究学习与沉浸体验。充分利用博物馆、社会场所、高等院校等机构开展深度探究学习，为学习者提供沉浸体验空间，如正向的、积极的气候变化主题体验；设计有层次的探究学习任务，为个体在参与活动的时候提供非常大的愉悦感与动力。

其五，成果展示与应用创新。气候变化主题课程成果展示与应用创新是非常重要的一环，它不仅可以检验学生的学习成果，还可以激发学生的学习兴趣和创新能力。通过研究课题的选择、研究方法的选择、研究过程的规划、研究成果的展示和研究成果的反思等实践方法，可以帮助学生更好地开展探究性学习，提高学习动力和学习效果，培养学生的创新能力和问题解决能力。

（五）社区（老年）教育方案：融入生活的行为改进和代际学习

育人价值的实现存在于学校、家庭、社会协同的全过程、全领域[1]，从国民教育体系拓展到终身教育体系，社区（老年）教育将不仅对社区居民（老年人）产生极大影响，也将反哺基础教育、高等教育、职业教育等，体现更为明显的全民终身学习特征。其一，充分重视居民、老人的已

---

[1] 李家成：《实现认识转变：健全学校家庭社会协同育人机制的前提——基于学习型社会、学习型大国建设的背景》，《人民教育》2023年第10期，第10~13页。

有生活经验。在开展气候变化教育的过程中，非常需要开发学习者的已有经验，让宏大的国家主题与每个人的生命体验、生产生活结合起来，让每个学习者成为自我教育、教育他人的主体。其二，充分推动综合性、多样化的学习方式。通过参观访问等体验式的学习，使学习者获取更丰富、多样的学习资源；通过参加讲座、阅读等系统学习的方式，使学习者形成完整的知识结构，提升学习意识；通过服务学习等方式，将气候变化教育的实效直接表达出来，并促成更好的教育成效。其三，充分提高在合作学习中共学互学的效益。通过共学互学，借助学习团队建设等，整体提高教育效益。以"一老一小参与其中的代际学习"为例，这种方式既可充分发挥老人丰富的经验优势，支持儿童的学习，也可以儿童的学习热情和探究精神，带动老人保持良好的学习状态。其四，将教育充分融入学习者日常行为习惯的改变之中。社区（老年）教育高度关注家庭、社区生活的改进，直接服务于学习者的身心健康和生活品质提升。在开展气候变化教育的过程中，学习资源可以来自生活，教育成效也要反哺生活。尤其是鼓励、支持社区居民、老年人践行绿色生产和生活方式，这具有重要的社会价值。

三 气候变化教育的政策建议

（一）加强生态文明教育示范区建设，提升区域教育服务贡献力

国家生态文明示范区建设是推动生态文明建设的重要形式，是持续推动美丽中国建设的重要路径。加强生态文明教育示范区建设，将绿色指数作为衡量区域新时期教育高质量发展的重要指标，是全面系统推动气候变化教育与"双碳"教育的重要举措。要认真研究各区域面向 2035 年的规划文件，研制教育促进区域发展的整体框架，提升区域教育对实现"双碳"目标的实际贡献力。

（二）将气候变化纳入"国培计划"，系统开展绿色低碳发展教育培训

教师是学习者转型的重要推动者，也是可持续未来的建设者和传播者。[①] 推动高等教育和成人教育等各级教育将气候变化纳入"国培计划"，推动各级教育行政部门和继续教育学院等在校长培训和教师培训课程体系中加入碳达峰碳中和以及气候变化最新知识等，推动教师队伍率先树立绿色低碳理念，提升绿色低碳知识传播能力。

（三）开通绿色职业规划家长服务平台，提升青少年生存技能

2022 年，《中华人民共和国职业分类大典（2022 版）》标识了 134 个绿色职业，绿色岗位的需求持续增长，绿色职业将为经济社会高质量发展发挥重要作用。同年，教育部印发《新农科人才培养引导性专业指南》，面向粮食安全、生态文明、智慧农业、营养与健康、乡村发展五大领域，设置了新农科人才培养的引导性专业。这意味着，绿色职业成为未来学生就业的新发展方向。应立足立德树人，构建家校社协同推进"双碳"教育的平台，将绿色技能课程整合融入家庭与社区的相关实践活动中，帮助家长及青少年更早了解绿色产业与绿色职业发展走势，提升青少年的生存技能。重视幼小衔接以及义务教育与高中教育的衔接、校内教育与校外教育的衔接。根据学生所在年级激发学生的内在学习动机，孕育学生的学习激情，实现生活化学习的梯度分层。[②]

---

① 王巧玲、张婧、史根东：《联合国教科文组织世界可持续发展教育大会召开——重塑教育使命：为地球学习，为可持续发展行动》，《上海教育》2021 年第 24 期，第 44~47 页。

② 戴剑：《进阶式气候变化跨学科主题学习活动设计与实践》，《地理教学》2023 年第 4 期，第 28~31 页。

（四）举办生态文明教育国际会议，讲述与传播气候变化教育故事

当前世界格局正在发生深刻调整，冷战思维与强权政治，为世界的和平发展带来风险与挑战。欧盟倡导创建的气候教育联盟希望激发、丰富、创新欧洲教育体系应对气候变化的能力，以集体决策、协同行动、可持续适应力为三大纲领。[①] 面向未来，我们需要通过更多的生态文明教育国际会议与交流平台，展示真实立体全面的中国生态文明教育故事，引导青少年积极推动联合国 2030 年可持续发展目标落实，让世界更好地了解中国教育智慧与教育方案，提升我国生态文明领域的国际影响力，展现美丽中国的新形象。

---

① 李震英：《欧盟：创立气候教育联盟，促进气候教育行动》，《上海教育》2023 年第 2 期，第 37~39 页。

G.17

气候变化和极端天气对新型
电力系统的影响及应对*

刘泽洪　陈星　刘昌义　赵子健　杨方**

摘　要： 在气候变化背景下，气候系统对电力系统的影响日益加深。新型
电力系统具有"三高、双峰"特性，气候变化和极端天气气候
事件对新型电力系统"源网荷储"各子系统和"发输配用"各
个环节的影响程度更深、范围更广、风险更大。本文分析新型电
力系统的发展趋势与特点，梳理气候系统对新型电力系统的影响
途径和机理，建立新型电力系统气候风险评估框架，评估气候变
化和极端天气气候事件对可再生能源发电、负荷、电网基础设
施、电力系统运行的影响。最后提出了建立多元化电源结构、加
强市场建设与需求侧管理、推动电力与气象预测协同发展、建立
关键基础设施协同应灾体系等促进新型电力系统适应气候变化的
政策建议。

关键词： 气候变化　极端天气气候事件　新型电力系统

---

* 本文是湘江实验室重大项目"面向新型电力系统的智慧能源关键技术及应用"（项目编号：
23XJ01006）的阶段性成果。

** 刘泽洪，教授级高级工程师，全球能源互联网发展合作组织驻会副主席，研究领域为超/特
高压输电技术与电力系统；陈星，全球能源互联网发展合作组织经济技术研究院气变环境处
高级工程师，研究领域为气候环境与能源电力；刘昌义，全球能源互联网发展合作组织经济
技术研究院气变环境处高级工程师，研究领域为气候变化经济学；赵子健，全球能源互联网
发展合作组织经济技术研究院气变环境处高级工程师，研究领域为大气环境与能源电力；杨
方，教授级高级工程师，全球能源互联网发展合作组织经济技术研究院气变环境处处长，研
究领域为电力系统。

一 引言

气候变化背景下，气候系统与能源电力系统之间的联系日益紧密。一方面，构建新型能源系统和新型电力系统、推动能源电力行业率先实现零碳转型是实现"双碳"目标的关键；另一方面，电力系统正由传统电力系统向新型电力系统转型，电力系统"源网荷储"各子系统、"发输配用"各个环节以及电力系统规划运行管理方式正在发生根本性的变革。与此同时，随着全球和我国气候变化加剧，极端天气气候事件频发，气候变化和极端天气气候事件对新型电力系统"源网荷储"的影响程度更深、范围更广、风险更大。因此，有必要加强研究气候变化和极端天气对新型电力系统的影响及未来风险，以不断提升电力系统适应气候变化和灾害风险管理的水平。

2021年3月中央财经委员会第九次会议首次提出"新型电力系统"的概念。此后，《"十四五"现代能源体系规划》《2030年前碳达峰行动方案》等文件将构建新型电力系统作为落实"双碳"目标的重点工作任务。2022年6月，《国家适应气候变化战略2035》正式发布，首次提出"到2035年气候适应型社会基本建成"目标，指出能源基础设施要提高极端天气耐受能力，通过能源与气象信息深度融合，提升能源供应安全保障水平。IPCC第五次评估报告指出，能源部门是对气候变化最脆弱的经济部门之一。电力是关乎国计民生的关键基础设施，电力系统适应气候变化是国家适应气候变化战略的重要组成部分。

二 新型电力系统气候风险评估框架

（一）气候风险要素及未来发展趋势

我国当前和未来气候变化、极端天气呈加剧趋势。1960年以来，受全球气候变化影响，中国的平均气温、极端天气气候事件的发生频率和持续时间都发生了显著的变化。极端高温和高温热浪事件的发生频率、强度和持续时间增加，极端低温寒潮事件的发生频率、强度和持续时间减少，夏日日数和热夜日数增加，霜冻日数和冰冻日数减少。东部地区弱降水减少、强降水增加，形成"南涝北旱"的降水格局。与 1986～2005 年相比，未来，在 RCP2.6、RCP4.5、RCP8.5 三种情景下，21 世纪末中国平均温升将分别达到 1.4℃、2.6℃、5.1℃；年平均降水将分别增加 5%、9%、13%，且北方相对变湿，南方相对变干；中国区域平均高温热浪发生天数增加 7～31 天；极端干旱事件在中国北方将减少，南方将增加；极端降水将从目前的 50 年一遇分别变为 17 年、13 年、7 年一遇。[①]

（二）新型电力系统的发展趋势与特点

1. 新型电力系统具有"三高、双峰"特性

新型电力系统具有高比例可再生能源接入，电力系统高度电子化，未来跨省跨区电力输送比例更高，夏季和冬季的用电高峰趋势愈加显著的特点。在电源侧，电源结构由以化石能源为主向高比例可再生能源转变；在负荷侧，负荷特性由刚性和消费型向柔性和产消融合型用电负荷转变；在运行侧，运行特性由传统的"源随荷动"单向计划调控向"源网荷储"多元协同互动转变。[②]

2. 新型电力系统的发展趋势

根据全球能源互联网发展合作组织及国内各机构对未来新型电力系统的预测，到 2050 年和 2060 年，我国一次能源消费中清洁能源占比将由 2022 年的 17.5% 分别提升到 75%、90%，电能占能源消费比重由 27% 分别提升到 63%、66% 左右；电力系统中，清洁能源装机占比将由 48% 分别提升至 92%、96% 左右，其中风电和太阳能发电装机占比分别超过 75%、80%；清

---

① 《第四次气候变化国家评估报告》编写委员会：《第四次气候变化国家评估报告》，商务印书馆，2022。
② 辛保安：《新型电力系统构建方法论研究》，《新型电力系统》2023 年第 1 期。

洁能源发电量占比由 34% 分别提升至 92%、96% 左右。[1]

3.新型电力系统对天气气候系统的依赖性持续加深

可再生能源的波动性、随机性、不可控性等特点成为影响电力系统安全运行、可靠供应的突出问题。新能源（风光电源）"大装机小出力"特征明显，发电"靠天吃饭"属性突出，"极热无风""极寒无光"等用电高峰期间新能源对系统顶峰作用贡献度较小，现阶段对电力的平衡支撑能力不足；新能源发电设备的低抗扰性、弱支撑性，对电网安全运行带来挑战。随着新能源大规模快速发展，极端天气发生频次和强度持续升高将导致电力系统的气候敏感性迅速上升，新型电力系统电力电量平衡、系统运行稳定、电力调控管理等面临新的挑战。

（三）电力系统的气候风险概念框架

根据联合国政府间气候变化专门委员会（IPCC）对气候风险的定义，气候风险由各类气候灾害要素、暴露度和脆弱性组成。[2] 本文针对电力系统与气候系统的特点，梳理了二者之间的影响机理和途径，建立了电力系统的气候风险概念框架。在此基础上分析传统电力系统与新型电力系统面临的气候风险的差异。

1.气候系统对新型电力系统的影响途径更为直接、程度更深

一方面，传统电力系统电源主要由火电构成，气候变化和极端天气对电源的影响有限，即便天气对负荷造成波动，火电也更容易通过调节发电功率满足负荷波动。在新型电力系统中，风光水成为主要电源，气候系统通过气候变化和极端天气气候事件等，直接影响风光水等气候要素，进而影响可再生能源资源和风光水电的发电功率；与此同时，在极端高/低温时段，可再

---

① 全球能源互联网发展合作组织：《中国 2060 年前碳中和研究报告》，中国电力出版社，2021。

② IPCC, Managing the Risks of Extreme Events and Disasters to Advance Climate Change Adaptation, A Special Report of Working Groups I and II of the Intergovernmental Panel on Climate Change (IPCC), 2012.

生能源电源出力下降，无法满足尖峰负荷，电力系统安全稳定运行难度加大。另一方面，传统电力系统面临的气候灾害，主要包括通常气象学上定义的高温热浪、低温寒潮、暴雨洪涝、雨雪冰冻、干旱、台风、野火等天气气候灾害。但新型电力系统除面临上述天气气候灾害外，还面临极热无风、极寒无光、极旱无水等新型复合型气候事件，面临更多更新的气候风险要素。

2. 新型电力系统的气候暴露度更广、脆弱性更强，从而间接提高了电力系统的气候风险水平

电力系统包括电源、电网、负荷和储能（简称"源网荷储"）子系统和发电、输电、配电和用电（简称"发输配用"）各个环节。在电源侧，电源又分为火电（煤电和气电）、核电、可再生能源电力（包括水电、风电和太阳能发电等）等，相较而言，可再生能源电力更易受气候系统波动和气候变化的影响，脆弱性更强。在电网侧，电网又可分为不同电压等级的输电线、塔杆、换流站等。未来随着西部清洁能源大基地的开发和"西电东送、北电南供"电网互联格局的形成，以及电源和电网设施的增多，新型电力系统的气候暴露度将逐渐提高。在负荷侧，负荷又分为第一、第二、第三产业和居民用电负荷，相较而言，第三产业和居民用电负荷在夏/冬季用电高峰更易受极端高/低温的影响，导致新型电力系统的脆弱性更强。综上，与传统电力系统相比，新型电力系统的气候风险倍增。

3. 新型电力系统需要更加注重减缓和适应气候变化协同

电力系统能够通过减缓和适应两大途径影响气候风险水平。电力系统是影响气候系统的重要部门。中国电力系统（主要是煤电）的二氧化碳排放量占总排放量约40%，是最大的排放部门。[①] 通过电力行业的清洁化、电气化、网络化能够带动终端能源使用行业（包括工业、交通、建筑等）实现减排。因此，电力部门减排关系到全社会"双碳"目标实现。新型电力系统具有"三高、双峰"特性，电力系统对气候变化和各类极端天气气候事

---

① 舒印彪、张丽英、张运洲等：《我国电力碳达峰、碳中和路径研究》，《中国工程科学》2021第6期。

件的适应水平，直接关系到电力系统安全稳定运行和电力基础设施安全，因此电力系统适应气候变化和加强灾害风险管理是国家适应战略实施的重中之重。在大力发展可再生能源以实现减缓目标的同时，需要注重加强减缓和适应气候变化协同，降低电力系统和全社会的气候风险。

三 气候变化和极端天气气候事件
对新型电力系统的影响分析

（一）影响机理分析

随着气候变暖和气候异常加剧，未来极端天气将成常态，呈现"频次高、影响广、时间长、危害大"等新特征，超出现有认知。"双碳"目标下，"水风光"等气候资源将通过大规模开发、配置和使用成为主导能源，能源电力系统与气候系统将通过深度耦合形成复杂巨系统。在未来能源、电力、气候、生态系统深度耦合背景下，电力系统"源网荷储"基础设施与天气气候关系复杂交织，极端天气作为"风险倍增器"，将加剧电力系统安全稳定运行面临的挑战。

1.需要以气候变化科学机理为基础，从电力系统组成要素全环节、全过程进行气候风险分析

一是电源侧。电源受到气候变化的影响越来越大，气候变化会影响传统电源发电效率和冷却用水，影响新电源出力曲线，导致电网物理风险增加。比如强降水和洪水可能会毁坏火电厂，水资源短缺会影响火电厂冷却用水，高温会降低火电厂发电效率；气候变化会改变水资源时空分布，热带气旋会毁坏水电厂；光伏发电面临更高频率热浪、野火、热带气旋的威胁。二是负荷侧。气候变化通过温度传导增加制冷需求、减少采暖需求，影响用电负荷，可以从建筑、工业、交通三个部门来分析制冷和采暖需求变化，以及其对相关产业等的影响，比如极端天气气候事件增加会影响对物理加固和灾后重建的需求，进而影响对水泥和钢铁的需求。三是电网

侧。电网是电力系统最容易受到气候影响的子系统，电网毁坏是气候相关停电事故发生的主要原因。未来输配网的扩展可能会增加气候风险，从而增加停电事故发生的可能性。需要分析各风险要素对电网的影响，如野火会破坏输电线、杆塔、变电站等；热带气旋会造成电网毁坏。

2. 电力系统与其他能源供给系统、矿物资源系统、供水/交通/通信系统等深度耦合，需要分析电力系统对其他关键系统的影响

气候变化和极端天气气候事件会影响能源开采、处理、运输等环节，同时也会影响能源生产与使用所需的关键矿物的产量，从而影响电力系统，电力系统发生灾害事故后又会接连影响其他基础设施。一是其他能源供给系统。煤矿开采需要大量水资源，未来煤炭开采区气候更加潮湿，会减轻水压力，但同时会增加煤炭含水量；热带气旋、海平面上升会影响沿海油气生产基地，野火、干旱分别会影响石油和页岩气的开采精炼等。虽然气候变暖和二氧化碳施肥效应对生物质能有利，但干旱增加对生物质能开发与利用不利；气候变暖导致蒸腾作用加强，大气湿度增加，更易发生暴雨、骤旱、旱涝急转等灾害，对水资源造成影响。二是矿物资源系统。锂、镍、钴、锰和石墨等对于电池性能而言至关重要，稀土元素对风机和电动汽车引擎很重要，电网需要大量铜和铝。三是供水、交通、通信系统。停电事故会导致交通、通信、供水等城市生命线系统功能失效，医疗卫生机构等重要用户无法获得电、水资源供应以及通信、交通服务，从而严重威胁城市公共安全。

（二）对可再生能源发电的影响

可再生能源的自然特征导致其对气候变化和极端天气气候事件较为敏感。外界环境的变化会影响可再生能源发电环节的运行效率。影响太阳能发电的关键气象因素是大气浑浊度和云量，它们决定了热能转换和光伏发电环节的效率。风力发电效率受风速、风向以及覆冰等气象的直接影响。

1. 对水电的影响

水电站的运行直接受水文气象要素变化的影响，对于环境变化的敏感性较高。已有研究表明，气候变化将大大增加世界各地水电项目所在河流发生洪水和干旱的频率，从而增加水电项目安全运行与发电的风险[①]。极端高温干旱发生频率升高将引发水电季节性特征改变。极端高温往往伴随高压气候系统，导致降雨量减少和蒸散量增加，形成复合型极端高温干旱事件，使地表径流不足、江河水位下降，从而影响水电出力。

有学者基于水风险评估工具（Water Risk Filter）[②] 分析发现，大约26%的现有水电大坝和23%的拟建水电大坝位于目前具有中等至极高水风险的流域内；预计到2050年，由于气候变化，32%的现有水电大坝和20%的拟建水电大坝将面临更高的风险。在洪水风险方面，75%的现有大坝和83%的拟建大坝位于具有中高至极高风险的流域内。21世纪以来，中国南方地区极端干旱事件频繁发生，对水电的影响也相应增大。2003年，南方地区发生严重的夏秋连旱，造成湖南、江西、浙江、福建、海南、广东、广西、贵州8省区水电发电量减少，造成缺电。2006年，四川东部和重庆发生历史罕见持续高温干旱，重庆市2/3的溪河断流，水力发电减少120万千瓦。[③]2009~2010年西南地区发生历史罕见秋冬春特大干旱，云南、广西、贵州水力发电受到较大影响。2011年，西南地区又出现夏秋连旱，贵州8月底多数水电站接近死水位，水力发电基本瘫痪。2022年夏季，中国受西太平洋副热带高压位置和强度异常的影响，7月以来长江流域降雨量较常年同期偏少46%，四川水电来水偏枯达五成，8月中国水电发电量同比下降超过10%。受持续性高温干旱天气影响，欧洲多条河流严重缺水，截至2022年7月底，水电大国挪威的水库平均蓄水率为68%，较过去10年同期平均水平低约10个百分点。

2. 对风电的影响

极端低温（寒潮）对风机最主要的影响是使设备出现覆冰和冰冻问题，

①　江文、李慧：《气候变化将导致水电项目所在河流发生洪水和干旱的风险急剧增加》，《水利水电快报》2021年第4期。

②　Opperman Jeffrey J., et al., "Using the WWF Water Risk Filter to Screen Existing and Projected Hydropower Projects for Climate and Biodiversity Risks", *Water*, 14 (5), 2022: 721.

③　《第二次气候变化国家评估报告》编写委员会：《第二次气候变化国家评估报告》，科学出版社，2011。

强度较大的寒潮天气叠加较高的湿度条件，导致风机脱网的概率显著增加。其中易受影响的部分主要包括叶片气动外形改变与阻尼系数提升；风机叶片覆冰导致叶片受力不均，叶片材料断裂的风险提升；风机上的设备出现冰冻现象会影响机组的正常运行和控制。

从极端大风对风机的影响来看，虽然风速大会提升风机的发电量，但是当风速超过一定的安全阈值（超出切出风速），会导致风机停机。一方面，当超过安全阈值时，可能会发生塔架倒塌、叶轮飞车等事故；另一方面，如果出现风电机组在短时间内大规模切出的现象，则会影响局部地区的电压及频率稳定。[①]

2022年夏季，中国受干旱高温事件影响，长期气候变暖叠加短期高压静稳天气，风电保障能力持续低于预期。气候尺度上，由于气候变暖，地区之间气压差缩小，平均风速呈长期下降趋势；天气尺度上，高压气候系统造成静稳天气，进一步导致短期风速减弱。2022年7月，中国风电平均出力约6339万千瓦，仅为装机容量的19%，电力供需紧张加剧。[②]

3. 对太阳能发电的影响

极端低温和极端高温都会影响光伏发电设备的状况和效率。由于光伏组件发电的主要影响因素是太阳辐射，外界环境对于太阳辐射的遮挡均会降低发电效率，比如沙尘暴、雪灾、雾、霾等极端天气会减弱太阳辐射。光伏组件顶部的积雪会使荷载增大，光伏组件、承载支架等设备发生坍塌的可能性将提升。沙尘暴、雾、霾对光伏电站的主要影响是会使光伏组件上出现灰尘或污渍，从而削减组件接收的太阳辐射强度，降低组件的发电量；而且灰尘遮蔽还可能造成热斑问题，在影响发电量的同时还会构成显著的安全隐患。[③]

---

① 李宝聚、齐宏伟、傅吉悦等：《极端气象天气对新能源运行影响分析》，《吉林电力》2022年第1期。

② Liu C. Y. , Lu B. , Qin Y. , et al. , "The Compound Heatwave and Drought Event in the Summer 2022", In Submission.

③ 霍俊、严国刚、孙霞等：《湖北省大型光伏电站灾害风险及防范对策的研究》，《太阳能》2019年第4期。

极端高温致使光伏发电出力不增反降，降低太阳能资源的可用性。一方面长期气候变化可导致光的直接辐射和日照时数呈减少趋势；另一方面极端高温可导致光伏组件输出功率下降，甚至损坏组件，影响系统发电性能。2022年夏季，受干旱高温事件影响，四川光伏装机容量较上年同期增加5%，但7月光伏发电量却同比下降6%。[①]

（三）对负荷侧的影响

气候变化和极端天气气候事件引发的"尖峰负荷"问题日益凸显。负荷侧的用电需求对气温变化较为敏感，特别是夏季极端高温和冬季极端低温，都会造成电力负荷曲线在短时间内的显著变化。

1. 极端高温天气对负荷的影响

极端高温天气对系统负荷影响较大，主要表现为空调负荷激增；持续高温天气还会导致火电厂因为冷凝循环水温度异常出现高减出力、水电水头不足无法发电、风机出力受阻以及线路、变压器过载能力降低等问题；极端高温天气造成的典型系统故障包括1993年希腊大停电，1996年北美西部电网解列，2005年法国热浪电荒，2006年中国川渝电网电荒、西欧热浪电荒，2020年加州大停电等。夏季最高负荷与气温正相关。研究表明，极端情况下夏季最高气温每增加1℃，我国最高负荷可能增加4.5%。随着居民生活水平的提升和第三产业的发展，对温度高度敏感的制冷负荷逐年增多。

2. 极寒天气对负荷的影响

极寒天气造成供暖负荷激增的同时也会增加系统运行的压力。而极寒天气通常还会伴有冰灾发生，导致燃煤、燃气、风电等发电机组无法正常运行，线路杆塔覆冰倒塔断线，燃气、燃煤运输受阻，水电水头不足无法出力等。典型极寒天气导致的电力系统故障包括1998年加拿大冰灾大停电，2008年中国冰灾大停电，2009年美国冰灾大停电，2011年美国东北部大停

[①] Liu C. Y., Lu B., Jin L., et al., "The Impact of the Cold Surge Event in January 2021 on the Power System of China", In Submission.

电、得克萨斯州大停电，以及 2021 年美国得克萨斯州大规模停限电、墨西哥大停电等。我国是遭受极端低温天气影响较为严重的国家之一，区域性冰灾事故频发，20 世纪 50 年代至今已发生 1000 多起 6 kV 以上电压等级的电力系统覆冰灾害。①

（四）对电力系统运行的影响

气候变化和极端天气气候事件对电力系统运行的影响主要体现在大停电事故的发生上。在极端天气诱发大停电事故的过程中，电力系统往往经历四个阶段的变化（见图 1）。一是均衡稳态阶段，电力系统正常运行。二是能量不足阶段，受长期气候变化与短期极端天气影响，燃料供应设施、发电机组设备性能受损，容易导致一次能源供应不足，电力系统处于紧平衡的临界运行状态，呈现能量不足特征。三是容量不足阶段，突发事件发生后电力系统性能迅速下降并突破临界点，导致系统发电、输电能力不足。受热浪、寒潮、干旱等极端天气影响，电力系统薄弱环节与关键节点处的电力设备失灵或受损，电力系统将源端一次能源转换为电能的能力下降，导致安全裕度不足，引发连锁故障甚至系统失稳，最终可能导致系统解列及崩溃。四是重回稳态阶段，及时启动应急处置和修复机制，保障重要负荷，持续供电。一方面通过安控装置动作自动切除故障，避免事故扩大；另一方面协调多种可控资源（如储能装置、可控负荷等）弥补系统功率缺额，提升系统稳定性，并快速恢复电力系统功能至正常运行状态。

与传统停电事故相比，由极端天气诱发的大停电事故呈现四个新特征。一是从均衡稳态阶段发展到容量不足阶段的过程中往往会出现一个能量不足的阶段。二是用电负荷陡增叠加供电能力不足致使保供难度倍增。三是极端天气容易诱发连锁性大停电事故。四是停电事故演化过程具备一定的可预测

① 余潇潇、宋福龙、李隽等：《含高比例新能源电力系统极端天气条件下供电安全性的提升》，《现代电力》2023 年第 3 期。

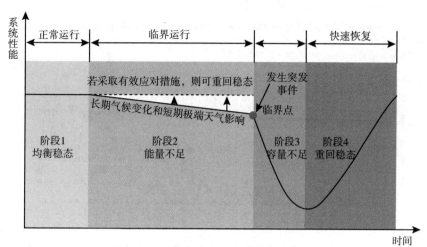

图1 极端天气诱发大停电事故机理

性。其中，能量不足阶段，是极端天气诱发大停电事故的过程中出现的新阶段，对切断从极端天气到大停电事故的演化链十分关键，可采取有序用电、跨区电力支援等积极应对措施进行紧急安全保供。若应对不利，一旦叠加突发事件，例如台风、雷电、冰雪等极端天气灾害，控制系统的误动与拒动，人为网络攻击等，电力系统性能将进一步下降并突破临界点，导致无法满足正常电力需求甚至发生大停电事故。

据统计，1965~2022年全球共发生191次大停电事故，其中极端天气诱发的大停电事故共88次（见图2）。2000年以来，极端天气诱发的大停电事故发生频次显著增加，许多大停电事故的诱因都与异常天气或气象要素变化有关。例如，2020年8月美国极端高温造成电力负荷飙升，用电需求超过了当时的电力资源规划，突发山火导致了部分机组被迫关停，美国加利福尼亚州一度有40多万家企业和家庭断电，加利福尼亚州电网持续处于紧急状态，共计至少81万居民用户的正常用电受到影响。2021年2月美国得克萨斯州遭遇寒潮，天然气井口、供气管道冻结导致天然气产量下降，风机叶片结冰导致风电出力不足，影响450万人用电。

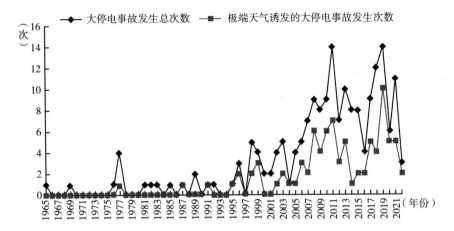

图 2　1965~2022 年大停电事故发生总次数与极端天气诱发的大停电事故次数

资料来源：全球能源互联网发展合作组织：《全球能源互联网发展报告 2023》，中国电力出版社，2023。

四　加强新型电力系统的灾害风险管理与适应对策

全球气候变暖和气候异常加剧，导致极端天气气候事件频发。新型电力系统具有"三高、双峰"特征，其受到气候风险的影响和冲击更大。面向新型电力系统降低气候风险和提升适应气候变化能力，本文提出四点建议。

一是建立多元化电源结构。一个国家或地区由于资源禀赋的限制，电源结构可能会过于单一。当电源主要为风、光、水等气候要素型电源时，受极端天气影响，电力系统可靠性将大大减弱。通过部署更多其他非气候要素型电源，如天然气发电、生物质发电等，电力系统性能可以在能量不足阶段得以快速恢复，从而避免大停电事故发生。同时，在规划运行中加强对新能源的功率预测，通过建立功能完备的数据库和模型计算平台，结合先进传感、实时通信、数据融合、状态估计、态势预测等先进技术，提高面对长期气候变化和短期极端天气气候事件下新能源功率预测的精度和准度，服务新能源基地选址、规划设计与开发运行。

二是加强市场建设与需求侧管理。建立需求侧管理长效机制，通过广泛协作关系实现有序用电。极端天气造成电力供需矛盾激增，需求侧管理涉及政府、市场、调度等主体，协调实施难度增大，因此，需要在更大范围建立长效协同机制，形成电力公司主导、电力用户配合、政府兜底保障的紧密合作关系。挖掘负荷侧可调配供电资源，通过综合供能提升电网韧性，提升电动汽车"车网互联"（V2G）技术水平、强化相关应用，建立配电网与电气化交通网络协同机制。同时，完善电力市场机制，通过完善电量市场，促进容量市场、辅助服务市场等协同，形成充分反映电力供求关系的价格机制，为政府、电力公司、电力用户提供明确信号指导。

三是推动电力与气象预测协同发展。提高气象预测精度，推动气象预报精准服务电力运行，准确预知供应安全风险。极端天气发生的规模、频次、不确定性增加，这就要求电力气象预测时间间隔更短、预测周期更长、参数更全面，从而准确预估电力缺口，保证充足应对时间，有效避免或减少系统能量不足问题。同时，建立预警标准，推动气象预警深度服务电力应急体系，保障生产生活。通过建立警报分级标准，提升极端天气警报的及时性、准确性，形成节电指导与停电预警，促进政府、电力公司、电力用户密切配合，避免无计划停电，最大限度地降低对电力用户的影响。

四是建立关键基础设施协同应灾体系。城市电网与城市天然气管网、供水系统、交通系统等关键基础设施的耦合日趋紧密，大停电事故将进一步导致交通、通信、供水等城市生命线系统功能失效，严重威胁城市公共安全。因此，需要充分考虑电网—燃气、电网—供水、电网—交通系统之间的耦合关系，积极调动政府、企业、社区、公众各方资源，建立精准分配发电资源和用电资源机制，协同优化城市电网与天然气管网、供水系统、交通系统等关键基础设施，共同应对极端天气和气候风险。

G.18
风能和太阳能开发利用对中国
实现碳中和的潜在贡献

王　阳　巢清尘*

摘　要： 能源系统脱碳是中国实现碳中和的关键。然而，社会各界对于
　　　　　"我国风能和太阳能资源禀赋能否支撑碳中和目标的实现"还
　　　　　存有相当大的疑虑。另外，风能、太阳能具有间歇性和波动
　　　　　性，构建以新能源为主体的新型电力系统极具挑战。为了回答
　　　　　上述科学问题，本文基于高时空分辨率风能、太阳能资源数据
　　　　　库，利用地理信息系统空间分析技术，系统评估了中国风能和
　　　　　太阳能资源的技术可开发量，同时构建风光电力供需与空间优
　　　　　化模型，探讨了2050年中国风光资源开发利用对碳中和的潜
　　　　　在贡献。结果表明，在当前技术水平下，中国风能和太阳能资
　　　　　源的技术可开发量为565.5亿千瓦，约为碳中和情景下所需风
　　　　　光装机容量的9倍；到2050年，如果风电装机容量25亿千
　　　　　瓦、太阳能发电装机容量26.7亿千瓦，按照全国小时级的电
　　　　　力电量互动平衡，仅靠"风光"就可以满足全国约67%的电量
　　　　　需求，同时弃电率小于7%。

关键词： 风能　太阳能　碳中和

---

* 王阳，博士，国家气候中心气候变化战略研究室高级工程师，研究领域为风能太阳能资源评
估与预测；巢清尘，博士，二级研究员，国家气候中心主任，研究领域为气候系统分析及相
互作用、气候风险评估、气候变化政策。

一　引言

践行"双碳"目标，能源是主战场，电力是主力军。构建以新能源为主体的新型电力系统是能源电力行业实现"双碳"目标的关键举措。2020年，我国能源活动产生的二氧化碳排放量约为 102 亿吨，约占全社会二氧化碳排放总量的 87%，其中电力行业二氧化碳排放量约占能源活动二氧化碳排放量的 41%[①]。

根据国家能源局统计，截至 2022 年底，我国可再生能源装机容量突破12 亿千瓦，达到 12.12 亿千瓦，占全国发电总装机容量的 47.3%，较 2021年提高 2.5 个百分点，比 G7 国家可再生能源发电装机容量占比高出约 6.4个百分点。其中，风电 3.65 亿千瓦、太阳能发电 3.93 亿千瓦（分别是2012 年的 5.9、115.1 倍）、生物质发电 0.41 亿千瓦、常规水电 3.68 亿千瓦、抽水蓄能 0.45 亿千瓦。风电、太阳能发电装机规模 7.58 亿千瓦，约占全国发电总装机规模的 30%。

碳中和已成为风电和光伏等新能源未来发展的顶层逻辑。然而，社会各界对于"我国风能和太阳能资源禀赋能否支撑碳中和目标的实现"还存有相当大的疑虑。2022 年 6 月 1 日，国家发改委、国家能源局、财政部、自然资源部、生态环境部、住房城乡建设部、农业农村部、中国气象局、国家林草局等联合印发了《"十四五"可再生能源发展规划》（以下简称《规划》）。《规划》明确提到，"十四五"期间要加强可再生能源资源开发储量评估，"会同自然资源、气象等管理部门共同开展地热能利用、风电和光伏发电开发资源量评估，对全国可利用的风电和光伏发电资源进行全面勘查评价，按照资源禀赋、土地用途、生态保护、城乡建设等情况，准确识别各县域单元具备开发利用条件的资源潜力，建立全国风电和光伏发电可开发资源数据库"。因此，为有效支撑各省（区、市）碳达峰、碳中和目标的实

---

① 辛保安：《新型电力系统构建方法论研究》，《新型电力系统》2023 年第 1 期。

现，亟须开展"细颗粒度"的风能、太阳能资源开发储量评估工作。本文基于中国高时空分辨率风能、太阳能资源数据库和地理信息数据库，结合最新的风机机型和光伏组件技术参数，综合考虑影响风电和光伏发电的技术性、政策性和经济性限制因子，利用地理信息系统空间分析方法，开展中国风能、太阳能资源开发储量精细化评估，以摸清我国风能、太阳能资源家底。

据多家研究机构测算，2030 年，我国风电、太阳能发电装机容量将突破 18 亿千瓦，风光发电量占比将超过 25%；2060 年，风光装机容量将超过 60 亿千瓦，发电量占比将超过 70%[1][2][3]。如此大规模的开发利用，究竟该如何优化布局尚不明确。本文基于中国长时间序列高时空分辨率风能、太阳能资源数据库和高分辨率土地利用数据库以及分地区逐小时电力负荷数据库等资料，构建了风光电力供需与空间优化模型，探讨了 2050 年中国风能、太阳能资源开发对实现碳中和的潜在贡献及其优化布局。

二 中国风能和太阳能资源技术可开发量评估

（一）中国风能资源技术可开发量评估

风能资源开发利用主要受风能资源禀赋、现阶段风能利用技术水平，以及地形坡度、土地覆被、水深、海域利用规划、生态红线区、国土空间规划、到城镇和乡村的距离、年平均风速等技术性、政策性和经济性因素的制约。风能资源技术可开发量评估的基本原则是，首先，确定可利用风能资源的区域分布和面积，根据现阶段主流风电机组的额定功率、叶轮直径和利用

① He, J. K., Li., Z., Zhang, X., et al., "Towards Carbon Neutrality: A Study on China's Long-term Low-carbon Transition Pathways and Strategies", *Environmental Science and Ecotechnology*, 9, 2022.
② 全球能源互联网发展合作组织：《中国 2060 年前碳中和研究报告》，2021。
③ 中国宏观经济研究院能源研究所：《中国能源转型展望 2023：COP27 特别报告》，2023。

风速等级计算装机容量系数。然后，通过地理信息系统扣除不可开发风电场的区域，计算受到上述制约因素影响的区域内的风能开发土地可利用率。将不可用于开发风电的区域的土地可利用率设置为零，如自然保护区、水体、城镇等；对不同的地形坡度和土地覆被设置不同的土地可利用系数，最终得到总的资源技术可开发量。

表1展示了中国陆上风能资源技术可开发量的限制因子和阈值。其中技术性限制因子为地形坡度和土地覆被等，政策性限制因子包括国土空间规划和到城镇和乡村的距离，经济性限制因子为年平均风速。

表1　中国陆上风能资源技术可开发量的限制因子和阈值

限制因子		阈值			参考资料
技术性	土地覆被	1	耕地	0	自然资源部"三调"数据
		2	园地	0	
		3	林地	0.75	
		4	草地	0.8	
		5	湿地	0	
		6	城镇村及工矿用地	0	
		7	交通运输用地	0	
		8	水域及水利设施用地	0	
		9	其他用地	1	
技术性	地形坡度	$\alpha \leqslant 3$			美国国家可再生能源中心
		$3 < \alpha \leqslant 6$			
		$6 < \alpha \leqslant 30$			
		$\alpha > 30$			
	高程	DEM $\leqslant 5000\text{m}$			中国可再生能源学会风能专委会
政策性	国土空间规划	"三区三线"（即城镇空间、农业空间、生态空间三种类型的空间，分别对应划定的城镇开发边界线、永久基本农田保护红线、生态保护红线三条控制线）范围内不准开发风电，土地可利用系数为0			自然资源部
	到城镇和乡村的距离	$>500\text{m}$			中国可再生能源学会风能专委会

续表

限制因子		阈值			参考资料
经济性	年平均风速 （m/s）	1	蒙东	5.8	中国气象局 金风科技
		2	蒙西	6.0	
		3	黑龙江	5.2	
		4	吉林	5.2	
		5	辽宁	5.2	
		6	新疆	6.2	
		7	甘肃	5.6	
		8	青海	6.2	
		9	宁夏	6.0	
		10	冀北	5.2	
		11	冀南	4.8	
		12	山西	5.5	
		13	陕西	5.4	
		14	山东	4.8	
		15	河南	4.8	
		16	广西	4.8	
		17	云南	6.2	
		18	湖南	4.8	
		19	广东	4.8	
		20	福建	5.0	
		21	安徽	5.0	
		22	湖北	4.8	
		23	贵州	5.3	
		24	江苏	4.8	
		25	浙江	4.8	
		26	四川	5.3	
		27	江西	4.8	
		28	海南	4.9	
		29	西藏	8.0	
		30	北京	5.3	
		31	天津	5.1	
		32	上海	4.8	
		33	重庆	5.3	

经测算，中国陆地 100m 高度的风能资源技术可开发量约为 86.9 亿 kW（风机机型：GW221-8MW，排布方式 3D×10D，D 为风轮直径）[①]。

表 2 展示了中国海上风能资源技术可开发量的限制因子和阈值。其中技术性限制因子主要是水深，政策性限制因子为海域利用规划、自然保护区、生态红线区、离岸距离，经济性限制因子主要是年平均风速和风速恢复带。

表 2 中国海上风能技术可开发量的限制因子和阈值

限制因子		阈值		说明/参考资料
技术性	水深	近海:5~50m		《海上风电场风能资源测量及海洋水文观测规范》(NB/T 31029-2012)
		深远海:50~100m		
政策性	海域利用规划	农渔业区	1	国家海洋局
		港口航运区	0	
		工业与城镇用海区	0	
		矿产与能源区	0	
		旅游休闲娱乐区	0	
		海洋保护区	0	
		特殊利用区	0	
		保留区	0	
	自然保护区	0		
	生态红线区	0		
	离岸距离	不小于 10km		国家能源局和国家海洋局《海上风电场开发建设管理办法》
经济性	年平均风速	大于等于 6.5m/s		中国气象局
	风速恢复带	占用 20%的可利用海域		

---

① Wang, Y., Chao, Q. C., Zhao, L., et al., "Assessment of Wind and Photovoltaic Power Potential in China", *Carbon Neutrality*, 1, 2022.

经测算，中国海上 100m 高度离岸 200 公里内且水深小于 100m 的风能资源技术可开发量约为 22.5 亿千瓦（风机机型：GW175-6MW 和 GW175-8MW，排布方式 5D×8D，D 为风轮直径）。

（二）中国太阳能资源技术可开发量评估

太阳能光伏的开发利用受光伏发电利用技术水平、自然地理条件、土地资源以及国家或地方发展规划等诸多因素的制约。为了获得适用于建设光伏发电装置的区域，采用地理信息技术对光伏发电可开发区域进行筛选，从技术、政策和经济三个维度综合考虑地形坡度、国土空间规划、水平面总辐射等因素，采用地理信息系统空间分析方法对适合进行光伏电站开发建设的区域进行筛选，得到大型光伏装置利用效率较高的区域，并依托模型最终获取光伏发电综合土地可利用系数（见表3）。

表3 集中式光伏可开发利用条件的地理信息系统空间分析原则

限制因子			阈值		参考资料
技术性	土地利用	1	耕地	0	自然资源部、国家林业和草原局、国家能源局
		2	园地	0	
		3	林地	0.2	
		4	草地	0.8	
		5	湿地	0	
		6	城镇村及工矿用地	0	
		7	交通运输用地	0	
		8	水域及水利设施用地	0	
		9	其他用地	1	
	坡度		不大于3%		美国国家可再生能源中心
	高程		DEM≤5000m		中国光伏行业协会

限制因子		阈值	参考资料
政策性	国土空间规划	"三区三线"(即城镇空间、农业空间、生态空间三种类型的空间,分别对应划定的城镇开发边界、永久基本农田保护红线、生态保护红线三条控制线)范围内不准建设集中式光伏,土地可利用系数为0	自然资源部、国家林业和草原局、国家能源局
经济性	水平面总辐射	不小于1000kWh/m²	中国气象局

通过地理信息系统空间分析,剔除不可开发的集中式太阳能光伏资源区域并考虑开发限制因素后,经计算,全国集中式光伏技术开发量为456亿千瓦[①]。

三 碳中和目标下中国风光资源开发的优化布局

(一)风光电力供需与空间优化模型

波动性可再生能源(尤其是风能、太阳能)的大规模接入对当前电力系统带来了重大挑战。本文综合考虑了风能、太阳能发电的时空变化和瞬时电力平衡,构建了风光电力供需与空间优化模型,比较了在7种风光资源开发利用情景(基础情景、区域电网互联情景、技术进步情景、需求响应情景、"区域电网互联+技术进步"情景、"区域电网互联+需求响应"情景和"区域电网互联+技术进步+需求响应"情景)下,中国高比例风光电力系统的结构性、经济性和气候环境指标的差异。

在电源侧,模型仅考虑风光电力供给。这主要基于以下3个理由。一是研究聚焦以新能源为主体的新型电力系统;二是国家《可再生能源法》要

---

① Wang, Y., Chao, Q. C., Zhao, L., et al., "Assessment of Wind and Photovoltaic Power Potential in China", *Carbon Neutrality*, 1, 2022.

求风电、光伏发电优先入网；三是风电和光伏发电的边际成本几乎为 0。模型的约束条件是风电、光伏可开发区（网格点）的技术装机容量大于等于零，小于等于最大可装机容量。目标函数是风光耦合发电量与电力负荷之间的偏差（绝对值）最小。换言之，模型要求风光发电最大限度地满足电力负荷，同时要求弃风弃光率最低。为了简化计算，研究将电网视为铜板模型，即电力传输没有损失或限制。研究使用混合整数线性规划和 CPLEX 求解器，来确定不同情景下风电场和光伏电站的最优开发位置和装机容量。

研究使用国家气候中心研制的长时间序列（2007～2014 年）高时空分辨率风能、太阳能资源数据库（水平分辨率 15 公里，时间分辨率 1 小时）来计算逐小时的风电和光伏发电量。

研究首先给出了中国省域（不考虑省份之间的电力传输）尺度的风光渗透率（风光发电量满足电力需求的比例）结果。中国西北地区的风能太阳能发电潜力巨大（>3000 TWh），东部和南部地区风能太阳能发电潜力较小（<800 TWh）。就大多数省份而言，太阳能发电潜力大于风能。资源禀赋较好的区域远离负荷中心。预计 2050 年，中国东部和南部地区的电力需求较高（>1000 TWh），西北地区较小（<600 TWh）。总体上，风光资源禀赋越好，且电力需求越小的区域，其新能源渗透率越高。例如，西藏、新疆、青海、甘肃和内蒙古等省（区）的新能源渗透率大于 80%。然而，在风能太阳能资源匮乏且电力需求较大的沿海和中部地区，新能源渗透率小于 50%。2050 年，全国平均的风光渗透率为 51.5%，风光发电量为 8.5 万亿千瓦时。

（二）单一策略分析

接下来，研究考虑了三种促进风能太阳能利用的策略，即区域电网互联、技术进步和需求响应，并量化了它们对风光渗透率的潜在影响。

（1）区域电网互联情景：模型考虑连接区域电网（如西北电网）内的省域电网，并在区域电网尺度上进行空间优化和模型求解。

（2）技术进步情景：提高风机轮毂高度，即使用 140 米高度的风机替代 100 米高度的风机；同时，采用跟踪式光伏支架替代固定式光伏支架。已有研究表明，与固定式光伏支架相比，采用跟踪式光伏支架，可以增加20%~40%的光伏发电量。

（3）需求响应情景：调整需求侧负荷曲线，使其更好地与新能源供给曲线相匹配。具体地，将需求响应的潜力设为10%。

结果表明，就单一策略来说，区域电网互联对于提高风光渗透率的作用最大。实施区域电网互联后，所有区域电网的风光渗透率均有所增加，其中西南电网和华北电网的风光渗透率增加最显著。实施区域电网互联后，西南电网的风光渗透率从 33.62%增加到 81.62%，华北电网的风光渗透率从49.81%增加到 82.62%。该情景下，2050 年全国平均的风光渗透率为 67%，其中东北、华北、西北和西南电网的风光渗透率高于 80%，华中电网的风光渗透率低于 50%。2050 年全国的风电装机容量约 25 亿千瓦，光伏装机容量约 26.7 亿千瓦，风光弃电率为 6.33%。

在不包含区域电网互联的情景下，风光渗透率变化不大。单独的技术进步本身并不能明显增加风光渗透率。单独的需求响应策略仅使风光渗透率增加 1.97 个百分点。

另外，区域电网互联还会改变风光新能源的开发格局。区域电网互联促使新能源开发向资源禀赋好的地区集中。与基础情景相比，实施区域电网互联后，华北电网和西南电网的风电、光伏安装格局出现了较为明显的变化。其中，华北电网风电和光伏安装格局向风光资源条件较好的蒙西地区集中。实施区域电网互联后，蒙西风电装机容量为 477.4 吉瓦，约为基础情景下（18.3 吉瓦）的 26 倍。同时，大部分的光伏装机从北京、天津、河北、山西和山东移除，大约一半的光伏装机重新安装在蒙西地区（约 290 吉瓦）。

区域电网互联也将改变新能源开发的数量和结构特征。与基础情景相比，区域电网互联大大提高了风电装机容量（16 亿千瓦 VS 25 亿千瓦），略微降低了光伏装机容量（27.7 亿千瓦 VS 26.7 亿千瓦）。

（三）组合策略分析

四种策略，即区域电网互联、"区域电网互联+技术进步"、"区域电互联+需求响应"、"区域电网互联+技术进步+需求响应"对应的风光渗透率均大于60%，但不同策略的经济性和气候环境指标的差异较大。这里的经济成本包括发电成本（用平准化度电成本衡量）和输电成本。研究报告表明，在"区域电网互联+技术进步"情景下，系统的总成本和平均成本最低（总发电成本：3.55万亿元）；新能源平均度电成本最低（包括发电成本和输电成本：0.33元/千瓦时），投资回报最高（满足总电力需求的1%仅需534亿元人民币）。在气候环境指标方面，研究评估了策略对减少碳排放和减少空气污染的贡献。以上四种策略都可以提供大于10亿千瓦时的绿色电量。在上述情景中，"区域电网互联+需求响应"产生的绿色电量最大，为10.39亿千瓦时。该情景下，污染物减少最多，SO_2和NO_X的排放量每年分别减少208万吨和197万吨。

四 小结

第一，本文使用了地理信息系统空间分析技术，系统评估了中国风能和太阳能资源的技术可开发量。结果表明，在当前技术水平下，中国风能和太阳能资源的技术可开发量为565.5亿千瓦，约为碳中和情景下所需风光装机容量的9倍[①]。中国风力发电的富集区主要分布在西部、北部和沿海地区。光伏发电的富集区主要分布在西部和北部地区。

第二，本文基于中国长时间序列高时空分辨率风能、太阳能资源数据库和高分辨率土地利用数据库以及分地区逐小时电力负荷数据库等资料，构建了风光电力供需与空间优化模型，探讨了2050年中国风能、太阳能开发利用对碳中和的潜在贡献。结果发现，在区域电网互联情景下，到2050年，如果风电装机容量25亿千瓦、太阳能发电装机容量26.7亿千瓦，根据全国小时级的电力电量互动平衡，不考虑储能和需求响应，仅靠风光就可以满足

---

① Wang Y., Chao Q. C., Zhao L., et al., "Assessment of Wind and Photovoltaic Power Potential in China", *Carbon Neutrality*, 1, 2022.

全国约 67% 的电量需求，同时弃电率小于 7%（约 6.33%）[①]。在"区域电网互联+需求响应"情景下，中国风光新能源年发电量将达 10.39 亿千瓦时，每年减少 SO_2 排放 208 万吨，NOx 排放 197 万吨。

第三，关于中国风能太阳能资源技术可开发量评估，本文采用的地理信息数据，如土地利用数据和国土空间规划等多为公开资料，难以反映真实的风光资源开发土地限制因子，因此评估得到的中国风能太阳能资源技术可开发量可能偏乐观。未来应进一步与自然资源部、国家林业和草原局和住建部等部门合作，对全国可利用的风能太阳能资源进行更为全面、细致的勘查和评价。

第四，关于碳中和目标下中国风光资源开发的最优布局，研究尚未获取详细的电网架构数据，仅将电网假定为铜板模型，导致评估得到的风光开发最优格局存在一定不确定性。另外，由于对未来风光开发利用的经济成本难以进行精准衡量，评估得到的中国新型电力系统成本亦存在较大不确定性。未来应进一步和国家能源电力部门合作，打通新型电力系统的"发—输—配—用"全环节，实现对源网荷储各个部分的精确刻画。

[①] Liu L., Wang Y., Wang Z., et al., "Potential Contributions of Wind and Solar Power to China's Carbon Neutrality", *Resources, Conservation & Recycling*, 180, 2022.

G.19
国内"双碳"认证进展、挑战与政策建议

崔晓冬 曹婧 陈轶群 邓秋玮*

摘　要： "双碳"认证可分为"直接涉碳类认证"和"间接涉碳类认证",我国20世纪90年代建立的中国环境标志产品认证、环境管理体系认证和节能产品认证制度是典型的间接涉碳类认证,同时也是我国"双碳"认证的开端。2005年《京都议定书》生效,我国积极参与全球温室气体减排,在《联合国气候变化框架公约》背景下的清洁发展机制项目审定核查是直接涉碳类认证的开端。在2020年国家确定"双碳"目标后,全领域全行业积极开展"双碳"行动,国家"双碳"质量基础设施也不断完善,各类"双碳"认证形式不断涌现。但是,在推进落实"双碳"政策和服务"双碳"目标实现方面,"双碳"认证整体还面临着顶层设计有待强化、制度体系有待完善、相关标准及基础设施有待健全以及国际绿色贸易壁垒的挑战。本文通过梳理我国"双碳"认证发展历程和面临的挑战,为我国"双碳"认证助力"双碳"目标实现提供政策建议。

关键词： "双碳"　国家质量基础设施　国际绿色贸易壁垒

* 崔晓冬,中环联合(北京)认证中心有限公司高级工程师,研究领域为绿色低碳标准化与认证评价;曹婧,中环联合(北京)认证中心有限公司工程师,研究领域为绿色低碳与产品认证;陈轶群,中环联合(北京)认证中心有限公司正高级工程师,研究领域为环境标志与政府绿色采购;邓秋玮,中环联合(北京)认证中心有限公司高级工程师,研究领域为质量与标准化。

一 引言

习近平总书记强调:"我们要提高战略思维能力,把系统观念贯穿'双碳'工作全过程。"[①] 实现"双碳"目标是一项系统工程,不仅需要政府、社会、企业、个人的多方协同,也需要相应的"双碳"质量基础设施予以支撑。2006 年,联合国工业发展组织(UNIDO)和国际标准化组织(ISO)正式提出国家质量基础设施的概念,将计量、标准化、合格评定并称为国家质量基础的三大支柱[②]。其中,合格评定主要包含检测、检验、认证、认可四种类型。从国际层面上看,欧盟、美国、韩国、澳大利亚、日本等发达国家和地区的国家质量基础设施(NQI)建设均较为健全,碳认证体系和制度也较为完善,可直接与立法规定的气候行动相接轨。这些国家和地区均立法要求符合条件的重点企业强制披露温室气体排放情况,且必须经过第三方验证。从国内看,2021 年我国发布了《关于完整准确全面贯彻新发展理念做好碳达峰碳中和工作的意见》[③]和《2030 年前碳达峰行动方案》[④],其中提出"完善能源计量体系,鼓励采用认证手段提升节能管理水平。完善绿色低碳技术和产品检测、评估、认证体系"等行动要求。2023 年,中共中央、国务院印发《质量强国建设纲要》[⑤],提出"建立健全碳达峰、碳中和标准计量体系,推动建立国际互认的碳计量基准、碳监测及效果评估机制"。结合我国实际情况,"双碳"质量基础设施应包括碳计量、"双碳"标准体系和合格评定。其中,碳计

[①] 《求是网评论员:把系统观念贯穿"双碳"工作全过程》,求是网,2022 年 1 月 27 日,http://www.qstheory.cn/wp/2022-01/27/c_ 1128305353. htm。

[②] 宋丽丽、马中东:《国家质量技术基础(NQI)高质量发展初探》,《标准科学》2023 年第 5 期。

[③] 《中共中央 国务院关于完整准确全面贯彻新发展理念做好碳达峰碳中和工作的意见》,中国政府网,2021 年 10 月 24 日,https://www.gov.cn/zhengce/2021-10/24/content_ 5644613. htm。

[④] 《国务院关于印发 2030 年前碳达峰行动方案的通知》,中国政府网,2021 年 10 月 26 日,https://www.gov.cn/zhengce/content/2021-10/26/content_ 5644984. htm。

[⑤] 《中共中央 国务院印发〈质量强国建设纲要〉》,中国政府网,2023 年 2 月 6 日,https://www.gov.cn/zhengce/2023-02/06/content_ 5740407. htm。

量是基准，是数据管理过程涉及的碳源识别、测量、报告、核算以及数据流管理等过程中的所有计量要素集合，是确保碳量数据完整、准确和可靠的基础；"双碳"标准体系是以可比碳绩效引领碳管理质量提升的依据；合格评定是确保碳数据可信流转、碳绩效可比持续改进，最终实现控制质量提升并建立质量信任的手段。认证一般被认为在国家质量基础设施中发挥着重要的桥梁作用，在2020年国家确定"双碳"目标后，全领域全行业积极开展"双碳"行动，"双碳"质量基础设施不断完善，各类"双碳"认证形式不断涌现。"双碳"相关专业认证机构的进入，将为"双碳"相关企业提供技术支撑和智力支持，让行业发展更加规范化、标准化，更好地助力"双碳"目标的实现，为我国实现高质量发展做出贡献。

二 我国"双碳"认证发展历程

"双碳"认证可以被认为是围绕"碳排放、碳减排、碳吸收、碳监测、碳中和与碳管理"等方面，依据相关的法规、标准和技术规范对"产品、服务、体系和过程"在能源资源节约、温室气体减排、生态环境保护等"双碳"相关领域进行合格评定，并通过第三方证明的方式对评定结果加以确认的活动和程序。在国家推行全方位全过程绿色转型的进程中，以标准和认证为抓手，充分发挥认证体检证、信用证和通行证功效，并通过开展"双碳"认证，向前，以认证标准推动行业低碳生产；向后，以低碳产品供给推动低碳消费；向上，以高质量认证推动相关方采信；向下，以认证工具推动"双碳"政策落地实施。

"双碳"认证可分为"直接涉碳类认证"和"间接涉碳类认证"。其中，直接涉碳类认证是指在"碳排放、碳减排、碳吸收、碳监测、碳中和和碳管理"等方面开展的认证活动；间接涉碳类认证是指在能源资源节约和生态环境保护等方面开展的具有碳减排效果的认证活动。我国"双碳"认证发展历程如图1所示。

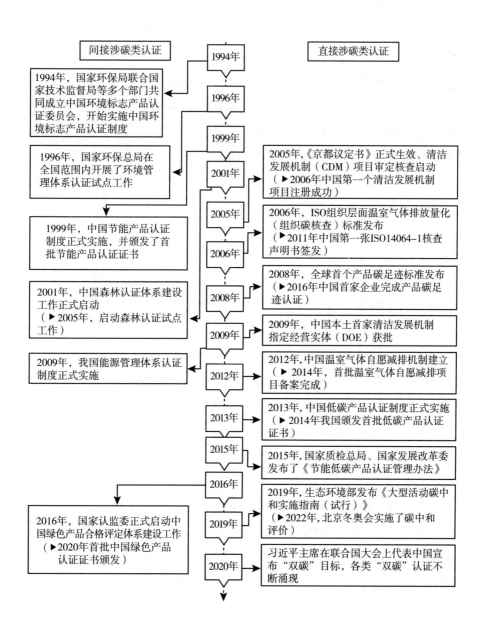

图 1 我国"双碳"认证发展历程

　　从我国"双碳"认证的发展历程可以看出，我国20世纪90年代建立的中国环境标志产品认证制度、环境管理体系认证和节能产品认证制度是典型的间接涉碳类认证，同时也是我国"双碳"认证的开端。间接涉碳类认证聚焦能源资源节约和生态环境保护等间接降碳领域，主要包括中国环境标志产品认证、环境管理体系认证、节能产品认证、中国森林认证、能源管理体系认证、中国绿色产品认证。2001年，中国森林认证体系建设工作正式启动，2002年8月森林认证被正式纳入国家统一的认证制度之中。我国政府把森林认证作为一种可以有力推动森林可持续经营和林业可持续发展的潜在市场政策工具。2009年10月，国家认监委开展能源管理体系认证试点。能源管理体系认证为推动能源管理体系的广泛实施，促进我国节能减排整体战略目标的实现起到了积极作用。2016年初，国家认监委正式启动中国绿色产品合格评定体系建设工作。作为一项国推认证制度，绿色产品认证从资源属性、能源属性、环境属性和质量属性等方面证实产品的绿色属性，帮助制造商更直接、快速、有效地传达产品环保信息。

　　2005年《京都议定书》生效，我国积极参与全球减排，清洁发展机制（Clean Development Mechanism，CDM）项目审定核查是直接涉碳类认证的开端。直接涉碳类认证聚焦碳排放、碳减排、碳吸收、碳监测、碳中和和碳管理等直接碳减排领域，主要包括CDM项目审定核查、组织碳核查（非重点控排企业）、产品碳足迹认证、中国低碳产品认证、大型活动碳中和评价等。在市场化和国际化导向下，依据2006年国际标准化组织（ISO）发布的组织碳核查标准和2008年英国标准协会（British Standards Institution，BSI）发布的产品碳足迹标准，国内也陆续开展了针对组织和产品层面的碳核查、碳足迹认证实践。2012年，中国温室气体自愿减排机制建立，通过该机制，可以审定、核查我国境内可再生能源、林业碳汇、甲烷利用等项目的温室气体减排效果，经过审定核查的减排量，可以在全国温室气体自愿减排交易系统中予以登记。2013年2月，国家发展改革委、国家认监委开展低碳产品认证试点工作。2015年9月，为了规范节能低碳产品认证活动，促进节能低碳产业发展,国家质检总局、国家发展改革委发布了《节能低碳产品认证管理办法》。生态环境部于 2019 年 5 月发布了《大型活动碳中和实施指南(试行)》,各机构参照该指南开展了碳中和评价工作。近年来又涌现出各类"双碳"认证形式,如碳管理体系认证、碳中和认证、固碳产品认证、减碳产品认证、生物降解认证、低碳技术评价认证等,成为"双碳"认证市场的新动能。

国内"双碳"认证制度情况如表 1 所示。

表 1　国内各类"双碳"认证制度情况

序号	认证制度	启动年度及类别	制度简介
1	中国环境标志产品认证	1994 年/间接涉碳类	1994 年,国家环保局联合国家技术监督局等多个部门共同成立了中国环境标志产品认证委员会,开始实施中国环境标志产品认证制度;中国环境标志产品认证依据国家环境保护主管部门颁布的行业标准开展,该标准从产品全生命周期阶段的环境保护、资源与能源节约、循环利用等方面设定指标要求;中国环境标志产品认证制度是国内首个引领绿色生产和绿色消费的自愿性产品认证制度,旨在通过运用市场化机制,引导社会各方特别是消费者和生产者的共同参与,推进微观层面的环境治理工作,从而与其他行政法令型的环境管理制度一起形成全方位合力,控制和减少污染物排放
2	环境管理体系认证	1996 年/间接涉碳类	1996 年,国家环保总局组织开展了环境管理体系认证的试点工作;目前,环境管理体系认证有效证书数有近 45 万张;环境管理体系(Environmental Management Systems,EMS)是组织内全面管理体系的组成部分,包括制定、实施、实现、评审和保持环境方针所需的环境目标、组织机构、规划活动、机构职责、惯例、程序、过程和资源;建立和实施环境管理体系的目的在于满足环境法律法规要求,防止环境受到不利影响,帮助组织实现自身设定的环境表现水平,并不断地改进组织的环境行为,减少环境风险

续表

序号	认证制度	启动年度及类别	制度简介
3	节能低碳产品认证	1999 年/间接和直接涉碳类	1999 年 2 月,我国正式启动了节能产品认证工作;2013 年 2 月,国家发展改革委、国家认监委发布了《低碳产品认证管理暂行办法》,并开展认证试点工作;2015 年 9 月,国家质检总局、国家发展改革委发布了《节能低碳产品认证管理办法》;2015 年,国家发展改革委、国家质检总局和国家认监委会同国务院有关部门建立了节能低碳产品认证部际协调工作机制,共同确定认证实施和采信的有关事项;推广使用节能、低碳产品可以取得消费者得实惠、企业得效益、全社会节能减排的积极效果;国家通过实施采用节能低碳产品标准和标识,引导和规范节能低碳产品市场,扩大节能低碳产品消费规模,取得了显著成效
4	能源管理体系认证	2009 年/间接涉碳类	2009 年 10 月,为推广实施能源管理体系,实现我国节能减排的战略,国家认监委发布了《关于开展能源管理体系认证试点工作的通知》,鼓励从重点行业开展能源管理体系认证试点;企业可以实施能源管理体系并通过能源管理体系认证为手段,有效降低能源消耗、提高能源利用率,规范能源管理
5	中国核证自愿减排量	2012 年/直接涉碳类	2012 年,中国建立温室气体自愿减排机制;2017 年 3 月 14 日,国家发展改革委发布 2017 年第 2 号公告,中国温室气体自愿减排机制暂缓实施,截至公告日期,共发布项目减排方法学约 200 个;温室气体自愿减排机制对推动全社会参与碳减排、碳交易、碳中和,落实国家自主贡献目标,起到了积极作用;当前温室气体自愿减排机制将重启
6	中国绿色产品认证	2020 年/间接涉碳类	2015 年 9 月,中共中央、国务院印发的《生态文明体制改革总体方案》提出建立统一的绿色产品体系;2016 年初,国家认监委正式启动中国绿色产品合格评定体系建设工作;中国绿色产品认证作为一项国推认证制度,技术指标分为资源属性、能源属性、环境属性和质量属性四类指标,目前正在针对终端用能和终端非用能产品研究增加低碳属性指标;开展中国绿色产品认证是践行"双碳"目标的重要举措,是助力国家实现建立统一的绿色产品体系、降低企业制度性交易成本的有效途径,也是企业绿色转型升级的重要抓手

序号	认证制度	启动年度及类别	制度简介
7	大型活动碳中和评价	2019年/直接涉碳类	为推动践行低碳理念,弘扬以低碳为荣的社会新风尚,规范大型活动碳中和实施,生态环境部于2019年5月发布《大型活动碳中和实施指南(试行)》;当前,各类机构参照该指南颁发了数百张大型活动碳中和评价证书,如2022年北京冬奥会、武汉军运会、全国低碳日主场活动等大型活动均开展了碳中和评价;大型活动涉及的人数众多,对社会和消费者有较大影响,同时活动导致的温室气体排放也相当可观,因此大型活动是引导树立绿色低碳理念的理想对象;同时,倡导大型活动碳中和也是我国应对气候变化的务实行动,通过大型活动碳中和的示范,在全社会广泛传播碳中和理论,倡导公众积极践行低碳生活方式和实现碳中和的低碳理念,有利于公众树立绿色低碳的价值观和消费观,弘扬以低碳为荣的社会新风尚,推动我国控制温室气体排放
8	碳中和认证	2020年/直接涉碳类	2010年5月,英国标准协会(BSI)制定发布了《PAS 2060碳中和承诺规范》,提出了通过温室气体排放的量化、减排和抵消,最终实现碳中和的企业必须符合的规定;目前该规范是国际通用的碳中和认证依据;严格来说,碳中和的手段并无法使企业达到真正的零碳排放,但通过碳抵消的程序,可以相对弥补无法避免的排放,实现相对的碳中和结果;每一家企业都能科学准确核算自身的碳排放,实施有效的减排措施,并最终实现碳中和,对国家实现"双碳"目标具有重要意义
9	碳管理体系认证	—/直接涉碳类	碳管理体系是以生命周期碳管理为理念,采用风险和机遇思维,遵循"策划—实施—检查—改进"(PDCA)的基本逻辑和持续改进的管理原则,为企业开展碳管理活动、提升碳绩效提供指引;同时,碳管理体系强调企业应在生命周期过程中识别碳管理重点、系统策划、有效运行、带动上下游供应链和产业链共同提升碳管理绩效;企业通过碳管理体系建设及碳管理体系认证,在国内外碳政策、碳机制的大背景下,可以积极应对碳风险、抓住碳机遇、提升碳绩效,持续提高组织竞争力,为推动国家实现"双碳"目标奠定基础

续表

序号	认证制度	启动年度及类别	制度简介
10	产品碳足迹	一/直接涉碳类	产品碳足迹是指从产品的全生命周期出发,从原材料获取、生产、运输、产品分销、使用到最终废弃或回收阶段所产生的温室气体排放总量;目前,产品碳足迹核算标准主要有国际标准化组织(ISO)发布的 ISO 14067《温室气体 产品碳足迹量化要求和指南》、英国标准协会(BSI)发布的 PAS 2050《商品和服务在生命周期内的温室气体排放评价规范》和世界资源研究所(WRI)发布的《产品生命周期核算与报告标准》;产品碳足迹是直观告知消费者产品碳排放信息,进而鼓励并引导低碳生产和消费的一种有效方式,也是践行"双碳"行动方案中全民绿色低碳行动的重要技术支撑手段

三 我国"双碳"认证存在的问题与面临的挑战

认证作为国家质量基础设施中的一项基础性制度,在国家治理、生态文明建设和碳达峰碳中和工作中发挥着积极作用。但从推进落实"双碳"政策和服务"双碳"目标看,我国"双碳"认证存在顶层设计有待强化、制度体系有待完善、相关标准和基础设施有待健全问题,同时面临国际绿色贸易壁垒的挑战。

(一)"双碳"认证顶层设计有待强化

我国碳达峰碳中和"1+N"政策体系已基本建立,为推动开展"双碳"认证工作提供了良好的政策发展大环境。《中共中央 国务院关于完整准确全面贯彻新发展理念做好碳达峰碳中和工作的意见》,能源、工业、交通运输、城乡建设等分领域分行业碳达峰实施方案,以及科技支撑、能源保障、碳汇能力、财政金融价格、标准计量体系、督察考核等方面的保障方案,为"双碳"认证工作提出了需求、指明了方向,也提供了保障,有利于我国建立实施科学、系统的"双碳"认证制度。国家市场监管总局在《"十四五"认证认可检验检测发展规划》中明确提出,要研究制定全过程、全生命周期的合格评定解决方案,加强碳排放合格评定能力建设,统筹推进碳领域产品、过程、体系、服务认证和审定核查、检验检测等多种合格评定工具的协同应用和创新发展。①

目前,我国"双碳"认证存在碳领域覆盖范围不全面的问题,认证不能完全覆盖碳排放、碳减排、碳吸收、碳监测、碳中和与碳管理等方面。另外,缺乏"双碳"认证整体层面的规划,尤其是缺乏产品、服务、体系和过程等不同层面以及能源资源节约、温室气体减排、生态环境保护等不同领域的"双碳"认证整体性策划和推进方略,导致现阶段"双碳"认证支撑国家"双碳"工作的作用发挥不足。

(二)国家统一"双碳"认证制度体系有待完善

国际上"双碳"认证活动已经形成比较系统的合格评定制度体系,包括针对强制碳排放交易计划和自愿信息披露的组织温室气体排放核查,产品碳足迹与碳标签认证,组织、产品、活动的碳中和认证,减排项目审定核查,环境低碳技术认证等。国际上"双碳"相关的其他合格评定实践种类也丰富多样,包括各类环境标志与声明认证、可再生能源认证、回收认证、森林认证等,同时,发达国家和地区也建立了相应的"双碳"认证采信机制,以市场端和政府端协同发力推进"双碳"认证的实施。

我国"双碳"认证制度相关的法规和政策体系尚在建设过程中,与欧美相对完善的"双碳"认证制度体系相比仍存在一定差距。虽然我国开展的间接涉碳类认证形成了较完善的体系,但是各类直接涉碳类认证目前主要为各认证机构自主研发的认证形式,国家统一的认证制度尚未建立。

---

① 《市场监管总局关于印发〈"十四五"认证认可检验检测发展规划〉的通知》,https://www.samr.gov.cn/zw/zfxxgk/fdzdgknr/rzjgs/art/2023/art_ 6b55306125704c99b7db2fccd11825e4.html。

（三）"双碳"认证相关标准和基础设施有待健全

国外合格评定机构开展"双碳"领域相关认证工作主要将产品种类规则（Product Category Rules，PCR）作为认证实施准则，目前国际"双碳"相关的认证标准有 ISO 14064-1《温室气体 第一部分 组织层次上对温室气体排放和清除的量化和报告的规范及指南》、ISO 14064-2《温室气体 第二部分 项目层次上对温室气体减排和清除增加的量化、监测和报告的规范及指南》、ISO 14064-3《温室气体 第三部分 温室气体声明审定与核查的规范及指南》以及 ISO 14067《温室气体产品碳足迹量化要求和指南》等。我国合格评定机构实施"双碳"认证所依据的 PCR 较少或不够规范，不能保证完全按照国际标准要求进行全生命周期的数据分析核算，一些机构制定的碳标签制度，仅考虑生命周期部分阶段的碳足迹数据，同类产品也存在选择生命周期不同阶段进行评价的问题，缺乏国家层面、统一标准的指导。

据统计，当前有 1800 余项国家标准、2300 余项行业标准能够直接支撑国家"双碳"政策，涉及碳排放核算核查、化石能源清洁利用、资源循环利用、碳汇等多个方面，为国家各项节能低碳绿色环保政策实施提供了有力支撑。但与实现国家"双碳"目标的要求相比，标准化工作还有较大提升空间[①]。

背景数据库方面，瑞士政府下设非营利性机构瑞士 Ecoinvent 中心建设运作的 Ecoinvent 数据库，涉及能源、基础原材料、运输、种植、养殖、废弃物处理等工业基础领域，拥有 19000 多条系统数据集；德国 Thinkstep 公司开发的 GaBi 数据库已拥有覆盖基础工业和高碳排放行业的 26 个子数据库，涵盖系统数据集近 17000 条；荷兰 PRé Sustainability 开发的 SimaPro 软件工具，以 Ecoinvent 数据库为基础，通过系统和建模的方式搭建不同模块以实现产品全生命周期评价。国内开展 LCA 研究和碳足迹应用需要建立中国本土的基础数据库，但目前基础原材料上游数据获取困难，国内数据库的数据一般来自行业统计与文献，数据质量和数量与国际数据库相比还存在很

---

① 《加快"双碳"标准体系建设》，国家能源局网站，http：//www.nea.gov.cn/2023-05/12/c_1310718248.htm。

大差距,同时各行业间数据没有实现有效链接,未形成合力,亟待政府部门引导和加大投入开展数据库建设工作。

(四)国际绿色贸易壁垒的挑战

为缓解、遏制全球气候变暖的趋势,自2006年起,全球陆续有20多个国家和地区实施了产品碳足迹评价与碳标识制度,出现了一系列创新模式,同时也衍生出新型的绿色贸易壁垒。特别是欧盟已建立了完备的碳足迹评价和碳标识制度体系,针对不同行业发布了详细的欧盟方法指南、产品核算细则等,并将其应用于生态设计、产品减排认证、绿色消费承诺等相关法规和政策中。欧盟的碳边境调节机制(Carbon Border Adjustment Mechanism,CBAM)是世界上第一个针对产品的碳含量而采取的贸易措施。CBAM的本质是拉平进口产品与欧盟本土产品的碳排放成本,是将欧盟的碳价强加于进口产品的一种措施。国际上以碳足迹评价和碳标识制度为手段的贸易壁垒一旦形成,我国光伏、动力电池、钢铁、化工、塑料、新能源汽车等产品出口就会受到影响。新型绿色贸易壁垒对我国"双碳"工作带来新的挑战,国内重点产品领域碳足迹的核算方法、标准、背景数据库以及碳标识制度体系尚未建立,如何积极应对国际贸易规则,化解绿色贸易碳壁垒对我国国际贸易带来的潜在威胁,是我国当前面临的巨大挑战。

四 推动"双碳"认证发展的政策建议

(一)进一步强化"双碳"认证的顶层设计

按照国家碳达峰碳中和和"1+N"政策体系的总体要求,在《"十四五"认证认可检验检测发展规划》的基础上,进一步强化"双碳"认证的顶层设计。一是将"双碳"认证体系定位为服务国家"双碳"目标的支撑工具,深入开展"双碳"认证与碳达峰碳中和目标的关联关系和作用机理研究,为"双碳"认证的顶层设计提供科学依据和理论基础。二是根据国家碳达

峰碳中和的时间表和路线图，围绕碳排放、碳减排、碳吸收、碳监测、碳中和、碳管理等领域，聚焦"双碳"认证服务碳达峰碳中和目标的支撑点、着力点和结合点，即"碳数据质量保障"和"碳减排绩效提升"两方面重点工作，系统谋划产品、组织、项目、活动、技术、服务等各类"双碳"认证的总体发展规划。

（二）进一步完善国家统一"双碳"认证制度

结合我国"双碳"工作的总体进度安排，围绕能源、工业、建筑、交通等重点行业和循环经济、生态碳汇、农业农村等重点领域碳达峰碳中和目标实现，以现有的"双碳"认证制度为基础，结合国家统一推行认证制度与机构自主研发认证项目，有序构建我国"双碳"认证制度体系。一是在有关"双碳"认证活动界定和管理权责等方面，研究制定"双碳"认证法规体系和相关管理办法；二是在技术方面，研制碳管理体系、碳足迹、碳中和、碳减排等认证制度相关技术规范和配套实施细则；三是在监管方面，制定相关监管方式和工作流程；四是在人员能力建设方面，发挥行业协会及平台机构的作用，推动建立"双碳"认证人才培养相关制度体系；五是在认证采信方面，推动建立健全政府、行业、社会等多层面的"双碳"认证采信机制，鼓励政府采购、行业管理、社会治理等多领域广泛采信"双碳"认证结果。

（三）进一步加强"双碳"认证基础设施建设

按照国家《碳达峰碳中和标准体系建设指南》的统一部署，一是建立符合我国国情和行业实际、与国际接轨的"双碳"认证标准体系；二是发挥认证作为标准化实现工具的作用，逐步完善"双碳"场景下的合格评定标准体系、风险评估标准体系和认证支撑标准体系；三是结合我国经济社会发展实际，同时借鉴国际相关经验，重点考虑数据库运营机制、原始数据来源、数据集分类、数据质量管控等因素，构建我国本土背景数据库；四是建立国内重点产品领域的碳标识认证体系，不断提升碳标识认证质量，切实推动碳标识认证助力破除绿色贸易壁垒。

G.20
我国温室气体自愿减排交易
机制发展现状及展望

朱 磊*

摘　要： 温室气体自愿减排交易机制是通过市场机制推动温室气体减排，助力实现碳达峰碳中和目标的重要政策手段。我国自愿减排交易机制实施始于 2012 年，此后经历了 5 年的实践探索，为全社会积极参与温室气体减排行动提供了有效渠道。2023 年，国家相关部门先后就方法学和管理办法公开向社会征集建议和意见，标志着全国温室气体自愿减排交易市场即将正式启动。然而，我国在市场启动初期还面临着市场供给不足、机制的国际衔接存在不确定性以及能力建设相对滞后等问题，需要在发展过程中逐步加以完善。基于此，本文进行了展望，未来要进一步完善基本制度规则和配套技术规范，提升注册登记机构和交易机构的服务能力，强化对第三方审定与核查机构的监管等。

关键词： 温室气体自愿减排交易　市场机制　额外性　项目方法学

温室气体自愿减排交易是指企业、社团组织、个人等社会主体在应当负有的温室气体减排义务和责任之外，额外采取自主自愿减排行动，并将经过科学方法量化和核证后的减排量在市场出售的机制。作为国际通行的减排工具，自愿减排交易项目包括可再生能源、林业碳汇、甲烷利用、节能和提高

---

* 朱磊，生态环境部环境与经济政策研究中心助理研究员，研究方向为碳市场、绿色"一带一路"。

能效等项目，减排量可用于碳排放权交易市场配额清缴抵消、企业履行社会责任、大型活动碳中和评价等。国家发展改革委于 2012 年 6 月印发《温室气体自愿减排交易管理暂行办法》，① 开启了我国对温室气体自愿减排交易的探索和尝试。温室气体自愿减排交易市场自启动以来，在服务试点碳市场配额清缴抵消、促进可再生能源发展、强化生态保护补偿和扶贫等方面发挥了积极作用，并为此后全国碳排放权交易市场建设和运行积累了宝贵经验。在推动实现"双碳"目标、加快建设全国碳市场的背景下，完善温室气体自愿减排交易机制有利于调节碳价、实现排放企业与减排增汇项目的衔接，推动我国可再生能源发展和强化生态保护补偿，发挥碳市场对碳达峰、碳中和的推动作用。

一 启动全国统一的温室气体自愿减排交易市场的意义

（一）有利于推动我国温室气体减排重大目标实现

2009 年，我国向国际社会宣布"到 2020 年单位国内生产总值二氧化碳排放比 2005 年下降 40%~45%，非化石能源占一次能源消费比重达到 15% 左右，森林面积比 2005 年增加 4000 万公顷，森林蓄积量比 2005 年增加 13 亿立方米"的国家减排目标。2015 年，我国向联合国提交了《强化应对气候变化行动——中国国家自主贡献》，提出中国二氧化碳排放 2030 年左右达到峰值并争取尽早达峰、单位国内生产总值二氧化碳排放比 2005 年下降 60%~65%、非化石能源占一次能源消费比重达到 20% 左右、森林蓄积量比 2005 年增加 45 亿立方米左右等自主贡献目标。2020 年 9 月我国提出"双碳"目标。启动全国统一的温室气体自愿减排交易机制是利用市场机制推

---

① 生态环境部、国家发展改革委：《温室气体自愿减排交易管理暂行办法》，https：//www. mee. gov. cn/ywgz/ydqhbh/wsqtkz/201904/P020190419527272751372. pdf。

动能源结构调整、实现生态系统碳汇价值、鼓励全社会共同参与控制温室气体排放的重要政策工具，对于推动实现碳达峰碳中和目标具有积极意义。

（二）调动更广泛社会力量积极参与碳减排

实现"双碳"目标需要全社会的共同努力。目前的全国碳排放权交易仅在火力发电行业开展，全国仍有占排放总量约60%的几十万家中小企业未能参与到碳市场中。可再生能源、林业碳汇、甲烷利用等项目对减碳增汇有重要作用，但与重点排放行业之间缺乏有效的政策联动。当前，一些部门和地方碳减排热情高涨，推出了林业碳汇、绿电、海洋蓝碳等种类繁杂的减排机制，但缺乏有效统筹和科学规划，导致标准各异、价格不一、市场割裂。一些企业和地方甚至借助金融工具对林草资源进行"跑马圈地"，对不具备条件的项目进行包装，造成金融风险隐患。尽快启动全国统一的温室气体自愿减排交易市场，有利于统筹全国碳减排资源，打破行业和地方壁垒，规范和遏制市场乱象；在碳达峰、碳中和的背景下，国家核证自愿交易减排量可对各界具有减排效果的碳普惠、新能源汽车等相关项目的减排效果进行量化，使这些项目获得政策的鼓励和肯定。

（三）有利于推动我国碳交易体系的完善

国际通行的碳交易市场包括强制参与的配额市场和自愿减排交易市场两种类型。全国碳排放权交易市场和自愿减排交易市场相互依托，共同构成我国完整的碳交易市场体系。温室气体自愿减排交易量大面广，是连接高排放行业和减排、吸收汇领域的唯一市场机制，备受各方关注，体现了对风电、光伏、碳汇等具有温室气体替代、吸附或者减少效应的减排项目的支持和鼓励。全国统一的温室气体自愿减排交易市场，可与基于配额管理强制减排的全国碳排放权交易市场互为补充。通过强制性的配额市场实现对高排放企业的管控，通过自愿性的减排交易市场实现对低碳或者零碳排放项目的支持，有助于形成更为完备的市场体系，更好推动实现碳达峰碳中和。目前，市场现存的国家核证自愿交易减排量较为有限，难以满足全国碳市场的抵消需

求，恢复温室气体自愿减排交易机制运行对确保进入全国碳市场的重点排放单位实现低成本履约具有重要作用。

（四）与国际接轨彰显我国积极应对气候变化国际形象

2016年，国际民航组织以大会决议形式确立了2020年全球国际航空"碳中性"目标，并为帮助实现该目标建立了国际航空碳抵消和减排机制（CORSIA）。参与该机制的国家需通过购买国际民航组织认定的合格碳减排机制减排量或使用可持续航空燃料抵消其超出部分的碳排放。生态环境部会同民航局和外交部等部门，成功将我国温室气体自愿减排交易机制申请为国际民航组织认定的6种合格碳减排机制之一，国家核证自愿交易减排量可以向国际航空市场出售，这增强了我国在全球温室气体减排规则制定领域的话语权。同时，《巴黎协定》第6条全球碳市场机制即将落地实施，启动温室气体自愿减排交易市场对于我国争取主动、积极参与国际碳市场规则制定具有重要意义，也有利于我国掌握国际碳定价主导权，更好服务国家"双碳"目标。

二 我国温室气体自愿减排交易市场建设进展

（一）我国原温室气体自愿减排交易市场建设基本情况

考虑到国内已开展了一些基于项目的自愿减排交易活动，为保障自愿减排交易活动有序开展，调动全社会自觉参与碳减排活动的积极性，为逐步建立总量控制下的碳排放权交易市场积累经验，2012年，国家应对气候变化主管部门发布了《温室气体自愿减排交易管理暂行办法》，建立了温室气体自愿减排交易机制。自愿减排项目和减排量认定流程、项目类型划分和技术要求均借鉴了清洁发展机制（CDM）的有益经验，管理模式和监管方式则考虑了我国实际情况，减排量买方由发达国家变为我国境内企业。温室气体自愿减排机制支持将我国境内的可再生能源、林业碳汇等温室气体减排效果明显、生态效益突出的项目开发为温室气体减排项目并获得一定的资金收益。

2017 年 3 月，为落实简政放权要求，国家发展改革委发布公告暂缓受理温室气体自愿减排项目备案事项申请，但已备案的温室气体自愿减排量的继续交易和参与试点履约工作不受影响。截至 2017 年 3 月，共备案约 200 个减排方法学，9 个交易机构，12 个审定与核证机构，1315 个项目（按项目类型划分，风电占 41.3%，光伏发电占 24.4%，沼气发电占 9.6%，水电占 7.0%，生物质发电占 5.2%，瓦斯发电占 2.4%，垃圾焚烧发电占 2.3%，碳汇占 2.1%，垃圾填埋气发电占 2.0%，热电联产、余热利用、天然气发电、交通等其他合计占 3.7%），签发 454 批次超过 7700 万吨项目减排量。

温室气体自愿减排交易管理的核心是对减排量进行核证，核证的对象为项目已经产生的减排量。根据《温室气体自愿减排交易管理暂行办法》，拟申报的自愿减排项目依据方法学等规范编制项目申请文件，经第三方审定与核证机构审定后，报国家发展改革委审核，国家发展改革委商有关部门依据专家评审意见出具项目备案函，并在自愿减排注册登记系统登记。

（二）全国统一的温室气体自愿减排交易市场建设进展

全国温室气体自愿减排交易市场总体上按照全国碳市场配额管理模式进行管理。以部门规章形式出台《温室气体自愿减排交易管理办法（试行）》（征求意见稿）①，目前已公开征求意见，充分借鉴清洁发展机制（CDM）、核证减排标准（VCS）等国际同类交易机制经验，以服务"双碳"目标为根本目的，突出"自愿"属性，突出市场主体作用，强化全方位、全流程信息公开。修订前后的温室气体自愿减排交易管理流程与其他主要减排交易机制管理流程对比如表 1 所示。充分发挥地方生态环境部门监管作用，对自愿减排项目及其减排量进行监督管理。

政府主管部门负责加强顶层制度设计，统一技术规范、统一注册登记和

---

① 生态环境部：《关于公开征求〈温室气体自愿减排交易管理办法（试行）〉意见的通知》，https：//www.mee.gov.cn/ywgz/ydqhbh/wsqtkz/202307/W020230707601142886016.pdf。

表1 修订前后的温室气体自愿减排交易管理流程及与其他主要减排交易机制管理流程对比

管理流程	温室气体自愿减排交易（修订后流程）	温室气体自愿减排交易（修订前流程）	清洁发展机制	核证减排标准
项目申请报告编写	项目业主按照生态环境部发布的方法学要求编制项目申请报告	项目业主按照国家主管部门备案的方法学编制项目申请报告	项目业主需按照CDM执行委员会（EB）制定的规则和相关方法学编写项目申请报告，项目业主也可以向EB提交新的方法学申请	项目业主按照VCS制定的规则和相关方法学编写项目申请报告，项目业主也可以向VCS提交新的方法学申请
项目公示	审定后在注册登记系统平台公示项目相关信息，项目业主、第三方审定与核查机构对所编制的报告质量进行"双承诺"	无	审定前由第三方审定与核查机构在EB网站进行30天公示	审定前由第三方审定与核查机构在VCS网站进行30天公示
项目审定	由有资质的第三方审定和核查机构审定，出具审定报告	由国家主管部门备案的审定机构审定，并出具审定报告	由EB认可的第三方审定与核查机构，依据CDM规则对项目审定，出具审定报告	由VCS认可的第三方审定与核查机构，依据VCS规则开展项目审定，出具审定报告
项目登记	由温室气体自愿减排注册登记机构在注册登记系统进行注册	国家主管部门委托专家进行技术评估并出具专家意见，并由审核理事会进行审核，对审核通过的项目予以备案	经过审定的项目由第三方审定与核查机构向EB提交注册申请，经过EB审核的项目在CDM登记簿注册	在后续减排量登记环节与减排量一并登记
减排量核算	经注册登记机构登记的项目业主核算项目减排量，并编制减排量核算报告	通过备案的项目业主核算减排量，编制减排量申请函	经过注册的项目，由项目业主核算项目减排量，并编制减排量核算报告	项目实施后项目业主对项目减排量进行核算

续表

管理流程	温室气体自愿减排交易（修订后流程）	温室气体自愿减排交易（修订前流程）	清洁发展机制	核证减排标准
减排量公示	经第三方审定与核查机构核查后的减排量相关报告在注册登记系统平台公示，项目业主、第三方审定与核查机构对所编制的报告质量进行"双承诺"	无	无	无
减排量核证核查	由有资质的第三方审定与核查机构对减排量进行核查，并出具减排量核查报告	由国家主管部门备案的核证机构审定，并出具减排量核证报告	由EB认可的第三方核查机构对核算结果进行核查，并出具减排量核查报告	第三方审定与核查机构核查减排量
减排量登记	注册登记机构对减排量核算报告从合法性和核查报告符合性等方面进行技术审核，不对具体减排量核查结果进行审核。由注册登记管理机构在注册登记系统进行登记	国家主管部门委托专家进行技术评估并出具专家意见，并由审核理事会进行审核，对审核通过的减排量予以备案	第三方核查机构向EB提交减排量签发申请，EB进行审核，签发减排量	项目业主向VCS登记簿提交项目注册及减排量签发申请，VCS对申请文件进行完整性和准确性审核，并对通过审核的项目和减排量进行登记、签发
减排量监督检查	生态环境部对自愿减排交易的全流程进行监督管理	无	无	无

交易场所。建立由生态环境部、国家市场监督管理总局牵头，地方生态环境部门和市场监督管理部门按职责开展监督检查，其他相关部门和行业协会广泛参与的管理体系，明确各市场参与主体的工作任务、责任分工、时间安排，着力从制度体系搭建、方法学制定发布、支撑机构和系统建设、第三方审定与核查机构监管等方面做出安排部署，强化事中事后监管，对相关地方政府部门、项目业主、第三方审定与核查机构等市场主体的违法违规行为制定处罚规则。突出项目业主和第三方审定与核查机构各自主体责任。统筹全国碳排放权交易市场和全国温室气体自愿减排交易市场发展，完善碳定价机制。

项目业主依据相关技术规范，编制项目和减排量的申请文件，并对项目申请材料的真实性负责。聘请第三方审定与核查机构进行合格性评价和减排量担保。经第三方审定与核查机构审定后，报省级生态环境主管部门审核。对审定与核查机构设置准入门槛，参照强制产品管理模式，对从业资格采取资质管理，受项目业主委托，按照相关技术指南开展项目和减排量的合格性评价，并对评价报告的准确性、科学性负责。审定与核查机构禁止开展温室气体自愿减排项目咨询、参与自愿减排交易或其他影响第三方公正性的活动。

注册登记系统管理机构负责通过温室气体自愿减排注册登记系统，对项目业主提交的项目和减排量登记申请进行形式审核，记录项目开发到受理的相关进展、减排量持有、变更、清缴、注销等信息，并为信息公开提供统一平台。交易系统管理机构负责对在注册登记系统登记的减排量提供交易与结算服务，并对交易行为进行监督。

（三）我国新温室气体自愿减排交易市场的更高技术规范要求

1. 项目和减排量的额外性要求

额外性是评判一个项目是否能成为自愿减排项目的重要"门槛"，国际各类自愿减排交易机制均对项目额外性提出了具体要求。根据国际通行规则，项目和减排量应同时具备额外性。项目额外性要求项目减排活动的实施应在法律法规等强制性减排要求之外。减排量额外性是指项目实施后，相较于基准线情形可以额外减少排放。全国温室气体自愿减排交易市场对项目和减排量的额外性论证提出了新的明确要求，视项目类型不同，额外性论证可分为一般性论证、简化论证和免予论证三种方式，生态环境部将进一步在额外性论证技术文件和项目方法学中，对具体论证方法和方式做出具体规定。对项目唯一性的要求主要是考虑到当前存在多种自愿减排交易机制，为了避免减排效果被不同机制重复计算，申请在全国温室气体自愿减排交易市场登记的项目不得同时参与或事实上参与其他如清洁发展机制（CDM）、核证减排标准（VCS）等自愿减排交易机制。

2. 项目和减排量的数据质量控制

在数据质量管理方面，全国温室气体自愿减排交易市场采用了多种措施。一是通过项目业主和第三方审定与核查机构的"双承诺"，压实其对数据质量的主体责任，并要求项目业主对项目实施情况留痕，相关原始数据和管理台账需要保存10年。二是充分利用信息化监管手段。在各方面条件具备的基础上，还可探索在部分领域充分利用大数据、卫星监测等现代化、信息化手段避免数据造假风险。三是发挥社会监督对市场参与主体的监管作用，强化全方位的信息公开，倒逼项目业主和第三方审定与核查机构审慎对待其所提交的相关材料。同时在项目和减排量审定核查前，专门设置公示环节征求社会意见，并要求项目业主和第三方审定与核查机构对公示期内的意见处理情况进行说明。四是具备相关从业资格的第三方审定与核查机构对项目和减排量申请材料进行审定或核查。同时，对第三方审定与核查机构弄虚作假行为依法从严实施行政处罚，情节严重的责令暂停审定核查资格，直至撤销批准文件。五是由国家和省级生态环境部门组织开展监督检查，一旦发现存在虚假项目及减排量，便责成产生该部分虚假减排量的项目业主进行两倍等量注销，未按照规定进行足额注销的予以处罚，不再受理该项目业主提交的自愿减排项目申请和项目减排量的国家核证申请，同时对负有责任的项目业主和第三方审定与核查机构进行公开曝光。

3.项目方法学公开征集遴选

2023 年 4 月，生态环境部发布《关于公开征集温室气体自愿减排项目方法学建议的函》，组织开展了第一轮方法学公开遴选评估。优先支持减排效果明显、社会期待高、技术争议小、数据质量可靠、社会和生态效益兼具、具有项目开发基础、具有额外性的行业和领域发布方法学。前期已完成公开征集方法学建议工作，共收到方法学建议近 360 项，涉及能源产业、林业、废弃物处理及处置等 15 个方法学领域，其中，包括可再生能源发电、造林、甲烷回收利用等 60 多个二级技术领域，分布式光伏、乔木造林再造林、粪污处理甲烷回收等 200 多个三级技术领域。

与原有机制的方法学相比，新机制的方法学主要有 3 个方面的调整。一是在方法学的尺度方面，原有机制的方法学"大而全"，每个方法学虽适用技术条件广泛但缺乏可操作性，新机制的方法学将遵循"小而精"的原则，对不同规模、减排技术类型的项目，提出更加具体明确的要求以保障数据质量。二是新机制方法学额外性论证的方式分为免予论证、简化论证、一般论证三种方式，分类引导重点减排技术发展。额外性和减排固碳效果受社会普遍认可、社会关注度高、数据质量好的技术类型，可免予论证额外性；技术发展潜力高、具有推动行业减排示范意义的技术类型，可采用简化论证；技术较为成熟但未能推广、可能存在补贴或其他收益的，采用一般论证。三是新机制的方法学将进一步加强对数据"可核查"的工作要求，以确保项目真实、数据准确。

三　全国温室气体自愿减排交易市场建设面临的挑战

（一）减排量短期供给不足，难以满足社会需求

根据《碳排放权交易管理办法（试行）》，重点排放单位可使用不超过其实际排放量5%的国家核证自愿减排量抵消其应缴纳的配额，按照发电行业 40 亿吨配额进行测算，仅发电一个行业每年对国家核证自愿减排量的需求便高达 2 亿吨，未来配额进一步收紧并被纳入更多行业后，国家核证自愿

减排量的需求将进一步增长。7 个碳排放权交易试点市场和福建碳市场每年对国家核证自愿减排量的需求为几百万吨。随着 CORSIA 的实施，国内航空市场自主减排和国际民航市场抵消对国家核证自愿减排量的需求每年也将有数百万吨。然而，按照温室气体自愿减排交易市场此前管理模式，年均核证的减排量约为 2600 万吨，全国碳市场第一个履约周期结束时国家核证自愿减排量存量也仅有 4400 万吨，即使在全国温室气体自愿减排交易市场启动后，短期内也难以迅速形成充足的减排量供给，无法满足市场的多元化需求。

（二）机制设计变化，国际衔接存在不确定性

国际民航组织对合格减排机制的认定有严格的规定程序和技术要求，已认定的合格减排机制发生较大变化的，需要重新接受评审。根据国际民航组织技术咨询机构（TAB）的相关分析和建议，我国温室气体自愿减排交易项目在额外性相关标准、项目唯一性等方面存在不足，并对我国温室气体自愿减排交易项目类型限制等方面提出了建议。我国温室气体自愿减排机制在完善过程中，需要对标国际民航组织对合格减排单位、注册登记系统等的技术要求，以便顺利通过新的评审。

（三）能力建设相对滞后，市场从业人员稀缺

全国统一的温室气体自愿减排交易市场启动后，注册登记机构和地方生态环境主管部门均需配备充足的监管力量来对项目业主提交的申请材料进行审核，对已登记的项目及其减排量开发情况进行监督检查。然而由于温室气体自愿减排交易市场监管专业性和综合性较强，目前地方生态环境主管部门在这方面的能力建设还存在明显的不足，部分地方尚未配备专职人员开展相关工作，人手少与任务重的矛盾较为突出。市场从业人员稀缺现象也较为明显，由于国家对第三方审定与核查机构采用资质管理方式，对机构从业人员的数量、执业资格、从业年限等都有较高要求，市场启动后短期内从业人员稀缺现象可能难以得到根本改善。

四　发展展望

温室气体自愿减排交易机制是全国碳市场的重要组成部分，也是利用市场机制控制和减少温室气体排放，推动全社会广泛参与减排行动的又一项重要制度创新。要在确保项目真实、数据准确的基础上，按照循序渐进原则做好自愿减排交易顶层制度设计，突出"自愿"属性，减少行政干预，更好发挥市场主体作用，压实项目业主、第三方审定与核查机构主体责任，推动各环节及时准确披露和公开信息，更多依靠市场诚信体系提升数据质量，加快推进温室气体自愿减排交易市场建设工作。一是进一步完善基本制度规则和配套技术规范，明确政府与市场边界，明晰市场参与各方权责，持续提升方法学的科学性、合理性和可操作性。二是提升注册登记机构和交易机构的服务能力，确保项目和减排量登记的合规性，保障市场数据质量。三是强化对第三方审定与核查机构的监管，建立多部门协同工作机制，在实施从业资质管理的同时，重点强化对第三方审定与核查机构业务能力水平的监督检查，充分发挥信用监管、公众监督和同业监督等手段的作用。

行业和城市应对行动

Industry and City Actions

G.21

水泥行业减污降碳绩效评估
方法研究与实证分析

赵梦雪　冯相昭*

摘　要： 水泥行业是国民经济重要基础行业，也是主要的能源资源消耗和
碳排放行业。我国是世界上生产水泥最多的国家，近年来我国水
泥行业在节能减排方面取得了显著成果，但仍面临如监管机制不
健全、统计核算体系分割、缺乏绿色低碳绩效评价工具等问题，
同时在碳达峰碳中和目标要求下，面临的减污降碳形势更为严峻，
开展水泥行业减污降碳绩效评估方法研究具有重要意义。本文构
建了水泥行业减污降碳绩效评估指标体系，并选取我国水泥行业
龙头企业安徽省海螺集团作为案例开展实证研究。研究结果显示，
当前我国水泥行业绿色低碳发展水平整体较高，污染减排工作成
效显著，但节约能源、资源循环利用工作有待进一步加强，综合

---

* 赵梦雪，生态环境部环境与经济政策研究中心助理研究员，研究领域为能源发展与应对气候
变化；冯相昭，通讯作者，中国电子信息产业发展研究院研究员，研究领域为能源、环境与
气候变化政策和经济学分析。

气候变化绿皮书

治理水平有待提高；不同企业评估结果差异较大，管理部门需根据企业实际情况实行差别化管控。未来，需要从行业减污降碳协同发展环境、核算方法、技术研发、绩效评估指标体系等方面进一步进行优化完善，不断提高水泥行业减污降碳综合绩效。

关键词： 水泥行业　减污降碳　碳达峰碳中和

一　水泥行业减污降碳形势分析

水泥行业是国民经济重要基础行业，也是主要的能源资源消耗和碳排放行业，其直接产生的碳排放量占全球工业碳排放总量的1/4左右[1][2][3]。我国是世界上生产水泥最多的国家[4][5][6]，2022年我国水泥产量为21.3亿吨[7]，占全球水泥总产量的一半以上。当前，为推动实现碳达峰目标和碳中和愿景，各部门出台了《冶金、建材重点行业严格能效约束推动节能降碳行动方案（2021-2025年）》、《水泥制品单位产品能源消耗限额》（GB 38263-2019）、《关于推进实施水泥行业超低排放的意见（征求意见稿）》等文件，

① Andres R. J., Boden T. A., Breon F. M., et al., "A Synthesis of Carbon Dioxide Emissions from Fossil-fuel Combustion", *Biogeosciences Discussions*, 9 (1), 2012：1845-1871.

② Gao T. M., Shen L., Shen M., et al., "Analysis on Differences of Carbon Dioxide Emission from Cement Production and Their Major Determinants", *Journal of Cleaner Production*, 103, 2015：160-170.

③ Kajaste R., Hurme M., "Cement Industry Greenhouse Gasemissions：Management Options and Abatement Cost", *Journal of Cleaner Production*, 112, 2016：4041-4052.

④ 贺晋瑜等：《中国水泥行业二氧化碳排放达峰路径研究》，《环境科学研究》2022年第2期，第347~355页。

⑤ US Geological Survey, Mineral Commodity Summaries, Reston：US Geological Survey, https：//pubs. usgs. gov/ periodicals/mcs2021/mcs2021-cement. pdf.

⑥ Naqi A., Jang J. G., "Recent Progress in Green Cement Technology Utilizing Low-carbon Emission Fuels and Raw Materials：A Review", *Sustainability*, 11 (2), 2019：537.

⑦ 《中华人民共和国2022年国民经济和社会发展统计公报》，中国政府网，2023年2月28日，http：//www. stats. gov. cn/sj/zxfb/202302/t20230228_ 1919011. html。

从能效、新建项目能耗准入、低效产能退出、企业兼并重组等方面对水泥行业减污降碳发展提出进一步要求。

过去 10 多年来，结合供给侧结构性改革，通过实施错峰生产、加大督查检查力度等政策性措施，严控新增产能、淘汰落后产能、压减过剩产能等结构调整措施，以及技术创新、标准引领等减排手段，水泥行业节能降碳工作取得明显成效，主要污染物排放量显著降低。有关数据表明，在脱硝处理方面，91%的企业采用"低氮燃烧+SNCR"脱硝；在除尘方面，水泥窑头75%采用袋式除尘或者电袋复合除尘，水泥窑尾95%采用袋式除尘或者电袋复合除尘；在脱硫方面，水泥窑尾25%采用脱硫技术[①]。

据生态环境部不完全统计，2021 年水泥行业 SO_2、NO_X、PM 排放量分别为 11.8 万吨、63.1 万吨、72.7 万吨，处于下降趋势（见表1），其中氮氧化物的排放量在全国工业行业中位居前三，是大气污染物主要排放行业。2020 年，我国规模以上吨水泥熟料综合能耗、吨水泥熟料煤耗、吨水泥熟料电耗分别降至 115.1 千克标准煤、108.0 千克标准煤、58.0 千瓦时[②]，与 2015 年相比，规模以上企业吨水泥熟料综合能耗下降 3.6%。据估算，2020 年水泥行业二氧化碳排放量占全国二氧化碳排放总量的 12%左右[③④⑤]。总体看，虽然水泥行业在节能减排方面取得了积极成果，低碳绿色发展开局良好，但在大气污染物与温室气体排放控制领域还存在一些问题需要解决，如监管机制不健全、统计核算体系分割、缺乏减污降碳绩效评价工具等，且随着能效要求逐渐提升，行业依然面临较大压力，仍需推动产业、产品、能源和资源结构实现根本性转变。目前，国内不少学者针对水泥行业低碳发展开

---

① 何捷：《力争 2028 年完成 80%水泥熟料产能超低排放改造》，《中国建材报》2023 年 7 月 3 日第 3 版。

② 中国水泥协会。

③ International Energy Agency, *CO₂ Emissions from Fuelcombustion*, Paris：OECD Publishing, 2011.

④ Xu J. H., Fleiter T., Eichhammer W., et al., "Energyconsumption and CO₂ Emissions in China's Cement Industry：Aperspective from LMDI Decomposition Analysis", *Energy Policy*, 50 (11), 2012：821-832.

⑤ 杨楠等：《水泥熟料生产企业 CO₂ 直接排放核算模型的建立》，《气候变化研究进展》2021 年第 1 期，第 79~87 页。

展研究。如贺晋瑜等[1]通过构建水泥行业二氧化碳排放情景，对 2021 ~ 2035 年水泥行业二氧化碳排放趋势进行评估，进而提出水泥行业碳达峰路径及建议；周鑫等[2]以四川水泥行业为例，对 6 个减排举措的减污降碳成效进行判断并提出对策建议；范永斌[3]从国家、地方、行业等多个层面分析了水泥行业当前面临的机遇与挑战，进而提出对策建议；李琛等[4]分析了水泥行业结构调整现状，并对未来发展情况进行了预测分析。综上，相关研究主要集中在减污降碳实现路径、减排措施成效评价等方面，在科学评估水泥行业整体发展现状方面还有所欠缺，对水泥行业减污降碳影响因素的识别还不够全面，因此，开展水泥行业减污降碳绩效评估方法研究具有重要的现实意义。

表 1 2015 ~ 2021 年水泥行业污染物排放量

单位：万吨

污染物种类	2015 年	2016 年	2017 年	2018 年	2019 年	2020 年	2021 年
NO$_X$	170.6	100.5	83.4	78.0	72.3	72.2	63.1
PM	83.6	225.2	196.1	205.4	199.1	83.8	72.7

资料来源：历年生态环境部《中国生态环境统计年报》等。

二 减污降碳绩效评估方法研究

为全面客观反映我国水泥行业减污降碳改造工作的整体水平，本文对水泥

---

[1] 贺晋瑜等：《中国水泥行业二氧化碳排放达峰路径研究》，《环境科学研究》2022 年第 2 期。

[2] 周鑫等：《四川省水泥行业减污降碳路径分析和对策建议》，《资源节约与环保》2023 年第 6 期，第 1~5 页。

[3] 范永斌：《水泥行业如何实现减污降碳协同增效》，《中国水泥》2022 年第 9 期，第 18~19 页。

[4] 李琛等：《碳达峰碳中和背景下水泥行业结构调整之路》，《中国水泥》2021 年第 9 期，第 10~15 页。

行业减污降碳发展转型成效进行定量和定性分析，并结合当前"双碳"工作，综合多个指南、标准等文件要求，构建了水泥行业减污降碳绩效评估指标体系。

（一）指标选取原则

在建立评价指标体系的过程中，指标选取应遵循如下原则。

1.科学性和数据可获取性原则

以节约能源资源、提高利用效率为宗旨，立足促进行业高质量发展，科学选取基层指标，保证所选取的指标满足数据可获取、质量可保证要求，强调减污降碳协同增效，尽量减少约束性指标。

2.全面性和代表性原则

减污降碳发展水平评估涉及能源、资源、碳等多个方面，在新形势要求下，生态环境部等部门均对水泥企业减污降碳发展水平有评估需求。因此要注重指标的全面性和代表性，满足各部门的评价需求。

3.定性和定量相结合原则

减污降碳发展水平评估领域众多，对于提质增效、污染减排、节约能源等，可采用量化指标进行定量分析，以直观、简便地比较各评价对象的发展水平；对于难以量化的资源循环、治理水平等，可采用定性分析，以保证指标体系的完整性和可比性。另外，可设置加分指标项，以鼓励企业积极探索减污降碳发展路径，提高减污降碳发展水平。

4.政策相关性原则

减污降碳绩效评估的目的是全面评价当前水泥行业减污降碳工作现状，为后续的工作提供参考。因此所选指标要符合国家与地方相关政策要求，使评价结果可为政策制修订提供参考依据。

（二）指标体系构建

本文综合借鉴《水泥行业清洁生产评价指标体系》《水泥行业绿色工厂评价要求》《JC/T 2562-2020水泥行业绿色工厂评价导则》《水泥制造能耗评价技术要求》等多个评价指标体系，以及环境统计、温室气体核算与报

告指南、地方水泥生产企业温室气体排放报告等内容，在参阅大量相关文献的基础上构建了减污降碳绩效评估指标体系。

指标体系分为目标层、因素层和指标层，其中目标层是水泥行业减污降碳发展绩效评估，因素层分为提质增效综合情况、污染减排、节约能源、资源循环利用、综合治理和加分项，指标层由反映因素层各因素的具体指标构成。

（三）目标值的确定

根据指标性质分别确定目标值，其中定量指标以不同企业单项指标的最优水平或国家、行业标准中的相关规定等作为参考值，定性指标基于是否开展该项工作或开展工作的项目数情况，由专家评定赋分。

三 减污降碳案例实证研究

（一）案例公司概况

2020 年，安徽省水泥产量达 1.42 亿吨，同比增长 2.2%，占全国水泥产量的 6%，水泥熟料产量居全国第一。海螺集团作为安徽省代表性企业，水泥熟料产能居全国前列；同时，海螺集团积极践行"绿色建材"战略，加大产学研合作力度、加强节能减排技术改造、提高环保投入力度等，减污降碳发展水平走在行业前列，并于 2018 年在全国率先建成水泥智能工厂。本文选取海螺集团作为案例企业，并选取具有代表性的 6 家海螺集团下属子公司作为评估对象（分别用英文字母 A、B、C、D、E、F 来表示）。

（二）指标体系情况

结合案例企业实际情况，构建指标体系如表 2 所示。共分为目标层、因素层和指标层三层。其中目标层是水泥行业减污降碳发展绩效评估；因素层为提质增效综合情况、污染减排、节约能源、资源循环利用、综合治理和加分项；指标层由反映因素层各因素的具体指标构成，共计 29 个指标。

表 2　指标体系构成

目标层	因素层	指标层	单位	指标属性		目标值	权重值
水泥行业减污降碳发展绩效评估	提质增效综合情况	碳生产力	万元/tCO$_2$	正向	定量	0.05	0.08
		能源产出率	万元/t 标煤	正向	定量	0.37	0.06
		水泥熟料比	%	负向	定量	1.00	0.06
		采石场除尘率	%	正向	定量	100	0.01
	污染减排	吨产品 PM 排放量	kg/t 熟料	负向	定量	0.06[*] 0.02[*]	0.02
		吨产品 SO$_2$ 排放量	kg/t 熟料	负向	定量	0.8[*] 0.03[*]	0.015
		吨产品 NOx 排放量	kg/t 熟料	负向	定量	0.8[*] 0.1[*]	0.015
		物料堆场封存率	%	正向	定量	100	0.02
		氨逃逸浓度达标情况	mg/m^3	负向	定量	5	0.02
	节约能源	吨熟料煤耗	kg 标煤/t 熟料	负向	定量	112[*] 108[*] 103[*]	0.03
		吨产品综合电耗	kWh /t 熟料	负向	定量	74.37	0.06
		吨熟料余热利用发电量	kWh/t 熟料	正向	定量	38.26	0.045
		吨熟料化石燃料燃烧碳排放	tCO$_2$/t 熟料	负向	定量	0.28	0.045
		吨熟料工艺过程碳排放	tCO$_2$/t 熟料	负向	定量	0.53	0.06
		清洁能源使用情况	是/否	正向	定性	是	0.06

续表

目标层	因素层	指标层	单位	指标属性		目标值	权重值
水泥行业减污降碳发展绩效评估	资源循环利用	吨产品主要原材料消耗量	t/t熟料	定量	负向	1.33	0.075
		废弃物综合利用率	%	定量	正向	93.16	0.075
		出厂水泥散装率	%	定量	正向	95.99	0.075
		吨产品新鲜水消耗量	t/t熟料	定量	负向	2.67	0.075
		经济激励措施情况	是/否	定性	正向	是	0.015
		减污降碳技术示范项目数	项	定性	正向	—	0.015
	综合治理	是否开展碳核查	是/否	定性	正向	是	0.02
		非道路移动机械治理情况	是/否	定性	正向	—	0.015
		移动机械治理情况	是/否	定性	正向	—	0.02
		运输车辆维护和清洁达标情况	是/否	定性	正向	是	0.015
		是否开展智慧系统建设（数字赋能）	是/否	定性	正向	是	0.05
		是否开展水泥低碳产品认证	是/否	定性	正向	是	0.05
	加分项	主动推进供应链、相关方的绿色管理情况	项	定性	正向	—	0.05
		协同处置废弃物情况	项	定性	正向	—	0.05

注：①表格中带＊的目标值代表相应指标不同级别的目标值。以"吨产品PM排放量"为例，对于有熟料生产工段的工厂而言，回转窑窑头及窑尾经末端治理后的PM排放量在0.02kg/t熟料至0.06kg/t熟料（包括0.06kg/t熟料），得分将小于60%；回转窑窑头及窑尾经末端治理后的PM排放量不高于0.02kg/t熟料（包括0.02kg/t熟料），得分值为80%~100%。
②"开展碳核查情况"综合考虑以下具体问题：是否采用适用的标准或规范对水泥制品进行碳足迹核算或核查，定期开展温室气体核算；检查结果是否对外公布；是否采用核查结果对其产品的碳足迹进行改善等。其中满足2项以上得满分；满足1项得一半分，没有不得分。表中其他定性指标的目标值确定方法类似。

其中，碳生产力、能源产出率、水泥熟料比、吨产品综合电耗、吨熟料余热利用发电量、吨熟料化石燃料燃烧碳排放、吨熟料工艺过程碳排放、吨产品主要原材料消耗量、废弃物综合利用率、出厂水泥散装率、吨产品新鲜水消耗量选用标杆企业值作为指标目标值；吨产品 PM 排放量、吨产品 SO_2 排放量、吨产品 NOx 排放量、氨逃逸浓度达标情况、吨熟料煤耗选用有关政策标准要求值作为指标目标值。

（三）数据来源情况

指标数据基于地方调研、实地调查等方式获取；权重数据通过与 15 位行业专家、智库单位相关领域专家座谈，由专家打分得到。

（四）数据处理

在数据标准化过程中，本文采用不同方法分别对各类指标进行标准化处理。对于定量指标采用目标渐进法，通过设定评价指标的目标值，计算每个指标趋近目标值的程度并进行数据标准化。当标准化后的数据出现负值时，对结果进行平移[1][2]处理。对于定性指标，通过专家判断法进行评分，通过设定评价指标的目标值进行数据标准化。此外，采用专家判断法为指标赋权。

四 评估结果和主要结论

（一）评估结果

1. 各子公司得分情况

通过计算各因素层得分与各因素层满分的比值得到各因素层得分水平[3]

---

[1] 王永莉、梁城城：《碳生产力对我国区域自我发展能力影响的实证研究》，《科技管理研究》2016 年第 14 期，第 83~88 页。

[2] 王富喜等：《基于熵值法的山东省城镇化质量测度及空间差异分析》，《地理科学》2013 年第 11 期，第 1323~1329 页。

[3] 本文中得分水平指各指标（因素层、总得分）与各指标（因素层、总得分）满分的比值。

（见图1）。从总得分情况来看，B~F子公司总得分相差不大，说明其减污降碳发展水平整体相当。

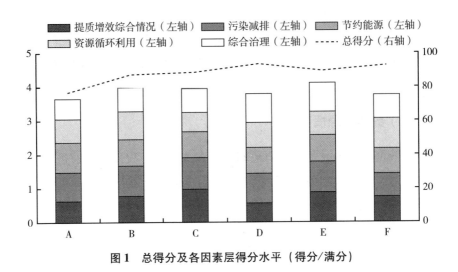

图1　总得分及各因素层得分水平（得分/满分）

从因素层得分情况来看，A公司在节约能源、污染减排方面得分较高，在综合治理、提质增效综合情况等方面得分较低，在加分项方面得分最低；B公司在资源循环利用和污染减排、C公司在提质增效综合情况和污染减排方面得分较高；D、F公司各项指标得分整体相对较均衡，加分项得分基本满分；E公司在污染减排方面得分较高。

从具体指标得分情况来看（见图2），不同公司在不同指标上的表现情况不同，E、B公司各指标整体完成情况较好，但不同指标的排名相差较大，其中E公司在氨逃逸浓度达标等指标上落后，B公司在吨产品综合电耗指标上表现出色。F、C公司各项指标表现整体均衡，尤其是F公司的大部分指标均处于第三至第五名，在吨熟料煤耗、是否开展碳核查、吨产品NOx排放量和废弃物综合利用率方面表现最好。扣除加分项，A、D公司总体得分最低，其中A公司在多项指标上的表现排名均为最后，D公司多项指标表现较差，但加分项得到满分。

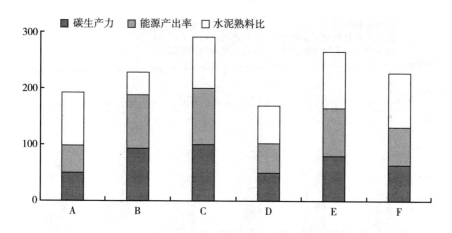

图 2-1 提质增效综合情况得分

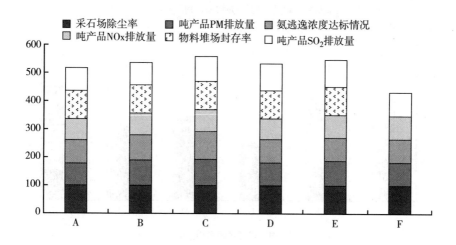

图 2-2 污染减排指标得分

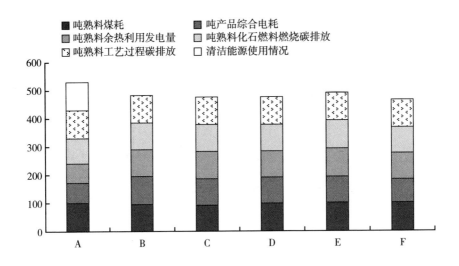

图 2-3　节约能源指标得分

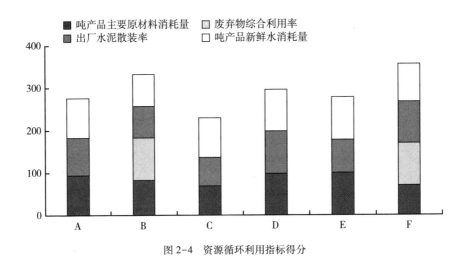

图 2-4　资源循环利用指标得分

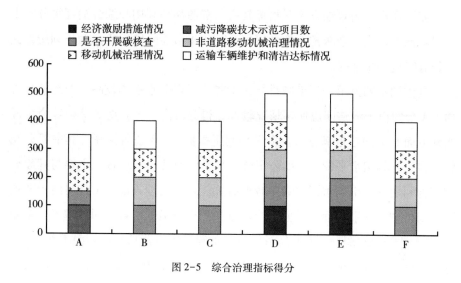

图 2-5　综合治理指标得分

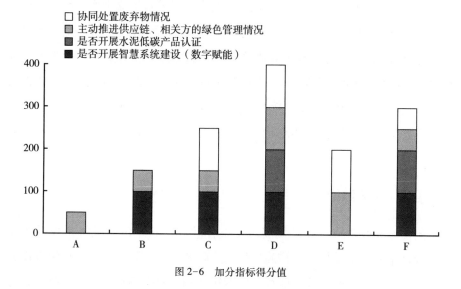

图 2-6　加分指标得分值

图 2　各指标标准化数据得分情况

2. 各指标得分情况

从因素层得分情况来看（见图1），污染减排方面各公司普遍得分较高，

节约能源和提质增效综合情况指标其次，资源循环利用和综合治理得分水平相对较低，说明污染减排工作做得好，相比于节能降碳，资源循环利用方面工作有待进一步加强。

具体到不同公司，污染减排指标中各公司得分水平均较高。节约能源方面，A 公司由于清洁能源使用情况较好，得分较高。提质增效综合综合情况指标方面 C 公司接近满分。资源循环利用指标 F、B 公司较好，其中 F 公司废弃物综合利用水平较高，C 公司得分水平仅为其一半左右，主要与其废弃物综合利用率、出厂水泥散装率较低有关。综合治理方面，A 公司由于非道路移动机械治理不达标，因而综合治理指标得分最低。各公司普遍不具备减污降碳技术示范项目，仅 A 公司具备 1 条碳捕集示范项目；智慧系统建设、绿色管理等加分指标方面，得分水平较低，平均在 0.56 左右，但不同公司得分差异较大。

从具体指标各公司整体水平来看（见图 2），采石场除尘率、移动机械治理情况、物料堆场封存率、运输车辆维护和清洁达标情况等指标完成情况较好，各公司大多为满分；有关碳排放指标、能耗指标、污染治理指标等完成情况也比较好；水泥熟料比、吨产品 NOx 排放量、能源产出率、碳生产力指标得分水在 0.7~0.8；经济激励措施、废弃物综合利用率、减污降碳技术示范项目数及清洁能源使用情况指标完成情况较差，仅有少数公司开展了相关工作。

（二）主要结论

当前水泥行业减污降碳发展水平整体较高，其中污染减排工作较为完善，预计未来污染减排相关措施产生的边际效益将下降。但是提质增效能力尚存在较大发展空间，节约能源、资源循环利用水平还有待进一步提高，综合治理有待加强。通过行业政策分析、案例研究，以下做法可有效助推水泥行业减污降碳绩效提高。一是提高碳生产力水平、压减淘汰过剩产能，强化碳核算体系建设。二是提升企业对能效检测和评估的重视程度，建立企业完整、规范的能源管理组织架构；健全企业能源管理、考核制度；提高能源管理人员的专业水平。三是在技术上提高能效。逐步转变以化石能源为主体的能源结构；不断缩小清洁能源与传统能源的制造、利用成本差异；挖掘先进工业技术，提高碳捕捉能力。四是提高废弃物综合利用率。出台公平合理、可操作的激励政策，扶持生活垃圾等协同处置项目；扩大协同处置废弃物的品种；建设大型固废再生燃料工厂，研制有关技术标准。

此外，通过案例研究发现，有的公司各指标整体得分均衡，有的公司不同指标差距较大，未来管理部门需要根据公司实际情况实行差别化管控。

五　水泥行业促进减污降碳协同增效的对策建议

通过上面实证研究可知，水泥行业应以碳减排和降污染为重点，把应对气候变化作为推动产业绿色低碳转型的重大战略机遇，提高水泥行业综合治理系统性和整体性水平，助力实现碳达峰碳中和目标。

一是继续优化行业减污降碳协同发展环境。将行业供给侧结构性改革与碳达峰、碳中和相结合，持续加快产业政策创新，持续化解过剩产能，继续实施相关减排措施。对照行业能效基准水平和标杆水平，适时修订行业国家能耗限值标准，制定非碳酸盐类原材料替代应用技术规范和低碳水泥生产技术标准。鼓励建材企业提高碳管理能力，打造一批标杆企业，通过对企业内部碳排放现状进行摸底调查，分析碳减排潜力，研究碳减排路径，制定可操作的实施方式，推动企业建立完整、规范的能源管理组织架构，发挥先进企业的技术示范带头作用。

二是规范优化核算方法。碳排放核算是进一步开展减污降碳工作的前提和基础，应根据产品种类、生产流程、节能减排措施应用情况等，优化相关核算方法，规范碳排放边界核定内容和计算标准，建立科学、精准、系统的碳排放数据统计体系，实现核算覆盖面广、精准度高以及实际可操作性强。

三是加大技术研发力度。加大原/燃料替代、节能降碳和智能化技术的研发力度。鼓励企业统筹开展减污降碳和清洁生产改造，从原料替代、质量提升等方面降低单位水泥产品二氧化碳排放强度。统筹推进燃料替代，开展

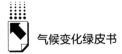

将生活垃圾、生物质能、有热值的一般工业废弃物用于水泥窑燃料替代研究，鼓励打造绿色供应链。加大光能、风电、生物质能、高效储能技术等零碳绿色能源开发利用力度，开展废弃物综合利用相关技术研发工作，研究应用 CCUS 技术，建设数字化智能化生产物流体系，提高智能化发展水平。

四是加强绩效评估指标体系的应用。绩效评估指标体系评估可以为多方提供支持。通过观测企业绿色发展绩效评估指标数值，市场可及时调整管理方式和运营策略；绩效评估体系的构建可以集各部门需求为一体，为多部门管理提供抓手，使各部门及时判断企业生产和运营是否符合政策、法律、法规和标准要求；公民和社会组织可通过绩效评估指标体系关注企业环境保护和社会责任承担情况，提升社会公众监督企业履行社会责任和环境责任的积极性和主动性。因此，要加强绩效评估指标体系的应用，为加速水泥行业绿色低碳发展转型提供支持。

中国铝工业绿色低碳发展的途径及措施

宋　超　莫欣达　孟　杰*

摘　要： 铝工业是有色金属工业碳排放量最大的领域，也是有色金属工业实现绿色低碳发展的重要抓手。本文分析了中国铝工业低碳发展现状、铝产业链碳排放情况、铝工业绿色低碳发展面临的挑战与机遇，围绕铝工业绿色低碳发展目标，提出了"控产量""优结构""抓创新""促协同"四个促进铝工业绿色低碳发展的途径，也提出了明确我国"氧化铝不追求自给自足"的发展战略、牢牢抓住"电解铝"降碳重点环节不动摇和着力提高再生铝保级利用水平三方面的政策建议。

关键词： 铝产业链　碳排放　低碳发展

一　引言

当前，中国制造业围绕"双碳"目标的实现正在加快推进绿色低碳转型发展，并以低碳发展为动力助推中国制造业向高质量方向迈进。党的二十大报告明确提出了建设现代化产业体系、加快发展方式绿色转型、积极稳妥推进碳达峰碳中和。

---

* 宋超，高级工程师，中国有色金属工业协会政策研究室副处长，研究领域为有色金属行业政策；莫欣达，高级工程师，中国有色金属工业协会轻金属部副主任，研究领域为铝行业管理；孟杰，教授级高级工程师，中国有色金属工业协会铝业分会常务副秘书长，研究领域为铝行业管理。

铝是中国有色金属工业的第一大金属。铝由于具有优良的物理化学性质在许多领域得到广泛应用，主要应用领域有建筑结构、交通运输、航空航天、电力电子、日用包装、机械制造和国防军工等。铝是国民经济建设以及战略新兴产业发展不可或缺的重要基础原材料，在发展循环经济、推进节能减排、保护生态环境等进程中发挥着重要作用。

铝也是碳排放量最大的有色金属产品，铝冶炼更是我国有色金属行业二氧化碳排放的主要领域。2020年我国有色金属行业二氧化碳排放量约6.7亿吨，占全国二氧化碳总排放量的4.7%；有色金属冶炼二氧化碳排放量5.88亿吨，占有色金属行业二氧化碳总排放量的87.8%，其中，铝冶炼二氧化碳排放量约5亿吨，占有色金属行业二氧化碳总排放量的74.6%。[①] 因此，促进铝行业绿色低碳发展，对实现《有色金属行业碳达峰实施方案》提出的碳达峰目标至关重要。

二 中国铝工业绿色低碳发展成绩斐然

中国铝工业经过半个多世纪的发展，已经形成了从铝土矿开采到氧化铝和电解铝生产再到铝加工和再生铝回收的完整的产业链，主要产品产量持续增长，多年来氧化铝、电解铝及铝材产量稳居世界第一。

根据英国商品研究所（CRU）统计数据，2022年中国铝土矿产量为9103万吨，占全球总产量的24%，居全球第二。根据国家统计局数据，2022年中国氧化铝、电解铝、铝材及再生铝产量分别为8186万吨、4021万吨、6222万吨[②]（此数据含重复统计，中国有色金属加工工业协会和北京安泰科信息股份有限公司联合发布的统计数据为4520万吨，同比增长1.1%）和865万吨，同比分别增长了5.6%、4.5%、-1.4%和8.1%，全球占比分别达到57.6%、58.9%、64.0%和46.0%，中国是为数不多的铝产业链完整

①　中国有色金属工业协会：《有色金属行业低碳技术发展路线图》，2023年3月。
②　中国有色金属工业协会编《2022中国有色金属发展报告》，冶金工业出版社，2022。

的国家，也是全球较大的铝生产国之一。

作为铝工业大国，中国近年来围绕绿色低碳发展，取得了很大的成就。

（一）供给侧结构性改革政策为铝工业碳达峰提供了保障

为解决电解铝产能严重过剩的问题，从 2013 年开始，中国政府相继出台了《国务院关于化解产能严重过剩矛盾的指导意见》（国发〔2013〕41 号）、《关于印发对钢铁、电解铝、船舶行业违规项目清理意见的通知》（发改产业〔2015〕1494 号）、《关于印发〈清理整顿电解铝行业违法违规项目专项行动工作方案〉的通知》（发改办产业〔2017〕656 号）等一系列支持供给侧结构性改革的政策和意见，确立了中国电解铝 4500 万吨产能"天花板"，这一"天花板"不仅有效遏制了电解铝盲目投资和产能的无序增长，也为铝工业碳达峰提供了坚实的保障。

（二）技术进步实现了能耗和物耗下降

氧化铝生产大型化自动化水平全球领先。针对中国铝土矿禀赋差等问题，我国自主开发了管道化—停留罐溶出等技术，突破了一水硬铝石矿拜耳法溶出关键技术难题，形成了选矿拜耳法、石灰拜耳法等新技术。针对进口三水铝土矿，创新了低温拜耳法技术，有效解决了高有机物的影响，能耗和碱耗指标水平全球领先。全面开发和应用了一系列连续化、自动化、大型化和高效节能的先进技术装备，单条生产线最大产能达到 120 万吨级，生产效率大幅度提升。

铝电解技术装备引领全球发展。我国自主开发的低温低电压铝电解、新型结构铝电解槽、新型阴极钢棒、电解槽大型化等技术已投入运行。截至 2022 年底，中国自主研发的 400kA 及以上槽型的电解铝产能占比达到 72.6%，500kA 及以上槽型的电解铝产能占比达到 36.7%，600kA 及以上槽型的电解铝产能占比达到 8.8%。

随着技术的进步，中国主要铝产品能耗指标持续下降，并呈现了能耗指标的先进性。2022 年，中国氧化铝综合能耗（以标准煤计）为 321 千克/

吨，较 2021 年下降了 48 千克标煤/吨；电解铝综合交流电耗为 13448 千瓦时/吨，较 2021 年的 13511 千瓦时/吨下降了 63 千瓦时/吨；平均电解铝直流电耗为 12783 千瓦时/吨，较 2021 年下降了 40 千瓦时/吨。

（三）产业发展新模式促进了低碳减排

构建了充分利用国内外资源的发展新模式。在 2005 年成功实现进口铝土矿溶出技术产业化的基础上，利用进口铝土矿生产的氧化铝的产量不断扩大，2022 年利用进口铝土矿生产的氧化铝产量已经达到氧化铝总产量的 54%。

铝液直供短流程得到快速发展。21 世纪以来，铝冶炼和加工企业协同创建了铝液直供短流程生产模式，避免铝锭二次重熔，减少约 3% 的能源消耗以及 0.8% 的烧损，目前铝液直供短流程生产比例已达到 70%。

水电铝建成产能持续增长。随着电解铝产能向云南和四川转移，水电铝项目建成产能在增加，2022 年我国电解铝使用清洁能源的产能占比超过 24%。

再生铝由单纯冶炼加工，向以铝加工材质量管控为目标与电解铝或铝液融合方向发展，铝加工企业正逐渐成为再生铝利用领域的主力军。2022 年中国再生铝用量已达 865 万吨，用量持续增高。

三 产业链碳排放情况

（一）铝产业链产品 CO_2 排放量

依据《温室气体排放核算与报告要求　第 4 部分：铝冶炼企业》和《其他有色金属冶炼和压延加工业企业温室气体排放核算方法与报告指南（试行）》相关核算方法，笔者对中国铝产业链排放的 CO_2 进行了测算，结果见表 1。

表1　2018~2022年铝产业链 CO_2 排放量

指标	单位	2018年	2019年	2020年	2021年	2022年
铝土矿开采 CO_2 排放量	亿吨	0.06	0.06	0.06	0.06	0.06
氧化铝生产 CO_2 排放量	亿吨	0.81	0.75	0.72	0.76	0.70
电解铝生产 CO_2 总排放量	亿吨	4.27	4.15	4.23	4.29	4.38
电解铝生产直接 CO_2 排放量	亿吨	0.51	0.50	0.52	0.54	0.56
电解铝生产间接 CO_2 排放量	亿吨	3.76	3.65	3.71	3.75	3.82
铝用阳极生产 CO_2 排放量	亿吨	0.24	0.29	0.22	0.22	0.21
铝用阴极生产 CO_2 排放量	亿吨	0.01	0.01	0.01	0.01	0.01
再生铝生产 CO_2 排放量	亿吨	0.03	0.03	0.03	0.03	0.03
铝材生产 CO_2 排放量	亿吨	0.47	0.45	0.39	0.52	0.39
合计	亿吨	5.89	5.74	5.66	5.89	5.78
吨铝电解过程 CO_2 排放量	吨	11.71	11.54	11.36	11.15	10.89

注：按照2.66千克标准煤产生1千克 CO_2 计算。

　　2018~2022年中国铝产业链碳排放总量每年均未超过6亿吨，电解铝生产是铝产业链 CO_2 排放量最大的环节，其次是氧化铝生产、铝材生产、铝用阳极生产、铝土矿开采；电解铝生产环节的 CO_2 排放主要为使用电力造成的间接 CO_2 排放；2018~2022年铝产业链 CO_2 排放总量变化不大，并没有跟随电解铝产量的增长而增长，仅呈现小幅波动；吨铝电解过程 CO_2 排放量呈逐年下降趋势，5年（2018~2022）下降7%（见表1）。

（二）电解铝行业碳排放情况

根据表1，笔者推算了2022年中国电解铝行业单位碳排放强度。中国电解铝行业单位碳排放强度（13.33 tCO_2/t-Al）明显高于全球平均水平（10.4 tCO_2/t-Al），原因是中国电解铝主要使用煤电。电解过程的碳排放在电解铝生产环节中碳排放最高，占比达到81.7%，降低电解过程的电耗仍是重中之重。

四　中国铝工业绿色低碳发展面临的挑战与机遇

（一）挑战

资源层面，国内铝土矿品位下降为降低碳排放带来压力。经过多年高强度的开采，我国高品位铝土矿基本上消耗殆尽，矿石平均品位（铝硅比）已由2010年的10以上降至现在的5以下，其中山西、河南等地区已降至4.5以下。

技术层面，降碳攻关难度加大。客观来讲，目前中国氧化铝和电解铝生产整体技术已处于国际领先水平，科技工作者围绕工序节能、设备节能以及余热利用等做了大量的工作，大部分成果已经在生产中得到应用，但"技术池"中可应用的降碳技术已经严重不足，新的降碳技术研究需要时间，难度也进一步加大。

能源层面，电力稳定性仍不足，绿电供应空间受限。受能耗"双控"相关政策实施以及迎峰度夏保供等因素影响，各地限电限产现象时有发生，电解铝企业用电负荷难以得到保障，尤其是依托水电建设的电解铝生产线仍存在"枯水期"缺电的问题，其用电安全性、可靠性面临困难。鉴于电解铝产业自备电比例较高，且自备电多为煤电，进一步利用水电布局电解铝生产线的增量空间有限。电解铝企业配套建设的市场化新能源项目，均被要求不能向电网反送电，现有电力调度和交易机制还不能完全适应高比例新能源并网条件下"源网荷储"多向互动的灵活变化，这也在一定程度上制约了铝产业提升绿电消纳比例的进程①。

国际经贸层面，壁垒增多。截至目前，中国铝产品已遭遇来自 20 多个国家及地区的超过 70 起贸易救济调查。除常态化的显性贸易摩擦外，欧盟碳税、涉疆法案等影响国际贸易的新变量增多。

（二）机遇

铝作为仅次于钢铁的第二大金属原材料，具有质轻、耐腐蚀、可再生等优异性能，在全社会低碳发展中发挥着重要的作用，也为铝工业绿色低碳发展带来了机遇。

党的二十大把高质量发展确定为全面建设社会主义现代化国家的首要任务；而高质量发展的要求给铝工业绿色低碳发展带来了机遇。中国铝工业要将高质量发展落到实处，积极贯彻落实新发展理念，坚定地推进铝工业向绿色化、低碳化方向发展。

低碳铝产品需求增长提速，为铝产业链绿色低碳发展带来了机遇。2012年，在中国有色金属工业协会扩大绿色铝消费的倡议引导下，以铝代塑、代钢、代木成为趋势，汽车用铝轻量化成为全球共识，尤其是电动汽车用铝轻量化成为必然选择。近年来，终端消费者不仅开始关注产品的节能属性，而且对原料的碳足迹也开始进行溯源，这为铝产业链上下游共同推进绿色低碳发展提供了动力。

清洁能源发展，为铝工业低碳发展提供了机遇。"双碳"目标提出后，我国水电、光伏、风电和核电等清洁能源发展迅猛，预计 2030 年我国非化石能源发电占比将超过 50%，这将对电解铝生产降低碳的排放做出重大贡献。

除此之外，低碳工艺的革命性突破、产业布局的优化等也都会给铝工业低碳发展带来机遇。

---

① 段向东：《发挥央企保障资源安全的支柱作用》，《中国有色金属报》2023 年 3 月 9 日。

五 铝工业绿色低碳发展目标和途径

（一）铝工业绿色低碳发展目标

《有色金属行业碳达峰实施方案》（工信部联原〔2022〕153号）明确提出了"'十四五'期间，有色金属产业结构、用能结构明显优化，低碳工艺研发应用取得重要进展，重点品种单位产品能耗、碳排放强度进一步降低，再生金属供应占比达到24%以上。'十五五'期间，有色金属行业用能结构将大幅改善，电解铝使用可再生能源比例将达到30%以上，绿色低碳、循环发展的产业体系基本建立。确保2030年前有色金属行业实现碳达峰"的目标。

这一实施方案还对铝产业链提出了有针对性的任务。在电解铝方面，继续坚持供给侧结构性改革政策不动摇，坚持电解铝产能总量控制，严格执行工信部制定的电解铝产能置换办法，并根据产业发展情况研究差异化电解铝产能减量置换政策；在氧化铝方面，重点要加强市场研究和投资引导，防范氧化铝投资过热、产能盲目扩张。另外，对新建和改扩建铝冶炼项目明确提出应严格落实项目备案、环境影响评价、节能审查等政策规定，备案项目应符合《铝行业规范条件》（2020年）、《电解铝和氧化铝单位产品能源消耗限额》（GB21346-2022）先进值、清洁运输、污染物区域削减措施等要求；国家或地方已出台超低排放要求的，应满足超低排放要求；大气污染防治重点区域应同时符合重污染天气绩效分级A级、煤炭减量替代等。鼓励原生与再生、冶炼与加工产业融合发展，到2025年铝水直接合金化比例提高到90%以上。

（二）铝工业绿色低碳发展途径

铝工业绿色低碳发展可从"控产量""优结构""抓创新""促协同"四个途径进行。

第一，控产量。要严格贯彻落实供给侧结构性改革政策不动摇，坚持控制电解铝产能总量。并在此基础上，积极利用国内外两种资源，控制国内铝土矿年度开采总量，稳定国内铝土矿资源的服务年限，最大限度地利用海外资源；严防氧化铝产能非理性增长，积极贯彻"氧化铝不追求自给自足"的发展战略，引导国内没有竞争优势的氧化铝产能退出市场，鼓励适度进口氧化铝。

第二，优结构。一是优化能源结构。目前我国电解铝生产用能以煤电为主。优化电解铝生产的用能结构，应鼓励电解铝产能向可再生能源电力富集地区转移，降低煤电用量，从源头削减二氧化碳排放。二是优化铝材原料结构，提高再生铝用量。

第三，抓创新。一是推动技术创新，降低碳排放强度。积极开展惰性阳极等电解铝颠覆性技术的研发，减少铝电解环节的二氧化碳排放；推动电解槽余热回收等综合节能技术创新，降低电解铝综合能耗；积极开发和应用高效装备，提高生产效率。二是管理创新，辅助降低能源消耗。积极开展节约生产和标准化管理，提高生产稳定性、提升物流效率和生产现场管理水平。

第四，促协同。一是做好产业链协同。在铝土矿开采环节，应减少民采小型矿山采富弃贫的现象，降低采矿损失量；在氧化铝冶炼环节，通过技术进步不断提高拜耳法的氧化铝回收率；在原铝电解环节，建立强化从阳极到阴极全过程以能耗为指标的考核管控体系，最大限度地挖掘节能潜力；不断提高氧化铝、铝用炭素产品质量，提高电解铝生产过程的生产效率，降低吨铝电耗；加强电解铝生产与铝加工短流程协同，从而实现能耗下降；加强再生铝和原铝的协同，最大限度地利用再生铝；加强与终端用户的协同，最大限度地将工艺废料保级利用。二是加强不同产业间的协同。加强赤泥在建材、筑路、水处理等相关领域的应用，加强铝灰在钢铁工业领域的应用，加强"5G"在铝生产线的应用。

六 促进铝工业绿色低碳发展的政策建议

（一）明确我国"氧化铝不追求自给自足"的发展战略

虽然氧化铝生产环节单位碳排放量不高，但氧化铝由于生产总量大，仍是铝工业降碳不可忽视的领域。中国有色金属工业协会开展的"中国铝工业发展战略研究"表明，中国氧化铝产业因国内资源保障能力不足和资源禀赋差、国际竞争能力整体较弱，因此，提出了"氧化铝不追求自给自足"发展战略，虽然这一战略得到了有关部门和业界的认可，但并未在政府文件中得到体现，鉴于这一战略的实施将对氧化铝产业低碳发展产生较大影响，笔者希望政府对此战略能够予以明确。

（二）牢牢抓住"电解铝"降碳重点环节不动摇

围绕促进电解铝能耗降低，国家发展改革委等出台了《关于完善电解铝行业阶梯电价政策的通知》（发改价格〔2021〕1239号）和《关于发布〈高耗能行业重点领域能效标杆水平和基准水平（2021年版）〉的通知》（发改产业〔2021〕1609号）等有关政策和措施。建议电解铝企业积极践行绿色低碳发展政策，实施节能技术改造，加大绿色电力使用力度，争做行业能效标杆。建议国家有关部门设立专项资金支持企业建设低碳转型示范项目；积极协调有关电网，确保云南、四川等地区电解铝生产线用电的稳定性。只有抓好了"电解铝"降碳这一重点环节，才能确保铝工业绿色低碳目标的实现。

（三）着力提高再生铝保级利用水平

要做好提高再生铝保级利用水平工作，一方面建议加强垃圾分类宣传、鼓励专业化实施再生金属拆解、严格分类预处理标准，形成高标准再生铝回收利用体系；另一方面建议政府制定政策，支持再生铝专用设备和协同处理技术的研发。

中国城市绿色低碳发展评价（2022）

中国城市绿色低碳评价研究项目组*

摘　要： 本文通过选取新的指标、使用新的计算方法扩展和更新了城市绿色低碳发展指标体系，并对2022年中国189个城市进行了评估。研究发现：试点城市继续保持优势，碳达峰引领型试点城市表现最佳。从区域态势来看，2022年各地区城市绿色低碳发展综合指数得分由高到低依次为东部地区、中部地区、东北地区、西部地区。从南北方来看，南方城市绿色低碳发展综合指数得分明显高于北方城市。分维度来看，"'双碳'态势"内部差异最大，"产业升级"内部差异最小，"能源转型"的短板最为明显。因此，本文建议重点突破，集中资源，实现"双碳"目标与经济稳定增长；深化试点城市建设，推动试点城市实现绿色低碳发展和经济包容性增长；构建城市间合作机制，打造南北帮扶绿色低碳试点，推动实现"双碳"目标全国一盘棋整体布局。

关键词： 绿色低碳　"双碳"目标　城市

　　城市是我国碳减排的核心，也是经济发展的重心。合理、准确评价城市当前绿色低碳发展程度，不仅有助于实现我国"双碳"目标，也有助于推动城市经济高质量发展。中国社会科学院生态文明研究所连续对2010年、

＊ "中国城市绿色低碳评价研究项目组"由中国社会科学院生态文明研究所和哈尔滨工业大学（深圳）气候变化与低碳经济研究中心相关人员联合组成。本文由田建国执笔。田建国，理学博士，济南大学绿色发展研究院副教授，研究领域为低碳经济与管理、福祉经济学。

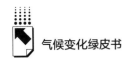

2015~2022 年的城市绿色低碳发展水平进行评价，关注在最新政策需求下城市绿色低碳发展的最新进展和变化，以此支撑国家在城市层面实现"双碳"目标。

一 城市绿色低碳发展指标体系最新修订情况

为更加全面地反映绿色低碳发展中的"绿色"和"低碳"的内涵，2022 年城市绿色低碳发展指标体系增加了反映绿色发展水平的指标，替换了同绿色低碳关系不密切的指标，并对部分指标计算方式从技术上进行了合理修订。通过调整，指标更加丰富，指标的来源和渠道更加多样，指标的测算方式更加准确，部分指标由多项指标合成，增强了指标的代表性和全面性，充分体现了绿色低碳发展的内涵，夯实了城市低碳绿色发展评价的基石。

第一，指标名称和指标范围扩大。一是将原一级指标"绿色生活"和"政策体系"的名称分别修改为"绿色发展"和"治理有效"，扩大了原有指标的范围和含义。二是"能源转型"下的二级指标增加了"电气化水平"，以电能占终端能源消费比重来表示，反映国家或地区的电气化水平。三是"绿色发展"下的二级指标增加了"空气质量""绿色空间""绿色科技""绿色金融"，进一步从空气、空间、科技和金融方面反映绿色发展质量，摆脱绿色生活的单一测量。四是"治理有效"下的二级指标增加了"公众环境关注度"，能够更加全面地衡量政府治理的有效性。

第二，指标替换。"产业升级"一级指标删掉了原指标"战略性新兴产业增加值占 GDP 比重"。战略性新兴产业增加值占比跟碳排放的关系有待证实，但产业结构高级化和绿色创新可有效助力绿色低碳发展，采用"产业高级化水平"和"绿色全要素水平"可分别反映产业结构高级化程度和绿色创新水平。

第三，指标评价的技术调整。"'双碳'态势"一级指标包括"碳排放比较优势""碳排放强度""碳公平"3 个二级指标，采用比较优势的概念和计算方法，强化了碳排放指标的可比性。

从表1可知，城市绿色低碳发展指标体系由"'双碳'态势""能源转型""产业升级""绿色发展""治理有效"5个一级指标和15个二级指标构成。

表1　城市绿色低碳发展指标体系

一级指标	二级指标	三级指标	计算方法	单位
"双碳"态势	碳排放比较优势	碳排放量比较优势	（城市碳排放总量/全国碳排放总量）/（城市GDP/全国GDP）	—
	碳排放强度	单位GDP碳排放	城市碳排放总量/城市GDP	tCO_2/万元
	碳公平	人均碳排放比较优势	（城市碳排放总量/全国碳排放总量）/（城市常住人口/全国总人口）	—
能源转型	能源消费结构	煤炭消费占比	煤炭消费量/一次能源消费总量	%
	电气化水平	电能占终端能源消费比重	全社会用电量/终端能源消费总量	%
产业升级	产业结构	产业高级化水平	第一产业占比×1+第二产业占比×2+第三产业占比×3	—
	产业绿色创新	绿色全要素水平	基于Super-SBM和GML指数测算	—
绿色发展	绿色生活	新能源汽车保有量占汽车保有量比重	大数据提取	%
	空气质量	$PM_{2.5}$年平均浓度	政府统计数据	%
	绿色空间	建成区绿地率	政府统计数据	%
	绿色科技	绿色发明专利授权比较优势（采用上市公司绿色专利授权）	（城市绿色发明专利授权/所有城市绿色发明专利授权）/（城市常住人口/所有城市总人口）	—
	绿色金融	绿色金融指数	由金融保险信贷等多指标合成	—
治理有效	政策支持	政策环保与规制词频	政府官方网站和政府工作报告大数据提取、定量与定性分析	—
	财政支持	绿色财政资金占有率	财政环境保护支出/财政一般预算支出	%
	公众环境关注度	年搜索指数	百度指数关于环境污染、雾霾关键词的搜索指数	次数

数据来源主要有国家、各省份、各地市统计年鉴，各城市统计公报，各城市生态环境质量报告，各级政府官方网站，各级政府工作报告，WIPO绿色专利清单，各年度《中国科技统计年鉴》《中国能源统计年鉴》《中国金融年鉴》《中国农业统计年鉴》《中国工业统计年鉴》《中国第三产业统计年鉴》等，城市碳排放数据根据能源结构推算得到。

各指标基准值的确定是评价结果测算的基础，确定合理的基准值是获取有效评价信息的重要保障和关键一步，本文使用科学、合理、准确和可比性强的基准值确定方法。第一，根据指标的具体性质判断基准值区间，如果一类指标具有明确的科学意义上的目标值，则应以该值作为其基准值，比如电能占终端能源消费比重，应以100%作为其上限。第二，要通过历年评价的数据集来确定合理的基准值。在现有数据集的基础上，寻找最大值和最小值，并将其作为确定基准值的基础。第三，要尽量排除一些异常值，异常值的存在会导致指标的得分出现高者越高、低者越低的情况。各指标基准值限于篇幅本文不再列出。

本文延续了2021年城市碳达峰分类视角，从碳减排能力和碳减排潜力两个维度出发，对城市进行类型划分，共将城市划分为四个类型——碳达峰潜力型、碳达峰引领型、碳达峰蓄力型、碳达峰压力型[①]。

二 评价结果

2022年189个城市的绿色低碳发展综合指数（以下简称"综合指数"）平均分为80分。得分分布在69~92分的区间内，其中90分以上的城市2

---

① 碳达峰潜力型城市特点为人均GDP高于全国平均水平，经济发展水平较高，碳排放强度高于全国平均水平，碳减排潜力较大。碳达峰引领型城市特点为人均GDP高于全国平均水平，经济发展水平较高，碳排放强度低于全国平均水平，有能力提前达峰。碳达峰蓄力型城市特点为人均GDP低于全国平均水平，经济发展水平有进一步提高的潜力，碳排放强度低于全国平均水平，碳减排潜力较小。碳达峰压力型城市特点为人均GDP低于全国平均水平，经济发展水平较低，碳排放强度高于全国平均水平，碳减排潜力虽然较大，但碳减排的压力巨大。

个；80~89分的城市有109个，占比57.7%；70~79分的城市有77个，占比40.7%；60~69分的城市仅有1个，无不及格的城市。对比2021年，2022年得分在60~69分的城市更少。189个城市中，深圳和北京的综合指数得分位居前列，且均超过90分。上海、杭州、广州、成都、厦门、三亚等城市排名靠前，排名前十的基本为碳达峰试点城市，说明开展碳达峰试点十分必要且有效。从区域态势来看，2022年综合指数得分由高到低依次为东部地区、中部地区、东北地区、西部地区。从南北方来看，南方地区城市综合指数得分明显高于北方地区城市。

（一）各类型城市综合评估结果

碳达峰引领型城市表现最佳，碳达峰潜力型城市有待提高。从不同类型城市综合指数得分评估结果箱图可以看出（见图1），碳达峰引领型城市综合指数平均分为84分，碳达峰潜力型城市为75.7分，碳达峰蓄力型城市为81.9分，碳达峰压力型城市为77分。碳达峰引领型城市综合指数得分中位数为84，碳达峰潜力型城市中位数为75，碳达峰蓄力型城市中位数为81.6，碳达峰压力型城市中位数为78。

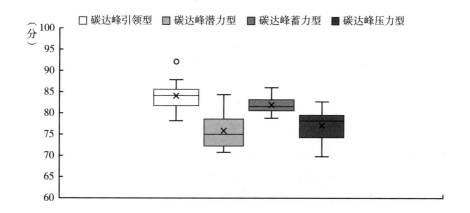

图1　各类型城市综合指数得分评估结果箱图

碳达峰引领型城市优势明显，内部绿色低碳发展相对均衡。碳达峰引领型城市综合指数得分中位线位于箱子偏上位置，说明大多数碳达峰引领型城市综合指数得分较高，碳达峰引领型城市在实现碳达峰碳中和中确实起到了引领作用。碳达峰引领型城市有深圳、北京、上海、杭州、广州、成都等国内一线城市，说明城市发展水平对于推动实现碳达峰碳中和有重要作用。

碳达峰潜力型城市相对落后，内部绿色低碳发展差异大。碳达峰潜力型城市总体来看绿色低碳发展情况较差。综合指数得分中位数为 75，中位线位于箱子中间位置，说明得分分布相对平衡。但箱子长度较长，说明碳达峰潜力型城市综合指数得分较为分散。碳达峰潜力型城市主要有天津、惠州、衢州、烟台等，主要位于北方。

碳达峰蓄力型城市表现突出，内部绿色低碳发展最为均衡。碳达峰蓄力型城市既有南方城市也有北方城市，但南方城市的得分基本排在前面，北方城市得分相对较低。碳达峰蓄力型城市有三亚、温州、丽水、南宁、中山等。

碳达峰压力型城市实现绿色低碳发展压力较大，内部绿色低碳发展不均衡。碳达峰压力型城市的综合指数得分中位线偏上，说明大多数城市得分在 78 分以上，但小部分城市得分不足 78 分。碳达峰压力型城市主要有廊坊、贵阳、阜新、石家庄、保定等。

（二）试点城市与非试点城市评估结果

试点城市继续保持优势，碳达峰引领型试点城市表现最佳。评估发现，试点城市绿色低碳发展综合指数得分整体要好于非试点城市（见图 2）。试点城市得分的中位数要高于非试点城市。试点城市南北方都有，南方城市稍多于北方城市。试点城市中，碳达峰引领型、碳达峰潜力型、碳达峰压力型和碳达峰蓄力型城市都有，其中碳达峰引领型城市占 35%，碳达峰蓄力型城市占 23%，碳达峰压力型城市占 24%，碳达峰潜力型城市占 18%。有 17 个碳达峰蓄力型城市，基本为南方城市，综合指数平均得分为 82 分，主要分布在中西部地区；有 18 个碳达峰压力型城市，基本为北方城市，综合指

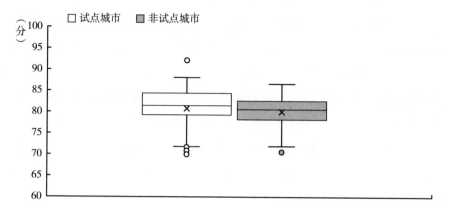

图2　试点城市与非试点城市综合指数得分评估结果箱图

数平均得分为76分，主要分布在中西部地区和东部的河北省；有26个碳达峰引领型城市，基本为南方的东部城市，北方城市只有4个，综合指数平均得分为85分，分布在长三角城市群和长江中游城市群。

（三）各维度（一级指标）评估结果

东部试点城市各维度表现优异。"'双碳'态势"维度得分排名靠前的城市多为碳达峰蓄力型城市，比如德阳、泸州等，这些城市主要分布在中西部地区的四川、云南、江西等地，说明中西部地区在"'双碳'态势"上有一定优势。"能源转型"维度得分较高的城市多为碳达峰引领型城市，比如深圳、北京、成都、杭州等，能源转型需要足够的经济保障能力，因此得分较高的城市多位于经济发达的东部地区。"产业升级"维度得分排名靠前的多为碳达峰引领型城市和碳达峰蓄力型城市。"绿色发展"维度得分排名靠前的全部为碳达峰引领型城市，全部来自东部地区，且多为试点城市，说明东部试点城市在绿色发展方面表现优异。"治理有效"维度得分排名靠前的多为碳达峰引领型城市，且全部为试点城市，反映了试点城市在推进政府治理方面也有了明显的进步和优势。

"'双碳'态势"维度各城市差异最大,"产业升级"维度各城市差异最小。图3显示,"'双碳'态势"箱子最大,说明数据分布最为分散,城市之间的差距较大。"产业升级"的箱子最小,说明数据分布最为集中,城市之间的差距较小。从中位线来看,"'双碳'态势"维度下大多数城市分布于中位线以下,同时最小值距离中位线过远,说明部分城市的得分非常不理想。"能源转型"的中位线靠近箱子下边缘,说明大多数城市得分集中于中位线以下位置,意味着大部分城市的能源转型工作有待提升。"治理有效"的中位线在箱子中间,说明其内部治理有效,发展均衡。

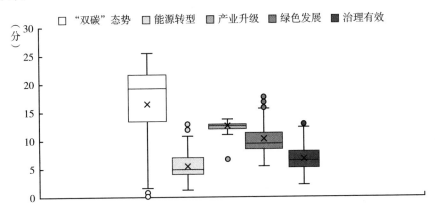

图3　五个维度评估得分

图4给出了各维度变异系数。整体来看,五个维度的变异系数都小于0.5,说明五个维度的各城市差异都不大。具体来看,"产业升级"变异系数最小,说明189个城市在产业升级方面的差异最小。"'双碳'态势""能源转型"变异系数较大,说明这两个维度的城市差异较大。不同之处在于,"'双碳'态势"大部分城市得分分布于偏好的一端,而能源转型分布于偏差的一端。

(四)短板与协调度分析

"能源转型"的短板最为明显。表2使用各维度差距的标准差和平均值

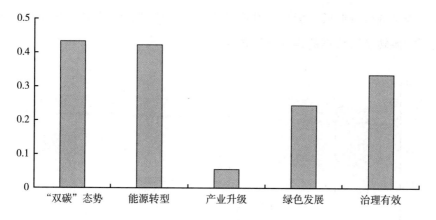

图 4　各维度变异系数

来分析 189 个城市在五个维度上的短板情况。各个维度的标准差有较大不同。"产业升级"的标准差最小，说明 189 个城市在"产业升级"维度上的差距最小；"'双碳'态势"标准差最大，说明 189 个城市在"'双碳'态势"维度上的差距最大。

表 2　五维度差距分析

所有城市	"双碳"态势	能源转型	产业升级	绿色发展	治理有效
标准差	0.24	0.11	0.05	0.12	0.15
平均值(%)	45	73	17	49	56

　　从差距的平均值来看，"能源转型"维度的差距平均值最大，说明"能源转型"维度与最优值的距离最大。"治理有效"和"绿色发展"维度与最优值分别有 56% 和 49% 的差距，未来提升我国城市绿色低碳发展水平主要应聚焦能源转型、政府治理。

　　碳达峰压力型城市协调度最差，碳达峰引领型城市协调度最好。本文利用各维度平均分与各维度权重之比，计算各类型城市各维度的协调度，经过计算，如图 5 所示，碳达峰引领型城市的协调度最好，碳达峰压力型和碳达峰潜力型城市的协调度过高。碳达峰压力型城市"能源转型"和"治理有效"维度的得分偏低,影响了其协调度。碳达峰潜力型城市协调度高主要是"能源转型"维度的得分过低导致的。

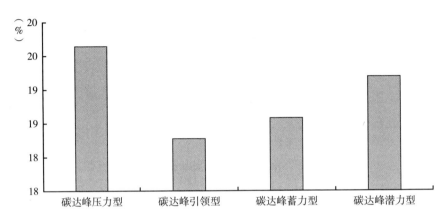

图5 不同类型城市各维度协调度分析

三 绿色低碳发展对稳经济目标的贡献分析

经济社会绿色低碳发展应遵循经济发展规律和基于历史经验,增强与经济增长的协调性,探索城市绿色低碳发展与稳经济长短期目标平衡的绿色包容性增长机制。

(一)城市经济发展与绿色低碳发展关系分析

城市经济发展水平越高,对绿色低碳发展的促进作用越明显。本文研究了城市经济发展与绿色低碳发展的关系。图6显示,城市经济发展与绿色低碳发展之间呈正向关系。随着人均GDP的提高,城市绿色低碳发展综合指数得分在提高。对人均GDP（$pgdp$）分段展开研究,将人均GDP划分为10万元及以上（$pgdp \geq 10$）和10万元以下（pgdp<10）两段。通过稳健标准误OLS回归发现(见表3),当$pgdp \geq 10$时,回归系数为

1.926；当 $pgdp<10$ 时，回归系数为0.934。说明城市经济发展水平越高，其对绿色低碳发展的促进作用越大。

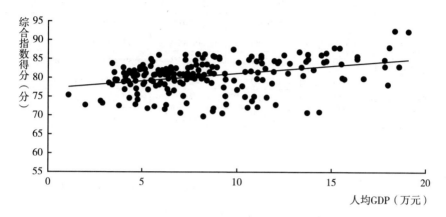

图6 城市经济发展与绿色低碳发展关系散点图

表3 不同经济发展水平对绿色低碳发展综合指数得分的影响

项目	（1） 全部城市	（2） 全部城市
$pgdp \geqslant 10$	1.926 *** （0.604）	
$pgdp < 10$		0.934 * （0.480）
常数项	29.46 *** （8.237）	43.44 *** （2.914）
样本值	57	132
R-squared	0.159	0.034

注：*、**、*** 分别表示在10%、5%、1%的水平上显著，括号内数字为稳健标准误。

分城市类型研究经济发展水平与绿色低碳发展的关系。通过稳健标准误OLS回归发现，经济发展水平对碳达峰蓄力型城市绿色低碳发展在10%的水平上具有正向显著的促进作用（见表4）。从全部城市来看，经济发展水平对城市绿色低碳发展的促进作用为正且在1%的水平上显著，也说明在一定程度上城市经济发展有助于绿色低碳发展。

表 4　不同类型城市的经济发展水平对绿色低碳发展综合指数得分的影响

项目	碳达峰引领型城市(3)	碳达峰潜力型城市(4)	碳达峰蓄力型城市(5)	碳达峰压力型城市(6)	碳达峰全部城市(7)
$pgdp$	0.570	-0.508	0.740*	0.604	0.994***
	(0.452)	(1.493)	(0.405)	(0.765)	(0.198)
常数项	52.80***	44.75***	50.22***	39.40***	42.73***
	(5.527)	(15.80)	(2.417)	(3.949)	(1.655)
样本量	52	24	63	50	189
R-squared	0.054	0.007	0.054	0.015	0.127

注：*、**、*** 分别表示在10%、5%、1%的水平上显著，括号内数字为稳健标准误。

　　相对于非试点城市，城市经济发展水平对试点城市绿色低碳发展的促进作用更强。通过划分试点城市和非试点城市，并分别进行稳健标准误 OLS 回归（见表5），观察 $pgpd$ 的回归系数，发现城市经济发展水平对试点城市绿色低碳发展的促进作用更强，对非试点城市的促进作用小于试点城市。城市经济发展水平对试点城市绿色低碳发展的促进作用系数为1.429，对非试点城市绿色低碳发展的促进作用系数为0.626，说明城市经济发展水平可以更大程度地促进试点城市的绿色低碳发展。当前，推动和促进绿色低碳发展与经济包容性增长的关键在于把握好试点城市。立足试点城市成熟的绿色低碳发展经验，在经济发展政策方面给予试点城市一定的支持，可首先实现试点城市的绿色低碳发展与经济包容性增长。

表 5　不同类型城市经济发展水平对绿色低碳发展综合指数得分的影响

项目	(8)试点城市	(9)非试点城市	(10)北方城市	(11)南方城市
$pgdp$	1.429***	0.626**	0.615	0.641***
	(0.306)	(0.247)	(0.462)	(0.187)
常数项	38.33***	45.64***	40.52***	50.51***
	(3.211)	(1.851)	(3.023)	(1.710)
样本量	73	116	89	100
R-squared	0.204	0.057	0.040	0.122

注：*、**、*** 分别表示在10%、5%、1%的水平上显著，括号内数字为稳健标准误。

城市经济发展水平对南方城市绿色低碳发展综合指数有显著正向影响。通过对北方城市和南方城市分别进行稳健标准误 OLS 回归，发现城市经济发展水平对北方城市绿色低碳发展的影响尚不显著，对南方城市的影响显著且为正向，即城市经济发展水平的提高能够推动南方城市绿色低碳发展水平的提升。可以看出，北方城市尚没有将经济发展动能同绿色低碳发展很好地结合起来，这主要是由于北方城市多属于碳达峰压力型和碳达峰潜力型城市。南方城市绿色低碳发展的主要经验包括提高企业投资效率①、借助技术创新和产业结构调整②推动产业转型升级以及全要素生产率提升。而北方城市普遍性地依赖投资驱动型的经济增长模式，其资本效率低下、创新驱动发展动能不足③。

未来北方地区要着重推动碳达峰潜力型城市绿色低碳发展，对碳达峰压力型城市给予积极帮助，通过外力的支持推动北方城市实现经济与减碳降污协同发展，具体可以学习南方城市的经验或者借鉴"东西部对口帮扶"的方法采用"南北降碳帮扶"的方式实现全国"双碳"目标。同时，可以尝试先在南方试点城市中打造绿色低碳发展和经济包容性增长的示范城市，利用试点期间的低碳发展经验，结合良好的经济促进作用，为其他地区经济发展和绿色低碳发展提供案例和样板。

（二）城市规模与绿色低碳发展关系分析

新型城镇化长期以来一直是我国经济增长的重要引擎。随着"大城市病"的出现，城市规模的扩大，往往被作为造成严重环境问题进而影响城市绿色低碳发展水平的重要因素。图 7 显示了城市规模（以人口规模体现）

---

① 叶堂林、王雪莹、李梦雪：《企业投资对南北经济差距的影响研究》，《工业技术经济》2022 年第 9 期，第 115~123 页。
② 徐伟呈、范爱军：《数字金融、产业结构调整与经济高质量发展——基于南北差距视角的研究》，《财经科学》2022 年第 11 期，第 27~42 页。
③ 耿瑞霞、胡鞍钢、周绍杰：《我国经济发展南北差距：基本判断、主要原因与政策建议》，《中共中央党校（国家行政学院）学报》2022 年第 5 期，第 64~71 页。

与绿色低碳发展（以综合指数得分体现）之间的关系，可以看出二者呈现正相关，城市规模越大，其绿色低碳发展水平越高，这意味着城市绿色低碳发展存在明显的规模效应。在推进新型城镇化的过程中，如果能处理好二者的协同可持续发展问题，遵从生态优先绿色低碳发展的理念，城市规模的扩大并不一定会阻碍城市绿色低碳发展。相反，由于城市规模扩大带来的规模优势，城市绿色低碳发展水平可能会提高。

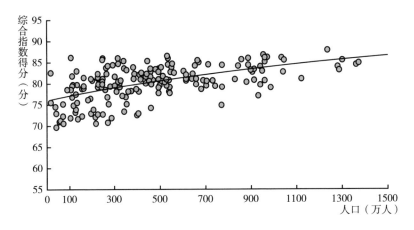

图7　城市规模与绿色低碳发展关系散点图

这里分别以各类型城市综合指数得分为被解释变量，以人口规模的对数为解释变量进行稳健标准误回归。回归结果如下。

回归结果显示，城市人口规模对多数类型城市的绿色低碳发展综合指数得分有正向作用，但对碳达峰蓄力型城市的影响并不显著。目前碳达峰潜力型城市人口规模的变化对综合指数得分的提升作用最大，碳达峰引领型城市次之。整体来看，人口规模扩大有助于提升城市绿色低碳发展综合指数得分。城市人口的增加并不一定会带来"大城市病"，相反能在一定程度上产生规模效应，未来城市应该继续推进城镇化，通过集聚人口推动绿色低碳发展。从城市类型来看，碳达峰潜力型城市和碳达峰引领型城市宜继续深化户籍制度改革，充分集聚人口，发挥规模优势。

表6 不同类型城市人口规模对综合指数得分的影响

项目	（12）碳达峰引领型	（13）碳达峰潜力型	（14）碳达峰蓄力型	（15）碳达峰压力型	（16）全部城市
lnpop	5.023 ***	6.818 ***	0.609	4.796 ***	7.655 ***
	(1.423)	(1.507)	(1.518)	(1.127)	(0.930)
常数项	28.17 ***	2.362	51.16 ***	15.85 **	5.632
	(9.234)	(7.793)	(9.330)	(6.676)	(5.748)
样本量	52	24	63	50	189
R-squared	0.371	0.408	0.005	0.260	0.373

注：*、**、***分别表示在10%、5%、1%的水平上显著，括号内数字为稳健标准误。

四 主要结论与建议

本文对2022年189个城市的绿色低碳发展水平进行系统评估，具体结论和建议如下。

（一）主要结论

第一，2022年189个城市的综合指数平均分为80分，其中，深圳和北京的综合指数得分位居前列，且得分均超过90分，上海、杭州、广州、成都、厦门、三亚等城市排名靠前。

第二，试点城市绿色低碳发展继续保持优势，引领型试点城市表现最佳。东部试点城市各维度表现优异；排名前十的城市基本为试点城市，说明开展试点十分必要且有效。

第三，从区域态势来看，2022年综合指数得分由高到低依次为东部地区、中部地区、东北地区、西部地区。从南北方来看，南方城市综合指数得分明显高于北方城市。

第四，从城市类型来看，碳达峰引领型城市绿色低碳发展表现最佳，碳达峰潜力型城市发展水平有待提高。碳达峰潜力型城市综合指数得分相对落

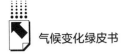
后，内部发展差异大。碳达峰蓄力型城市表现突出，内部发展最为均衡。碳达峰压力型城市实现绿色低碳发展压力较大，内部发展不均衡。在推动实现"双碳"目标的背景下，碳达峰压力型城市和碳达峰潜力型城市的碳达峰面临的问题较多。这两类城市多为北方城市。碳达峰潜力型城市未能将经济发展的优势合理转化为绿色低碳发展优势，尚未实现经济发展和绿色低碳发展的协同；而碳达峰压力型城市缺乏足够的外部支持。

第五，分维度来看，"'双碳'态势"内部差异最大，"产业升级"内部差异最小，"能源转型"的短板最为明显。从各维度的协调度来看，碳达峰压力型城市协调度最差，碳达峰引领型城市协调度最好。

（二）政策建议

第一，重点突破，集中资源，实现"双碳"目标与经济稳定增长。建议国家出台与"双碳"目标有关的稳经济政策措施，同时，还应有所侧重，将有限的政策资源投入能带来显著政策效果的地区。一方面有助于促进经济和绿色低碳协调发展，另一方面有助于为其他地区先行探索经济与绿色低碳协同发展的关键路径和举措。未来应在人均 GDP 较高的城市、相对发达的地区增加绿色投资。相对发达地区的投资效率高、回报率高，有助于增加绿色就业，提高企业利润，促进绿色财政高质量发展，优化低碳减排和经济发展的关系；同时，这些地区的绿色投资也有助于缓解当前产业升级的压力，加快我国零碳产业布局，提升我国零碳产业的国际市场竞争力，实现稳经济目标下的绿色低碳转型。

第二，深化试点城市建设，推动试点城市实现绿色低碳发展和经济包容性增长。当前推动和促进绿色低碳发展与经济包容性增长的关键在于把握好试点城市。立足试点城市成熟的绿色低碳发展经验，在经济发展政策方面给予其一定的支持，首先实现试点城市的绿色低碳发展与经济包容性增长。鉴于碳达峰引领型试点城市表现最佳，尤其是东部试点城市各维度表现优异，而且东部地区经济增长对绿色低碳发展的促进作用也比较大，我们应优先在东部地区打造经济包容性增长试点。

　　第三，构建城市间合作机制，打造南北帮扶绿色低碳试点，推动实现"双碳"目标全国一盘棋整体布局。评估发现，北方城市多属于碳达峰压力型和碳达峰潜力型城市。未来北方地区要着重推动碳达峰潜力型城市绿色低碳发展，对碳达峰压力型城市予以积极帮助，通过外力的支持推动其实现经济与减碳降污协同发展。具体可以学习南方城市的经验或者借鉴"东西部对口帮扶"的方法采用"南北降碳帮扶"的方式助力北方城市实现"双碳"目标。同时，可以尝试先在南方试点城市打造绿色低碳发展和经济包容性增长的示范城市，利用试点期间的低碳发展经验，结合良好的经济促进作用，为其他地区经济发展和绿色低碳发展提供案例和样板。打造南北帮扶绿色低碳试点，通过绿色技术合作、研发技术共享、产业转移等方式，利用南方城市成熟的绿色低碳发展经验助推北方部分碳达峰压力型城市提高应对气候变化能力，提升绿色发展能力。

附录一 气候灾害历史统计

翟建青 李广宗 董志博*

本附录分别给出全球、"一带一路"区域和中国三个空间尺度逐年气候灾害历史统计数据，相关数据主要来源于紧急灾难数据库（Emergency Events Database，EM-DAT）、中国气象局国家气候中心和中华人民共和国应急管理部，其中全球和"一带一路"区域气候灾害统计数据始于1980年，中国气候灾害统计数据始于1984年，相关数据可为气候变化适应和减缓研究提供支持。

* 翟建青，国家气候中心正高级工程师，南京信息工程大学地理科学学院硕士生导师，研究领域为气候变化影响评估与气象灾害风险管理；李广宗，南京信息工程大学硕士研究生，研究领域为灾害风险管理；董志博，南京信息工程大学硕士研究生，研究领域为灾害风险管理。

全球气候灾害历史统计

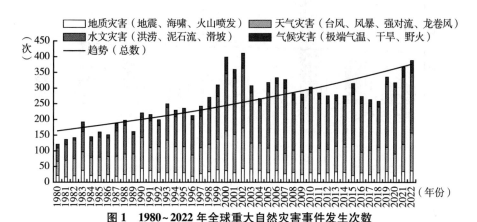

图1 1980~2022年全球重大自然灾害事件发生次数

注：收录该数据库灾害事件至少满足以下4个条件之一：死亡人数10人及以上；受影响人数100人及以上；政府宣布进入紧急状态；政府申请国际救援。当数据缺失时，会考虑一些次要标准，如"重大灾难/重大损失"（即"十年来最严重的灾难"和/或"这是该国损失最严重的灾难"）。图2至图4同。

资料来源：EM-DAT。

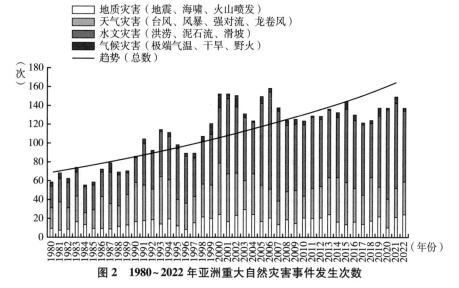

图2 1980~2022年亚洲重大自然灾害事件发生次数

资料来源：EM-DAT。

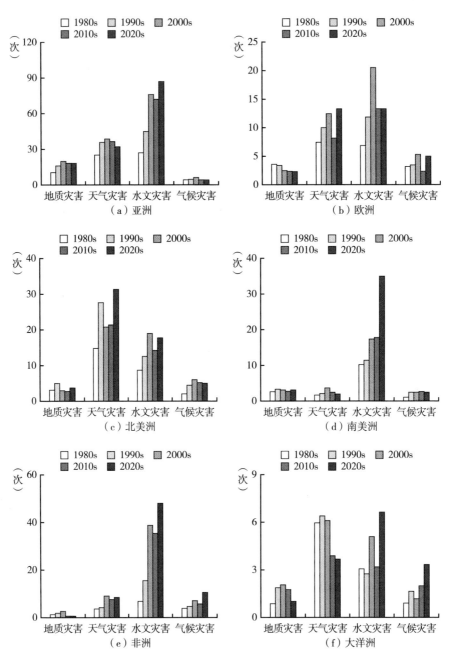

图3　各大洲分年代重大自然灾害事件平均发生次数

资料来源：EM-DAT。

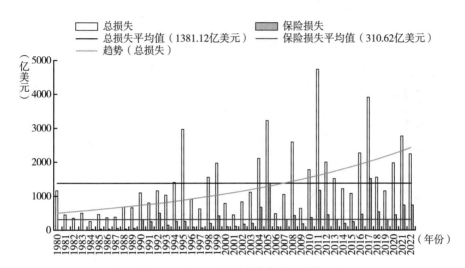

图 4　1980~2022 年全球重大自然灾害总损失和保险损失

注：损失和保险损失，主要是指与灾害直接或间接相关的所有损失和经济损失，为 2022
年计算值，已根据各国 CPI 指数扣除物价上涨因素。图 5 至图 10 同。

资料来源：EM-DAT。

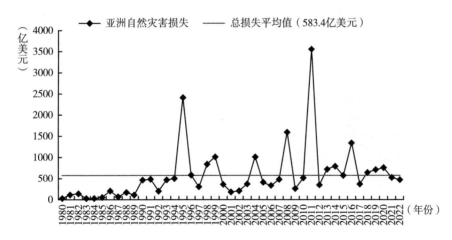

图 5　1980~2022 年亚洲重大自然灾害总损失

资料来源：EM-DAT。

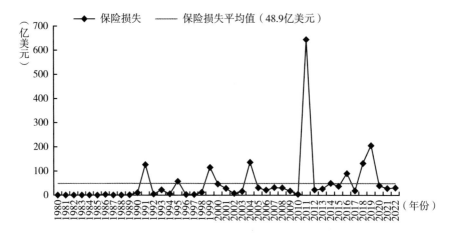

图6　1980～2022年亚洲重大自然灾害保险损失

资料来源：EM-DAT。

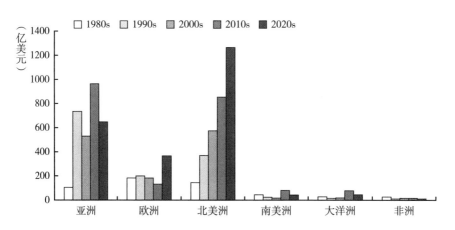

图7　各大洲分年代重大自然灾害损失

资料来源：EM-DAT。

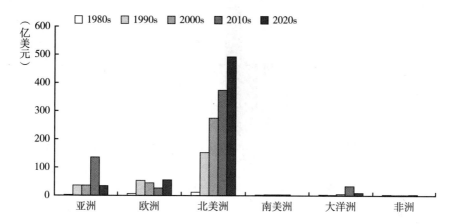

图 8　各大洲分年代重大自然灾害保险损失

资料来源：EM-DAT。

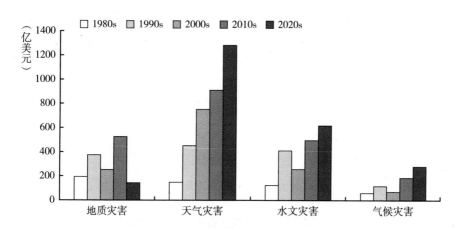

图 9　各类重大自然灾害分年代损失

资料来源：EM-DAT。

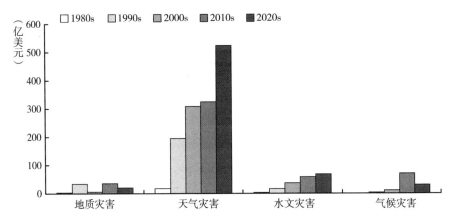

图10　各类重大自然灾害分年代保险损失

资料来源：EM-DAT。

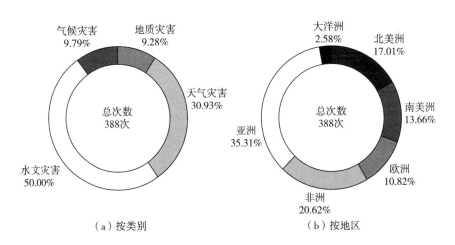

（a）按类别　　　　　　　　　　　　（b）按地区

图11　2022年全球各类重大自然灾害发生次数分布

资料来源：EM-DAT。

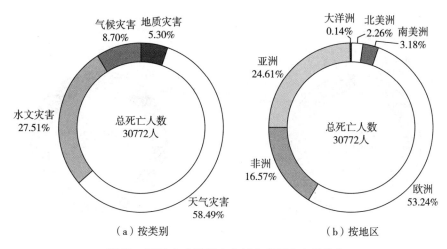

图 12　2022 年全球重大自然灾害死亡人数分布

资料来源：EM-DAT。

注：总死亡人数（Total deaths）：包括因事件发生而丧生的人以及灾难发生后下落不明的人，根据官方数据推定死亡人数。

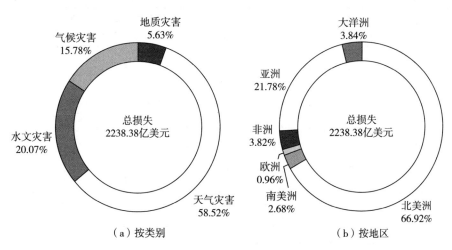

图 13　2022 年全球重大自然灾害总损失分布

资料来源：EM-DAT。

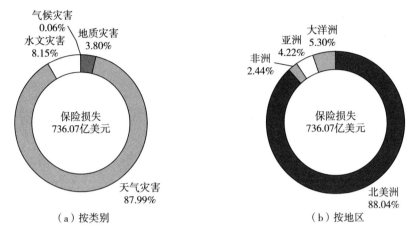

（a）按类别 　　　　　　　　　　　　　（b）按地区

图 14　2022 年全球重大自然灾害保险损失分布

资料来源：EM-DAT。

表 1　1980 年以来美国重大气象灾害损失（直接经济损失≥10 亿美元）统计

灾害类型	次数	次数比例（%）	损失（10 亿美元）	损失比例（%）	每次平均损失（10 亿美元）	死亡人数（人）
干旱	30	8.6	331.7	13.2	11.1	4275
洪水	40	11.5	183.6	7.3	4.6	701
低温冰冻	9	2.6	35.6	1.4	4.0	162
强风暴	167	48.0	392	15.6	2.3	1994
台风/飓风	60	17.2	1344.9	53.5	22.4	6890
火灾	21	6.0	134.2	5.3	6.4	435
暴风雪	21	6.0	90.6	3.6	4.3	1401
总计	348	100.0	2512.6	100.0	7.2	15858

资料来源：https：//www.ncdc.noaa.gov/billions/summary-stats。

注：灾害损失值已采用 CPI 指数进行调整。

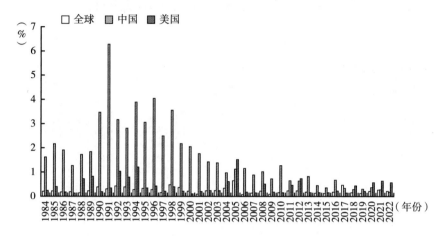

图 15 全球、美国及中国气象灾害直接经济损失占 GDP 比例

资料来源：EM-DAT、世界银行和国家气候中心。

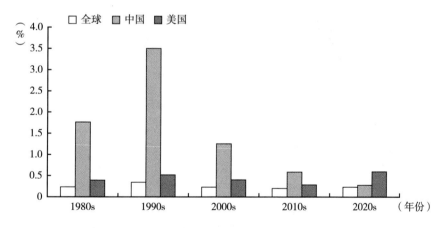

图 16 全球、美国及中国气象灾害直接经济损失占 GDP 比重的年代变化

资料来源：EM-DAT、世界银行和国家气候中心。

"一带一路"区域气候灾害历史统计

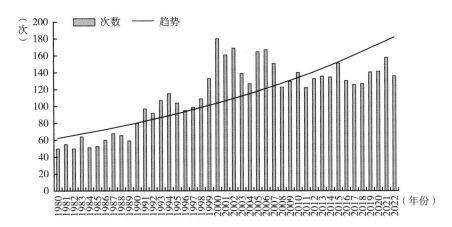

图1 1980~2022年"一带一路"区域气象灾害发生次数及其趋势

注："一带一路"区域指"六廊六路多国多港"合作框架覆盖的含中国在内的65个国家,其中东北亚3国(蒙古、俄罗斯和中国),东南亚11国(新加坡、印度尼西亚、马来西亚、泰国、越南、菲律宾、柬埔寨、缅甸、老挝、文莱和东帝汶),南亚7国(印度、巴基斯坦、斯里兰卡、孟加拉国、尼泊尔、马尔代夫和不丹),西亚北非20国(阿联酋、科威特、土耳其、卡塔尔、阿曼、黎巴嫩、沙特阿拉伯、巴林、以色列、也门、埃及、伊朗、约旦、伊拉克、叙利亚、阿富汗、巴勒斯坦、阿塞拜疆、格鲁吉亚和亚美尼亚),中东欧19国(波兰、阿尔巴尼亚、爱沙尼亚、立陶宛、斯洛文尼亚、保加利亚、捷克、匈牙利、马其顿、塞尔维亚、罗马尼亚、斯洛伐克、克罗地亚、拉脱维亚、波黑、黑山、乌克兰、白俄罗斯和摩尔多瓦),中亚5国(哈萨克斯坦、吉尔吉斯斯坦、土库曼斯坦、塔吉克斯坦和乌兹别克斯坦)。

资料来源:EM-DAT。

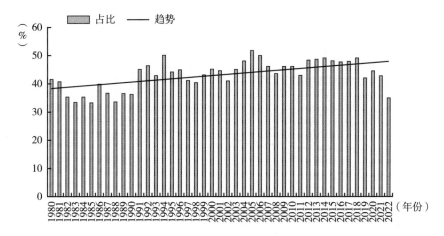

图2 1980~2022年"一带一路"区域气象灾害发生次数占全球比重及其趋势

资料来源：EM-DAT。

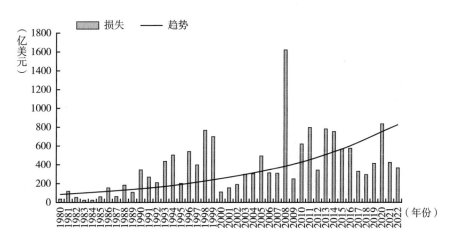

图3 1980~2022年"一带一路"区域气象灾害直接经济损失及其趋势

资料来源：EM-DAT。

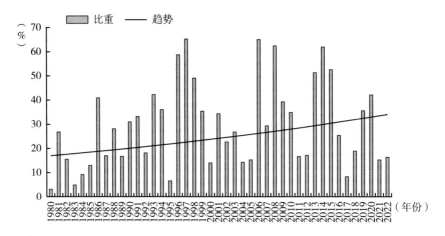

**图4 1980~2022年"一带一路"区域气象灾害直接经济损失
占全球比重及其趋势**

资料来源：EM-DAT。

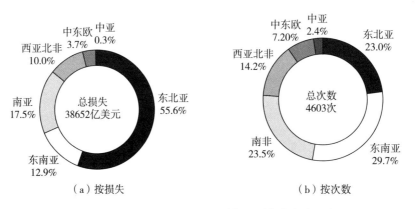

（a）按损失

（b）按次数

图5 1980~2022年"一带一路"区域气象灾害分布

资料来源：EM-DAT。

中国气候灾害历史统计

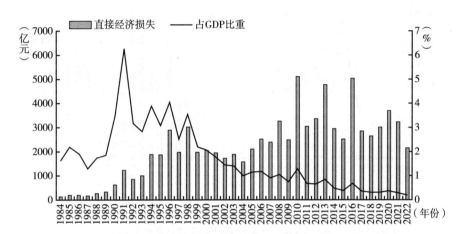

图1 1984~2022年中国气象灾害直接经济损失及占GDP比重

资料来源：《中国气象灾害年鉴》和《中国气候公报》。

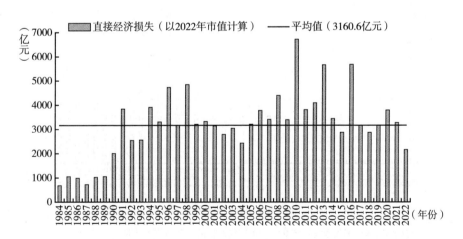

图2 1984~2022年中国气象灾害直接经济损失

资料来源：《中国气象灾害年鉴》和《中国气候公报》。

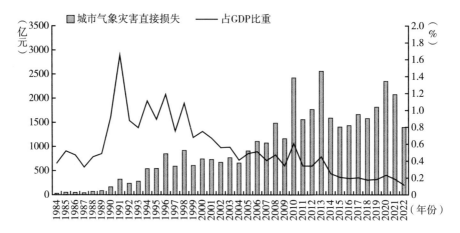

图3 1984~2022年中国城市气象灾害直接经济损失及占GDP比重

资料来源：《中国气象灾害年鉴》、《中国气候公报》和国家统计局。

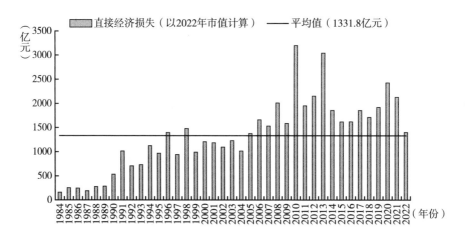

图4 1984~2022年中国城市气象灾害直接经济损失

资料来源：《中国气象灾害年鉴》、《中国气候公报》和国家统计局。

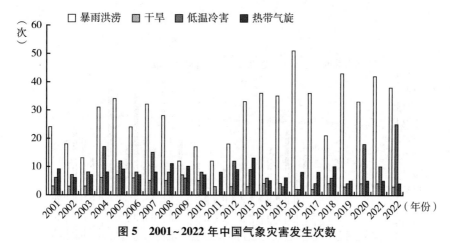

图 5　2001~2022 年中国气象灾害发生次数

资料来源：《中国气象灾害年鉴》和《中国气候公报》。

表 1　2004~2022 年中国气象灾害灾情统计

年份	农作物灾情（万公顷）		人口灾情		直接经济损失（亿元）	城市气象灾害直接经济损失（亿元）
	受灾面积	绝收面积	受灾人口（万人）	死亡人口（人）		
2004	3765	433.3	34049.2	2457	1565.9	653.9
2005	3875.5	418.8	39503.2	2710	2101.3	903.4
2006	4111	494.2	43332.3	3485	2516.9	1104.9
2007	4961.4	579.8	39656.3	2713	2378.5	1068.9
2008	4000.4	403.3	43189.0	2018	3244.5	1482.1
2009	4721.4	491.8	47760.8	1367	2490.5	1160.4
2010	3743.0	487.0	42494.2	4005	5097.5	2421.3
2011	3252.5	290.7	43150.9	1087	3034.6	1555.8
2012	2496.3	182.6	27428.3	1390	3358.9	1766.8
2013	3123.4	383.8	38288.0	1925	4766.0	2560.8
2014	1980.5	292.6	23983.0	936	2964.7	1592.9
2015	2176.9	223.3	18521.5	1217	2502.9	1404.2
2016	2622.1	290.2	18860.8	1396	4961.4	2845.4
2017	1847.8	182.67	14448.0	833	2850.4	1668.1
2018	2081.4	258.5	13517.8	568	2615.6	1558.4
2019	1925.7	280.2	13759.0	816	3270.9	1982.2
2020	1995.8	270.6	13814.2	483	3680.9	2351.7
2022	1171.8	163.1	10675.0	755	3215.8	2081.3
2022	1206.3	135.1	11165.6	279	2147.3	1556.5

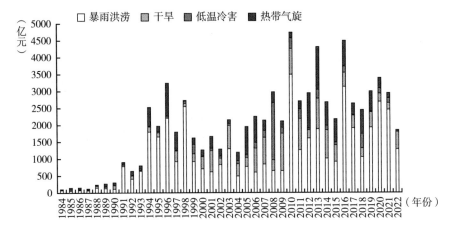

图6 1984~2022年中国各类气象灾害直接经济损失

资料来源:《中国气象灾害年鉴》、《中国气候公报》和应急管理部。

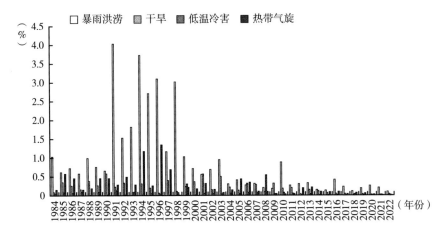

图7 1984~2022年中国各类气象灾害直接经济损失占GDP比重

资料来源:《中国气象灾害年鉴》、《中国气候公报》和应急管理部。

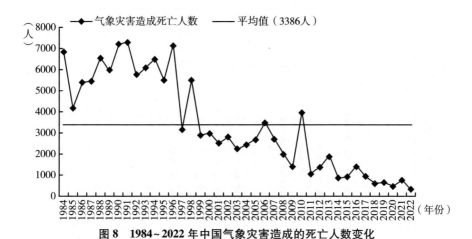

图8　1984~2022年中国气象灾害造成的死亡人数变化

资料来源:《中国气象灾害年鉴》、《中国气候公报》和应急管理部。

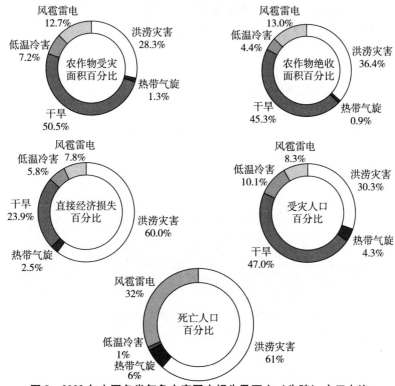

图9　2022年中国各类气象灾害因灾损失及死亡（失踪）人口占比

资料来源:《中国气象灾害年鉴》、《中国气候公报》和应急管理部。

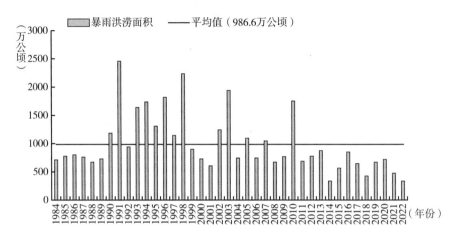

图10 1984~2022年中国暴雨洪涝灾害农作物受灾面积

资料来源：《中国气象灾害年鉴》、《中国气候公报》和应急管理部。

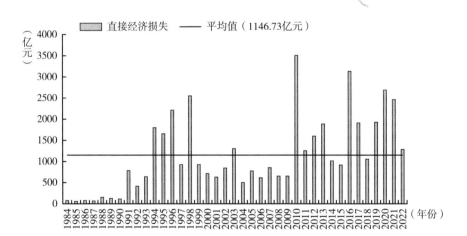

图11 1984~2022年中国暴雨洪涝灾害直接经济损失

资料来源：《中国气象灾害年鉴》、《中国气候公报》和应急管理部。

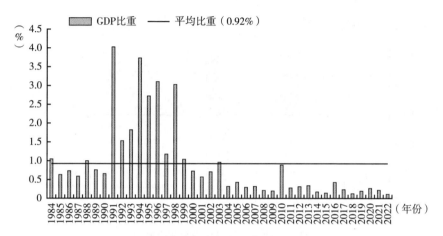

图 12 1984~2022 年中国暴雨洪涝灾害直接经济损失占 GDP 比重

资料来源:《中国气象灾害年鉴》、《中国气候公报》和应急管理部。

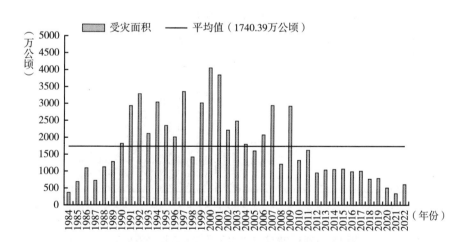

图 13 1984~2022 年中国干旱受灾面积变化

资料来源:《中国气象灾害年鉴》、《中国气候公报》和应急管理部。

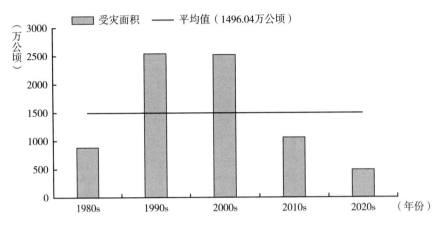

图14 中国干旱受灾面积年代变化

资料来源:《中国气象灾害年鉴》、《中国气候公报》和应急管理部。

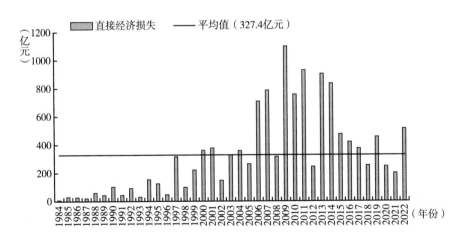

图15 1984~2022年中国干旱灾害直接经济损失

资料来源:《中国气象灾害年鉴》、《中国气候公报》和应急管理部。

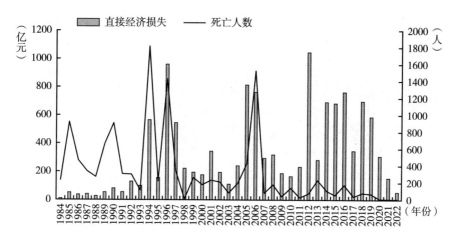

图16 1984~2022年中国台风灾害直接经济损失和死亡人数变化

资料来源:《中国气象灾害年鉴》、《中国气候公报》和应急管理部。

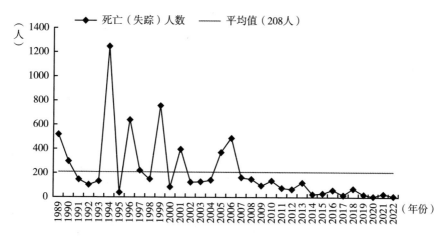

图17 1989~2022年中国海洋灾害造成死亡(失踪)人数

注:海洋灾害包括风暴潮、海浪、海冰、海啸、赤潮、绿潮、海平面变化、海岸侵蚀、海水入侵与土壤盐渍化以及咸潮入侵灾害。

资料来源:《中国海洋灾害公报》和中华人民共和国自然资源部。

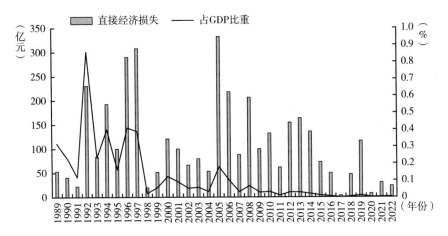

图18 1989~2022年中国海洋灾害直接经济损失及占GDP比重

资料来源：《中国海洋灾害公报》和中华人民共和国自然资源部。

附录二 缩略词

胡国权[*]

AF——Adaptation Fund，适应基金

AI ——Artificial Intelligence，人工智能

AMOC——Atlantic Meridional Overturning Circulation，大西洋经向翻转环流

AR6——the Sixth Assessment Report，第六次气候变化评估报告

BECCS——Bio-Energy with Carbon Capture and Storage，生物能源碳捕集与封存

BSI——British Standards Institution，英国标准协会

C2G——Carnegie Climate Governance Initiative，卡内基气候治理项目

CBAM——Carbon Border Adjustment Mechanism，碳边境调节机制

CBD——Convention on Biological Diversity，《生物多样性公约》

CBDR——Common but Differentiated Responsibility，共同但有区别的责任原则

CCER——Chinese Certified Emission Reduction，中国温室气体自愿减排机制

CCUS——Carbon Capture, Utilize and Storage，碳捕集、利用与封存

CDM——Clean Development Mechanism，清洁发展机制

CDR——Carbon Dioxide Removal，碳移除

CEA——Chinese Emission Allowances，碳排放配额

---

* 胡国权，博士，国家气候中心研究员，研究领域为气候变化数值模拟、气候变化应对战略。

CH_4——Methane，甲烷

CMA——Conference of the Parties serving as the meeting of the Parties to the Paris Agreement，《巴黎协定》缔约方会议

CO_2——Carbon Dioxide，二氧化碳

COMEST——The World Commission on the Ethics of Scientific Knowledge and Technology，世界科学知识与技术伦理委员会

COP27——The 27th session of the Conference of the Parties，《联合国气候变化框架公约》第 27 次缔约方大会

CORSIA——Carbon Offsetting and Reduction Scheme for International Aviation，国际航空碳抵消和减排机制

CRU——Commodity Research Unit，英国商品研究所

DACCS——Direct Air Carbon Capture and Storage，直接空气碳捕获和封存

DARPA——Defense Advanced Research Projects Agency，美国国防高级研究计划局

DIVERSITAS——An International Programme of Biodiversity Science，国际生物多样性计划

EBA——Ecosystem-based Adaptation，基于生态系统的适应

Eco-DRR——Ecosystem-based Disaster Risk Reduction，基于生态系统的减灾

EC——Enabling Conditions，执行环境

EM-DAT——Emergency Events Database，紧急灾难数据库

EMS——Environmental Management Systems，环境管理体系

ENSO——El Niño-Southern Oscillation，厄尔尼诺-南方涛动

ESCAP——（U.N.）Economic and Social Commission for Asia and the Pacific，（联合国）亚洲及太平洋经济社会委员会

ESSP——Earth System Science Partnership，地球系统科学联盟

FAO——Food and Agriculture Organization of the United Nations，联合国

粮食及农业组织

　　FE——Future Earth，未来地球计划

　　FEW—— Food, Energy and Water，食物、能源和水计划

　　G7——Group of Seven，七国集团

　　GCF——Green Climate Fund，绿色气候基金

　　GDP——Gross Domestic Product，国内生产总值

　　GEF——Global Environment Facility，全球环境基金

　　GGA——Global Goal on Adaptation，全球适应目标

　　GST——Global Stocktake，全球盘点

　　ICSU——International Council for Science，国际科学理事会

　　IEA——International Energy Agency，国际能源署

　　IFAD——International Fund for Agricultural Development，国际农业发展基金

　　IGBP——International Geosphere-Biosphere Program，国际地圈-生物圈计划

　　IHDP——International Human Dimensions Programme on Global Environmental Change，国际全球环境变化人文因素计划

　　IMCCS——International Military Council on Climate and Security，国际气候与安全军事委员会

　　IOD——Indian Ocean Dipole，印度洋偶极子

　　IOM——International Organization for Migration，国际移民组织

　　IPBES——The Intergovernmental Science-Policy Platform on Biodiversity and Ecosystem Services，生物多样性和生态系统服务政府间科学政策平台

　　IPCC——Intergovernmental Panel on Climate Change，联合国政府间气候变化专门委员会

　　ISO——International Organization for Standardization，国际标准组织

　　LDF——Loss and Damage Fund，损失损害基金

　　LMDC——Like-minded Developing Countries，立场相近发展中国家集团

LTF——Long-term Finance，长期资金

LULUCF——Land Use, Land-Use Change and Forestry，土地利用，土地利用变化和林业

MOI——Means of Implementation，实施手段，全球适应目标支持

MSC——Munich Security Conference，慕尼黑安全会议

N_2O——Nitrous Oxide，氧化亚氮

NASA——National Aeronautics and Space Administration（United States），美国国家航空航天局

NbS——Nature-based Solution，基于自然的解决方案

NCQG——New Collective Quantified Goal，新集体量化目标

NDC——Nationally Determined Contributions，国家自主贡献

NOAA——National Oceanic and Atmospheric Administration（United States），美国国家海洋和大气管理局

OSTP——White House Office of Science and Technology Policy，美国白宫科学和技术政策办公室

PCF——Product Carbon Footprint，产品碳足迹

PCR——Product Category Rules，产品种类规则

SAI——Stratospheric Aerosol Injection，平流层气溶胶注入

SBSTA——Subsidiary Body for Scientific and Technological Advice，附属科学技术咨询机构

SCF——Standing Committee on Finance，资金常设委员会

SDG——Sustainable Development Goals，全球可持续发展目标

SRM——Solar Radiation Management，太阳辐射管理

SST——Sea Surface Temperature，海表温度

UNCCD——United Nations Convention to Combat Desertification，联合国防治荒漠化公约

UNDRR——United Nations Office for Disaster Risk Reduction，联合国减少灾害风险办公室

UNEP——United Nations Environment Programme，联合国环境规划署

UNESCO——United Nations Educational, Scientific, and Cultural Organization，联合国教科文组织

UNFCCC——United Nations Framework Convention on Climate Change，《联合国气候变化框架公约》

UNICEF——United Nations International Children's Emergency Fund，联合国儿童基金会

VCS——Verified Carbon Standard，国际核证碳减排标准

WCDMP——World Climate Data and Monitoring Programme，世界气候数据与监测计划

WCRP——World Climate Research Programme，世界气候研究计划

WEF——World Economic Forum，世界经济论坛

WFP——World Food Programme，联合国世界粮食计划署

WHO——World Health Organization，世界卫生组织

WMO——World Meteorological Organization，世界气象组织

Abstract

The warming trend of the climate system continues and is accelerating. 2022~2023 will see global climate change and interannual fluctuations combined to trigger global climate anomalies and record extreme weather events in many parts of the world. Green and low-carbon transition has become a global consensus, and factors such as the Russia-Ukraine conflict, scientific and technological innovation, and the construction of the green "Belt and Road" may affect the pace of transition in the future. Under the complicated international situation, and in the face of the challenge of increasing downward pressure on the domestic economy, China has made new progress in addressing climate change and implementing the "dual-carbon" goal while making great efforts to stabilize the economy. Annual Report on Actions to Address Climate Change (2023): Working Actively and Prudently toward Carbon Peaking and Carbon Neutrality firstly introduces the new understanding of climate change science, then takes stock of the international climate governance process, and then demonstrates China's policies and actions to promote carbon peaking and carbon neutrality, and shares the results of the progress of low-carbon development of cities, industries and enterprises, etc. Finally, in accordance with the usual practice, the appendix of this book includes statistics on climate disasters in the global, Belt and Road region and China in 2022 for readers' reference.

The report concludes that, firstly, global warming continues, with global high temperatures setting new records. For the first time, temperatures in a single month have exceeded 1.5℃. China experiences frequent extreme weather and climate events, with many places witnessing record high temperatures and torrential rains. The impacts of climate change are widespread and far-reaching, with compound climate risks have intensified. Secondly, the rapid rebound of global carbon emissions to record highs after the epidemic, the prolonged impact of the Russia-Ukraine war on energy transition, and the unprecedented international economic and technological competition have slowed down the effectiveness of emission reduction, but with the in-depth promotion of the Convention and the Paris Agreement, the IPCC assessment reports are constantly updated, and green and low-carbon development has become an international consensus. Thirdly, a comprehensive and balanced global inventory process of the implementation of the Convention and the Paris Agreement has been opened, the global collective quantitative emission reduction target provides a guarantee for global climate action, and the global adaptation target will promote the international community's attention to the adaptation issue, establish the issue of a just transition, pay attention to vulnerable groups, and promote the overall transformation of society. Fourthly, in the face of a complex international situation, and against the background of the post-epidemic economic recovery, China has unswervingly integrated carbon peaking and carbon neutrality into the overall layout of the construction of an ecological civilization and the overall economic and social development, and has made new progress in the implementation of the "dual-carbon" goal: the "1+N" policy system has been further improved, and the "1+N" policy system has been strengthened, and the "1+N" policy system has been further improved. The "1+N" policy system has been further improved, localities have implemented "dual-carbon" actions in accordance with local conditions, energy transformation has been actively and steadily promoted, digitization and greening have been synergistically promoted, and pilot projects for the construction of climate-resilient cities have been deepened.

Looking ahead, although various development challenges remain, addressing climate change and realizing low-carbon transformational development have become an international consensus, with more active willingness to reduce emissions emerging under the United Nations framework, and climate action in various countries being driven by the resilience of both governments and the market. The international community will not only continue to make progress in emission reduction targets, but also, in terms of adaptation, with the proposal of global

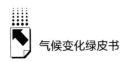
adaptation targets and the gradual clarification of implementation paths, international cooperation and domestic actions will take greater strides to promote the establishment of a more resilient climate adaptation system; in terms of transformational development, the construction of a system of economic and social development policies and measures matching the realization of the goal of carbon neutrality will become an international trend, and the new energy industry, digital industry, and environmental protection will also become the key to the realization of low-carbon transformational development. The new energy industry, the digital industry, and the environmental protection and energy conservation industry will become new driving forces for transformational development and continue to promote the realization of synergistic development of the economy, society, and the environment.

Keywords: Global Warming; Carbon Peaking and Carbon Neutrality; Green and Low-carbon Development Transition; Global Climate Governance

Contents

I General Report

Abstract：In 2022－2023, global climate change and El Niño superimposed
on each other triggered global climate anomalies, and extreme weather and climate
events in many parts of the world set new records. The 27th Conference of the
Parties (COP 27) to the UNFCCC, held in Sharm el-Sheikh, Egypt, at the end
of 2022, agreed to set up a Loss and Damage Fund (LDF) . Global carbon
emissions rebounded rapidly due to the post epidemic economic recovery. Green
low-carbon transition has become a global consensus, and factors such as the
Russia-Ukraine conflict, scientific and technological innovation, and the
construction of the green "Belt and Road" may affect the pace of transition in the
future. Under the complex international situation, and in the face of the challenge
of increasing downward pressure on the domestic economy, China has made new
progress in addressing climate change and implementing the "dual-carbon" goal
while vigorously stabilizing the economy. the global inventory will be the biggest
focus of attention at the 28th Conference of the Parties (COP28) to the
UNFCCC to be held in Dubai, UAE, at the end of 2023. The global inventory is

the biggest focus of attention. The global climate process is moving forward despite the pressures and challenges.

Keywords: Climate Change; Carbon Peaking and Carbon Neutrality; Global Climate Governance; Green and Low Carbon Development

Ⅱ New Scientific Understanding of Climate Change

G.2 Climate Change Threatens Human Security and Health

Wang Yuanfeng / 035

Abstract: Since the Industrial Revolution, humanity's excessive consumption of resources and energy has led to an increasingly severe climate crisis, threatening human survival and development and posing a significant challenge to global security. Climate change inflicts serious damage on water resources and sanitation facilities, jeopardizing energy security and the stability of food supply, among other things. Additionally, climate change endangers human life and triggers mental health issues. The melting of the Arctic ice cap has instigated geopolitical shifts, making control over the Arctic region a strategic high ground in global security competition. To regain safety and health, humanity must alter its attitudes and values towards nature and embark on a path of sustainable development.

Keywords: Climate Change; Resource Security; Human Health; Geopolitical Landscape

G.3 Progress of Scientific Assessments of Global Climate Change

Huang Lei, Yang Xiao and Wang Pengling / 049

Abstract: From 2021 to 2023, the Intergovernmental Panel on Climate Change (IPCC) issued three working group reports and a synthesis report of the Sixth Assessment Report on Climate Change (AR6), which had an important impact on the global climate governance process. The World Meteorological Organization (WMO) also publishes annual global climate reports and regional climate reports every year, providing authoritative scientific information on the climate system and its changes for the international community. The Future Earth (FE) has set up The Earth Commission (EC) to evaluate the Earth life support systems (such as water resources, land, ocean, biodiversity, etc.) to ensure that the Earth system is in a stable and resilient state. This paper summarizes the progress of global climate change scientific assessment of IPCC, WMO and FE, summarizes the current global climate change status, trends and mitigation pathways, and give reviews and prospects of the scientific assessments of climate change.

Keywords: Climate Change; Earth System; IPCC

G.4 Climate Tipping Points and Future Risks

Wang Changke, Huang Lei and Zhou Bing / 059

Abstract: Climate tipping points are irreversible and difficult to predict, and there is domino effects between them. One study has found that five tipping points are already in danger zones and have been or will soon be crossed. The five dangerous tipping points are Greenland ice sheet collapse, West Antarctic ice sheet collapse, Boreal permafrost abrupt thaw, Low-latitude coral reefs die-off, and Labrador Sea / subpolar gyre convection collapse. There are 11 tipping points that may be triggered. A lately research indicates that the Tibetan Plateau may be a completely new tipping element and is already in a triggered state. In order to reverse the unfavorable situation of climate tipping points being triggered and promote the global climate scientific governance, it is urgently necessary for the entire society to undergo an rapid low-carbon transformation to avoid global climate crisis, to strengthen climate change mitigation actions to avoid a rebound in greenhouse gas emissions, to implement transformation adaptation to reduce the risk of climate tipping points, to measure the progress made in adaptation and

 气候变化绿皮书

adjust adaptation actions in time.

Keywords: Climate Tipping Point; Climate Risk; Climate Change; Mitigation; Adaptation

G.5 Analysis on the Changes of Agricultural Climate
Resources in China   *Liao Yaoming , Lu Bo* / 072

Abstract: Agricultural climate resources determine the agricultural production potential of a region in a certain degree. Analyzing the changes of agricultural climate resources in Chinacan provide scientific basis for the formulation of China's agricultural zoning and regional agricultural development strategies, as well as for agriculture's response to climate change. The changes of the first day, final day of crop activity, the growth season length, and agricultural climate resource during the growth season for cool loving crops in northern China and warm loving crops in nationwide are analyzed in the paper. The results show that from 1961 to 2022, there was a significant early trend of the first day, a delayed trend in a certain degree of the final day of crop activity, and significant increase trend for the length of the growing season for cool loving crops in northern China and warm loving crops nationwide. The overall accumulated temperature during the growth season of cool loving crops in the northern region and nationwide warm loving crops shows a significant increase trend, with a significant decrease in sunshine hours. However, the trend of precipitation change is not obvious. Among them, the precipitation during the growth season of cool loving crops in the northern region shows a weak increase trend, while the precipitation during the growth season of warm loving crops in the whole country shows a weak decrease trend. Compared with the average value from 1991 to 2020, in 2022, the regional average of the starting and ending dates for cool loving crops activity in northern China were both advanced, the length of the growing season did not change significantly. The average accumulated temperature and precipitation during the growing season were higher, but the sunshine hours were lower. The average of the starting date for warm loving crops activity in China was advanced, the ending date was postponed, the length of the growing season increased. The average accumulated temperature during the growing season was higher, but the precipitation and sunshine hours were lower.

Keywords: The First Day of Crop Activity; The Final Day of Crop Activity; Growth Season; Agricultural Climate Resource

Ⅲ   International Process to Climate Governance

G.6   Evolution and Development of Climate Change Issues under the Convention on Biological Diversity

Guan Jing, Qin Yuanyuan / 082

Abstract: This article explores thecorrelations between biodiversity and climate change and emphasizes the importance of synergistic governance for biodiversity conservation and climate change mitigation, identifying it as a key issue in current global environmental governance. The article analyzes the framing and positioning of climate change issues in two critical strategic documents of the Convention on Biological Diversity (CBD): Strategic Plan for Biodiversity 2011-2020 and the Kunming-Montreal Global Biodiversity Framework adopted in 2022. It also reviews the development of CBD decisions on climate change throughout the Conference of the Parties (COP) meetings. Furthermore, the article discusses the latest negotiation focuses on quantitative emission reduction targets, "nature-based solutions" versus "ecosystem-based approaches", and the principles of common but differentiated responsibilities and respective capabilities. It is indicated that there still exist obvious divergence and debate among parties on the issue of climate change under the CBD. The future trends of climate change negotiations under the CBD and suggestions for synergistic biodiversity and climate change governance with the perspective of global environmental governance are proposed.

Keywords: Biodiversity; Climate Change; Global Environmental Governance

G.7 Just Transition Path Work Plan: Significance and Challenges

Wang Mou, Kang Wenmei and Liu Liwen / 096

Abstract: In 2022, the 27th Conference of the Parties to the United Nations Framework Convention on Climate Change in Egypt approved the establishment of a new agenda for the "Just Transition Path Work Plan", marking a new level of attention to the issue of "Just Transition" in the global climate governance process. Due to the fact that the "Just Transition Path Work Plan" is a new agenda authorized under the UNFCCC, there is still significant disagreement among all parties regarding their understanding of the issue of Just Transition Path, their expectations, and the main work content of the topic. This article will analyze the significance of the establishment of the "Just Transition Path Work Plan", the negotiating positions of all parties on this issue, as well as the challenges and development trends faced by the "Just Transition Path Work Plan", providing reference to better participate in the negotiations on this issue and carry out the related work of Just Transition in China.

Keywords: Climate Governance; Just Transition; United Nations Framework Convention on Climate Change

G.8 The Rules, Implementation and Expectations of Global Stocktake

Liang Meicong / 107

Abstract: Theadoption of Paris Agreement in 2015 is the milestone that global climate governance has entered a new era featuring "nationally determined contribution" and "global stocktake". Based on the principles of equity, common but differentiated responsibilities and respective capabilities, Parties can propose their climate targets and actions autonomously, and the global stocktake would evaluate collective progress and provides information on communicating new NDCs regularly. The two mechanisms function one by one, forming a "virtuous circle" that continuously promotes the ambition of global climate actions. The first global stocktake was officially launched at COP26 and will be completed at COP28 this year. Nowadays, climate change is one of the key global challenges, in this context, a comprehensive, balanced and positive outcome would benefit keeping strong momentum of addressing climate change crisis and building a fair and rational global climate governance system for win-win results. China should play an active and constructive role in the first global stocktake, on the one hand, safeguard China's positive image as a responsible major country; on the other hand, release a strong political signal to to uphold multilateralism and strengthen international cooperation, and jointly safeguard the status of the Convention and its Paris Agreement as the main channel in global climate governance.

Keywords: Climate Change; Global Stocktake; Climate Governance

G.9 The Progress of the Negotiation of the Global Goal on
Adaptation under the United Nations Framework
Convention on Climate Change

Liu Shuo, Li Yu'e / 120

Abstract: Adapting to climate change has become one of the important contents of international climate governance. The United Nations Framework Convention on Climate Change (UNFCCC) and its Paris Agreement set the Global Goal on Adaptation (GGA), and launched the "Glasgow-Sharm el-Sheikh Work Programme, on Global Goal on Adaptation (GGA Work Programme) ", which aims to improve the implementation of global adaptation actions, enhance the effectiveness of adaptation actions and strengthen support through the systematic construction of the overall concept of adaptation and the monitoring and evaluation

system of adaptation actions. However, the progress of the negotiation of the GGA is rocky and difficult, including political and technical challenges. By introducing the origin of the negotiation of the GGA and relevant mandates, this paper generalizes some issues on the negotiation of the GGA, including (1) how to set the definition and indicators of the GGA? (2) are elements of the GGA support (in particular financial support) included? (3) how to design the GGA consultation mechanism under the CMA after COP 28? (4) how to strengthen linkage between GGA and GST for promoting their collaboration? and in detail analyzes the positions, potential reasons and driving elements on different focal issues of developed countries and developing countries. At the same time, this paper analyzes the future trend on the negotiation of the GGA and negotiation strategies and suggestions for China, providing technical support for enhancing China's international discourse power in the negotiation.

Keywords: Global Goal on Adaptation (GGA); International Negotiation; Focus Issues

G.10 Research on the Challenges and Response Strategies of Global Clean Energy Technology Development in the Process of Carbon Neutrality

Zhang Jianzhi, Yan Wei, Zheng Jing and Sun Danni / 133

Abstract: In the process of carbon neutrality, innovation and development of clean energy technology have become the focus of global technological competition and gaming. The International Energy Agency and others have published reports evaluating the main challenges in achieving breakthrough goals in the five key industries of electricity, road transportation, steel, hydrogen energy, and agriculture. For example, there is a serious imbalance of investment in clean energy technology innovation, and many key technologies are still immature or in the early stages of research and development. In recent years, the United States, the European Union, China, Japan, India and other countries have been actively introducing policies and regulations based on their respective resource endowments and technological advantages, increasing investment in the clean energy field, promoting innovation and industrialization of clean energy technology, building green and low-carbon national energy systems, and enhancing international competitiveness. In order to achieve the goal of "double carbon", China needs to increase investment in clean energy technology, promote the energy transformation of the five major industries, actively carry out exchanges and cooperation in the field of clean energy with developed countries and countries co constructing the "the Belt and Road", and enhance international influence.

Keywords: Carbon Neutrality; Breakthrough Goals; Clean Energy Technology Development; Energy Transformation

G.11 Negotiation Prospects and Focus of Climate Finance under UNFCCC
Feng Chao / 146

Abstract: The climate finance issue is an integral part of the United Nations Framework Convention on Climate Change (referred to as the "Convention") and its Paris Agreement. It is also a central focus of the Conference of the Parties (COP) negotiations within the Convention. The Convention emphasizes that developed countries shall provide financial support to assist developing nations in addressing climate change. The Paris Agreement upholds the "common but differentiated responsibilities" and "equity" principles of the Convention. Post-Paris Agreement, climate finance is poised to continue playing a pivotal role in advancing global climate action. Despite certain challenges, including divergences between developing and developed countries, funding gaps, and sustainability issues, the international community holds high expectations for the future of climate finance mechanisms. To ensure success, cooperation must be strengthened, transparency and management efficiency improved, and diverse funding sources and innovative mechanisms explored. Furthermore, adherence to the principle of

common but differentiated responsibilities, through international collaboration and collective efforts to address climate change, will contribute to achieving sustainable development goals. Climate finance is expected to continue propelling the world towards a greener, low-carbon future and fostering global cooperation in addressing the challenges of climate change.

Keywords: Paris Agreement; Climate Finance; Follow-up work

Ⅳ　The Domestic Policies and Actions

G.12　Product Carbon Footprint Helps Collaborative Carbon Reduction Across the Whole Industry Chain

Zhang Juntao, Wang Yanyan, Tan Xiaoshi and Wang Linji / 157

Abstract: The global climate crisis and climate change caused by human activities has become a major issue faced by governments and societies worldwide. Product carbon footprint is widely adopted as one of the environmental attributes of products that can visually display greenhouse gas emission information. Accurate calculation of product carbon footprint helps governments, organizations, or individuals truly understand the impact of various production and lifestyle activities on climate change. This understanding guides the development of product carbon footprint information based on the theory of full life cycle assessment, providing strong support for organizations to create differentiated products and improve their carbon reduction competitiveness. Furthermore, it offers standardized and transparent technical means for formulating and implementing carbon reduction management plans and measures throughout the entire industrial chain.

Keywords: Carbon Footprint; Carbon Reduction; Industrial Chain; Collaborative Carbon Reduction

G . 13   Research on Green and Low-carbon Development
Technology and Policy System of Rural Residential Buildings in
China under the New Development Stage

He Wang , Wang Ye / 172

Abstract: This paper systematically reviews the current status of energy consumption and carbon emissions in rural residential buildings in China, and examines the laws, policies, and practices of energy efficiency in rural residential buildings implemented during different historical periods, according to the carbon peak and carbon neutrality goals in the field of urban and rural construction, analyzes the existing energy efficiency issues in rural buildings, and several recommendations are proposed. These include establishing and improving the policy system for green development of rural residential buildings in China, establishing the green and low-carbon building technology system that adapts to rural characteristics, building green and low-carbon rural houses and new rural low-carbon communities, implementing the energy-saving renovation of existing rural houses systematically and comprehensively, and actively promoting renewable energy.

Keywords: Green and Low-carbon Rural Housing; Energy-saving Renovation; Low-carbon Development

G . 14   Policies and Actions for Consolidating and Enhancing Terrestrial
Ecosystem Carbon Sink Capacity of China

Guo Qingjun , Zhang Guobin / 188

Abstract: Terrestrial carbon reservoirs play a crucial role in addressing climate change. Protecting and restoring forest, grassland, andwetland ecosystems can increase carbon storage and enhance greenhouse gas removal (carbon sink) capacity. Various consensus agreements have been reached to incentivize reducing

carbon emissions by reducing deforestation and forest degradation, and increasing forest carbon storage by many implementing measures, contributing to the effective implementation of the United Nations Framework Convention on Climate Change and the Paris Agreement. Land management activities centered around forests and grasslands, which contribute to changes in carbon sources and sinks, constitute a major component of the Intergovernmental Panel on Climate Change (IPCC) greenhouse gas inventory reports. Wetland conservation and restoration have been integrated into sustainable development, climate, and biodiversity programs, as well as relevant national policies. China possesses extensive forest, grassland, and wetland areas, ranking among the world's leaders. The Chinese government places high importance on their role in combating climate change and has implemented a series of policies and actions to enhance carbon sequestration and sinks. The key focus is on consolidating and enhancing the carbon sink capacity of forests, grasslands, and wetlands. A comprehensive plan and measures have been developed to stabilize and maintain carbon stocks. The focus lies in consolidating and strengthening the capacity of forest, grassland, and wetland carbon sinks. Continuous improvements are being made to the carbon accounting and monitoring system. Efforts are underway to explore pathways for realizing the value of carbon sink products. Relevant support policies and working mechanisms are being prudently implemented. These policies and actions contribute positively to addressing global climate change and playing an active role in fulfilling climate negotiation commitments of China.

Keywords: Terrestrial Ecosystem; Carbon Sink Capacity; Climate Change; Carbon Sequestration and Sink Enhancement

G.15 Digital Technologies for Low Carbon Transformation

Tencent Carbon Neutrality Team,

Tencent Research Institute, Tencent Cloud Team / 201

Abstract: This paper, taking digital technology to assist low-carbon transformation, as an entry point, focuses on the low-carbon transformation on key industry sectors by application of digital technology, and introduces how digital technologies represented by cloud computing, artificial intelligence, Internet of Things, big data, and digital twins can be applied in the industry sectors. These digital technologies help improve energy use efficiency and industrial production efficiency, reduce information flow barriers, optimize carbon governance capabilities, enable consumers to participate in consumption end emission reduction actions. This paper also introduces future challenges and opportunities for digital technology to be applied for low carbon transformation and discusses the roles that China's digital technology companies can play in global green transformation and technological revolution.

Keywords: Digital Technology; Low Carbon Transition; Carbon Management; Individual Low Carbon Action

G . 16 Construction and Implementation of A National Education System for Climate Change Education under the "Dual-carbon" Goal

Feng Hongrong, Wang Qiaoling, Li Jiacheng, Zhang Jing,
Ma Li, Wang Yongqing and Li Shudong / 212

Abstract: Education is critical to promoting climate action and empowering change agents with the knowledge, skills, values and attitudes they need. Recent international advances in climate change education have focused on four areas: green schools, green curricula, green teachers and green communities. China's climate change education has developed a program with Chinese characteristics in terms of conceptual advancement, policy advancement, regional/school advancement, and practical training. Based on this, China's climate change education is gradually forming a national education system for low-carbon development that integrates literacy, schools and curricula towards the goal of

"dual-carbon".

Keywords: Ecological Civilization; Dual-carbon Goal; Climate Change Education; National Education System Lifelong Learning

G.17　The Impact and Adaptation of Climate Change and
Extremes on the New-type Power System

Liu Zehong, Chen Xing, Liu Changyi,

Zhao Zijian and Yang Fang / 226

Abstract: In the context of climate change, there is an increasingly impact of the climate system on the power system. The new-type power system (NPS) exhibits distinct attributes, often referred to as the "three highs and two peaks." Consequently, climate change and climate extremes wield a profound influence on the subsystems and connections within the new-type power system, encompassing aspects like power generation, distribution, consumption, and storage. The scope of this impact is expansive, carrying heightened risks. This paper analyzes the evolving trends and unique features of the new-type power system, elucidates the intricate relationship and mechanisms, and establishes a framework for assessing climate-related risks specific to the new-type power system. This framework should comprehensively and systematically evaluate the effects of climate change and climate extremes on various facets of the power system, including new energy generation, load management, grid infrastructure, and operational stability. Finally, this assessment informs policy recommendations aimed at bolstering the NPS resilience to climate change, including establishing a diversified power supply structure, strengthening market construction and demand-side management, promoting synergy development of power and meteorology, and establishing a coordinated disaster risk management system for key infrastructures.

Keywords: Climate Change; Climate Extremes; New-type Power System

Contents ⤴

G.18   Potential Contributions of Wind and Solar Power to

China's Carbon Neutrality   *Wang Yang, Chao Qingchen* / 240

: Decarburization of energy system is the key to realize carbon
neutrality in China. However, people from all walks of life are concerned about
"can China's natural endowment of wind and solar energy resources support the
realization of carbon neutrality?". There are still considerable doubts. In addition,
because wind energy and solar energy are intermittent and fluctuating, it is
extremely challenging to build a new power system with new energy as the main
body. In order to answer the above scientific questions, this paper systematically
evaluates the technical exploitable capacity of wind power and photovoltaic in
China based on the data of wind and solar resources with high temporal and spatial
resolution, and constructs a model of supply and demand and spatial optimization
of scenery power, revealing the optimal pattern of wind and solar development in
China in 2050. The results show that at the current technical level, the technical
development capacity of wind power and photovoltaic in China is 56.55 billion
kilowatts, which is about 9 times of the installed capacity of wind and solar energy
required in the carbon neutral scenario. By 2050, if the installed capacity of wind
power is 2.5 billion kilowatts and the installed capacity of photovoltaic is 2.67
billion kilowatts, according to the interactive balance of hourly power and
electricity, the new energy alone can provide about 67% of the country's electricity
demand, and the power abandonment rate is less than 7%.

Keywords: Wind Power; Solar Power; Carbon Neutrality

G.19   Progress, Challenges, and Policy Suggestions for Domestic

"Dual Carbon" Certification

Cui Xiaodong, Cao Jing, Chen Yiqun and Deng Qiuwei / 252

Abstract: 'Dual carbon' certification can be divided into "directly related

365

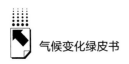

carbon certification " and " indirectly related carbon certification ", China's Environmental Label, Environmental Management System and Energy Conservation Certification established in the 90s is a typical indirectly related carbon certification, but also the beginning of China's ' dual carbon ' certification. When the Kyoto Protocol came into effect in 2005, China actively participated in global emission reduction, and the verification of CDM projects in the context of the UNFCCC was the beginning of directly related carbon certification. After the state determined the ' dual carbon ' goal in 2020, all fields and the whole industry actively carried out the ' dual carbon ' action, the ' dual carbon ' quality infrastructure was also constantly improving, and various forms of ' dual carbon ' certification continued to emerge. However, in terms of promoting the implementation of the ' dual carbon ' policy and the realization of the ' dual carbon ' goal of service, the ' dual carbon ' certification as a whole still faces the challenges of top-level design to be strengthened, institutional system to be improved, standards and infrastructure to be improved, and international green trade barriers. This paper provides policy recommendations for China's ' dual carbon ' certification to help achieve the ' dual carbon ' goal by reviewing the development process and challenges it faces.

Keywords: Dual Carbon; Dual Carbon Certification; International Green Trade Barrier

G . 20   The Current Development and Prospects of China's Voluntary Greenhouse Gas Emission Reduction Trading Mechanism

Zhu Lei / 265

Abstract: The voluntary greenhouse gas emission reduction trading mechanism is an important policy means to promote greenhouse gas emission reduction through market mechanisms and help achieve carbon peak and carbon neutrality goals. The voluntary emission reduction trading mechanism in China began in 2012, and after five years of practical exploration, it has provided an effective channel for the entire society to actively participate in carbon reduction actions. Since 2023, relevant national departments have solicited suggestions and opinions from the public on methodology and management measures, which mark the launch of the market. At the same time, it should also be noted that in the early stages of market launch, there are still problems such as insufficient market supply, uncertain international linkage of mechanisms, and relatively lagging capacity building, which need to be gradually improved in the development process. Based on that, this article provides an prospect.

Keywords: Voluntary Greenhouse Gas Emission Reduction Trading; Market Mechanism; Additionality; Project Methodology

V   Industry and City Actions

G.21   Methodology Research and Empirical Analysis of the Synergistic Performance Evaluation of Pollution and Carbon Reduction in Cement Industry   *Zhao Mengxue, Feng Xiangzhao* / 277

Abstract: The cement industry is considered as one of important basic industries in the whole economy, as well as one of the major energy resource consuming and carbon emitting industries. As the country that produces the most cement in the world, China has achieved remarkable results in energy saving and emission reduction in the proposed industry in recent years, but still faces problems such as unsound regulatory mechanism, segmented statistical accounting system, lack of green and low-carbon performance evaluation instruments. Meanwhile, under the requirements of carbon peak carbon neutral target, the situation of pollution prevention and carbon reduction is more severe and urgent, and it is important to carry out a study on the evaluation of the performance of pollution prevention and carbon reduction in the cement industry. It is of great significance to conduct a study on the performance evaluation of the cement industry. In this

气候变化绿皮书

study, we have constructed an index system for evaluating the performance of the cement industry in pollution reduction and carbon reduction, and selected Conch Group, a leading enterprise in China's cement industry, as a case study to carry out empirical research. The results of the study show that: the current cement industry has a high level of green and low-carbon development as a whole, in which the pollution reduction is especially perfect, energy saving, resource recycling needs to be further improved, and the level of comprehensive governance needs to be strengthened; at the same time, there are large differences in the assessment results of different enterprises, and the management needs to differentiate control according to the actual situation of the enterprises themselves. In the future, it is necessary to further optimize and improve the environment, accounting standards, technical capacity, assessment system and other aspects of synergistic development of the industry's pollution reduction and carbon reduction, so as to continuously improve the comprehensive performance of the cement industry's pollution prevention and carbon reduction.

Keywords: Cement Industry; Coordinated Emission Reduction of Pollutants and Carbon; Carbon Peaking and Carbon Neutrality

G.22 Reflections on the Green and Low Carbon Development of China's Aluminum Industry

Song Chao, Mo Xinda and Meng Jie / 293

Abstract: Aluminum industry is the field with the largest carbon emissions and also the key point for achieving green and low-carbon development of non-ferrous metals industry. This article focus on and analyzes the current low-carbon development situation, carbon emissions of aluminum industry chain, the challenges and opportunities of green and low-carbon development of China's aluminum industry. Based on the green and low-carbon development targets of aluminum industry, the article puts forward four methods, which are "output control", "structural adjustment", "innovation promotion" and "strengthen collaboration" to promote the green and low-carbon development of aluminum industry. The article also clearly proposes three policies, which are "China alumina does not pursue self-sufficiency", "Focusing on the key links of primary aluminum carbon reduction", "Improving the level of recycled aluminum utilization".

Keywords: Aluminum Industry Chain; Carbon Emission; Green and Low-carbon Development

G.23 Evaluation of Green and Low-carbon Development of Chinese Cities in 2022

China Urban Green and Low-carbon Evaluation

Research Project Team / 303

Abstract: This article expands and updates the urban green and low-carbon evaluation index system by selecting new indicators and using new calculation methods, and evaluates 189 cities in China in 2022. This study found that pilot cities continue to maintain their advantages, and leading pilot cities perform best. From a regional perspective, the overall urban comprehensive index in 2022 shows a trend from high to low, mainly in the eastern, central, northeastern, and western regions. From the perspective of the north and south, the comprehensive index of cities in the south is significantly higher than that in the north. From a multidimensional perspective, the internal differences in the dual carbon trend are the largest, while the internal differences in industrial upgrading are the smallest. From the perspective of weaknesses, the energy transformation has the most obvious weaknesses. This article analyzes the relationship between economic development and green and low-carbon index, and finds that the higher the level of urban economic development, the more significant the promoting effect on green and low-carbon development. This article suggests that in the future, green

investment should be increased in relatively developed regions, investment efficiency should be improved, and demonstration roles should be played; Deepen the construction of pilot cities and promote the upgrading of low-carbon pilot projects to green development and inclusive economic growth pilot projects; Build an intercity cooperation mechanism, create low-carbon pilot projects for north-south assistance, and promote orderly carbon peaking and carbon neutrality under the overall layout of the whole country.

Keywords: Green and Low-Carbon; "Dual-carbon" Goal; Cities

Statistics of Weather and Climate Disaster

Zhai Jianqing, Li Guangzong and Dong Zhibo / 320

Abbreviations

Hu Guoquan / 343

社会科学文献出版社

皮 书

智库成果出版与传播平台

✤ 皮书定义 ✤

皮书是对中国与世界发展状况和热点问题进行年度监测，以专业的角度、专家的视野和实证研究方法，针对某一领域或区域现状与发展态势展开分析和预测，具备前沿性、原创性、实证性、连续性、时效性等特点的公开出版物，由一系列权威研究报告组成。

✤ 皮书作者 ✤

皮书系列报告作者以国内外一流研究机构、知名高校等重点智库的研究人员为主，多为相关领域一流专家学者，他们的观点代表了当下学界对中国与世界的现实和未来最高水平的解读与分析。截至2022年底，皮书研创机构逾千家，报告作者累计超过10万人。

✤ 皮书荣誉 ✤

皮书作为中国社会科学院基础理论研究与应用对策研究融合发展的代表性成果，不仅是哲学社会科学工作者服务中国特色社会主义现代化建设的重要成果，更是助力中国特色新型智库建设、构建中国特色哲学社会科学"三大体系"的重要平台。皮书系列先后被列入"十二五""十三五""十四五"时期国家重点出版物出版专项规划项目；2013~2023年，重点皮书列入中国社会科学院国家哲学社会科学创新工程项目。

皮书网

（网址：www.pishu.cn）

发布皮书研创资讯，传播皮书精彩内容
引领皮书出版潮流，打造皮书服务平台

栏目设置

◆关于皮书
何谓皮书、皮书分类、皮书大事记、
皮书荣誉、皮书出版第一人、皮书编辑部

◆最新资讯
通知公告、新闻动态、媒体聚焦、
网站专题、视频直播、下载专区

◆皮书研创
皮书规范、皮书选题、皮书出版、
皮书研究、研创团队

◆皮书评奖评价
指标体系、皮书评价、皮书评奖

◆皮书研究院理事会
理事会章程、理事单位、个人理事、高级
研究员、理事会秘书处、入会指南

所获荣誉

◆2008年、2011年、2014年，皮书网均
在全国新闻出版业网站荣誉评选中获得
"最具商业价值网站"称号；
◆2012年，获得"出版业网站百强"称号。

网库合一

2014年，皮书网与皮书数据库端口合
一，实现资源共享，搭建智库成果融合创
新平台。

皮书网

"皮书说"
微信公众号

皮书微博

权威报告·连续出版·独家资源

皮书数据库
ANNUAL REPORT(YEARBOOK)
DATABASE

分析解读当下中国发展变迁的高端智库平台

所获荣誉

- 2020年，入选全国新闻出版深度融合发展创新案例
- 2019年，入选国家新闻出版署数字出版精品遴选推荐计划
- 2016年，入选"十三五"国家重点电子出版物出版规划骨干工程
- 2013年，荣获"中国出版政府奖·网络出版物奖"提名奖
- 连续多年荣获中国数字出版博览会"数字出版·优秀品牌"奖

皮书数据库 　 "社科数托邦"
微信公众号

成为用户

　　登录网址www.pishu.com.cn访问皮书数据库网站或下载皮书数据库APP，通过手机号码验证或邮箱验证即可成为皮书数据库用户。

用户福利

- 已注册用户购书后可免费获赠100元皮书数据库充值卡。刮开充值卡涂层获取充值密码，登录并进入"会员中心"—"在线充值"—"充值卡充值"，充值成功即可购买和查看数据库内容。
- 用户福利最终解释权归社会科学文献出版社所有。

数据库服务热线：400-008-6695
数据库服务QQ：2475522410
数据库服务邮箱：database@ssap.cn
图书销售热线：010-59367070/7028
图书服务QQ：1265056568
图书服务邮箱：duzhe@ssap.cn

社会科学文献出版社 皮书系列
SOCIAL SCIENCES ACADEMIC PRESS (CHINA)

卡号：825669233116
密码：

S 基本子库
UB DATABASE

中国社会发展数据库（下设 12 个专题子库）

紧扣人口、政治、外交、法律、教育、医疗卫生、资源环境等 12 个社会发展领域的前沿和热点，全面整合专业著作、智库报告、学术资讯、调研数据等类型资源，帮助用户追踪中国社会发展动态、研究社会发展战略与政策、了解社会热点问题、分析社会发展趋势。

中国经济发展数据库（下设 12 专题子库）

内容涵盖宏观经济、产业经济、工业经济、农业经济、财政金融、房地产经济、城市经济、商业贸易等 12 个重点经济领域，为把握经济运行态势、洞察经济发展规律、研判经济发展趋势、进行经济调控决策提供参考和依据。

中国行业发展数据库（下设 17 个专题子库）

以中国国民经济行业分类为依据，覆盖金融业、旅游业、交通运输业、能源矿产业、制造业等 100 多个行业，跟踪分析国民经济相关行业市场运行状况和政策导向，汇集行业发展前沿资讯，为投资、从业及各种经济决策提供理论支撑和实践指导。

中国区域发展数据库（下设 4 个专题子库）

对中国特定区域内的经济、社会、文化等领域现状与发展情况进行深度分析和预测，涉及省级行政区、城市群、城市、农村等不同维度，研究层级至县及县以下行政区，为学者研究地方经济社会宏观态势、经验模式、发展案例提供支撑，为地方政府决策提供参考。

中国文化传媒数据库（下设 18 个专题子库）

内容覆盖文化产业、新闻传播、电影娱乐、文学艺术、群众文化、图书情报等 18 个重点研究领域，聚焦文化传媒领域发展前沿、热点话题、行业实践，服务用户的教学科研、文化投资、企业规划等需要。

世界经济与国际关系数据库（下设 6 个专题子库）

整合世界经济、国际政治、世界文化与科技、全球性问题、国际组织与国际法、区域研究 6 大领域研究成果，对世界经济形势、国际形势进行连续性深度分析，对年度热点问题进行专题解读，为研判全球发展趋势提供事实和数据支持。

法律声明

"皮书系列"（含蓝皮书、绿皮书、黄皮书）之品牌由社会科学文献出版社最早使用并持续至今，现已被中国图书行业所熟知。"皮书系列"的相关商标已在国家商标管理部门商标局注册，包括但不限于LOGO（ ）、皮书、Pishu、经济蓝皮书、社会蓝皮书等。"皮书系列"图书的注册商标专用权及封面设计、版式设计的著作权均为社会科学文献出版社所有。未经社会科学文献出版社书面授权许可，任何使用与"皮书系列"图书注册商标、封面设计、版式设计相同或者近似的文字、图形或其组合的行为均系侵权行为。

经作者授权，本书的专有出版权及信息网络传播权等为社会科学文献出版社享有。未经社会科学文献出版社书面授权许可，任何就本书内容的复制、发行或以数字形式进行网络传播的行为均系侵权行为。

社会科学文献出版社将通过法律途径追究上述侵权行为的法律责任，维护自身合法权益。

欢迎社会各界人士对侵犯社会科学文献出版社上述权利的侵权行为进行举报。电话：010-59367121，电子邮箱：fawubu@ssap.cn。

社会科学文献出版社